普通高等学校电气类"十三五"规划教材

工厂供配电技术

马林联　张　均　编著

U0301623

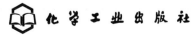
化学工业出版社

·北京·

内 容 简 介

　　本书按照应用型本科电气类专业工厂供配电课程教学大纲所要求的专业知识和技能进行编写。较全面地叙述了工厂供配电系统的整体功能和相关的技术知识，重点叙述了工厂供配电系统的组成和结构、系统设计、计算及供配电系统的运行、管理。本书结合工程教育认证有关要求，强调成果导向，内容上紧紧围绕培养电气技术应用型专门人才的目标，着重加强教学内容的针对性和实用性，淡化烦琐的理论推导及设计论证；各章配有预期学习结果、思考题、习题，可使教学过程更加突出重点。

　　本书可作为应用型本科、高职高专院校电气类专业教材，还可作为从事工厂供配电系统运行管理或其他相关行业的工程技术人员的参考书。

图书在版编目（CIP）数据

　　工厂供配电技术/马林联，张均编著. —北京：化学工业出版社，2020.12（2025.2重印）
　　普通高等学校电气类"十三五"规划教材
　　ISBN 978-7-122-38107-1

　　Ⅰ.①工…　Ⅱ.①马…②张…　Ⅲ.①工厂-供电系统-高等学校-教材②工厂-配电系统-高等学校-教材
Ⅳ.①TM727.3

　　中国版本图书馆 CIP 数据核字（2020）第 243636 号

责任编辑：郝英华	文字编辑：林　丹　蔡晓雅
责任校对：王　静	装帧设计：关　飞

出版发行：化学工业出版社（北京市东城区青年湖南街 13 号　邮政编码 100011）
印　　装：涿州市般润文化传播有限公司
787mm×1092mm　1/16　印张 18½　字数 472 千字　2025 年 2 月北京第 1 版第 5 次印刷

购书咨询：010-64518888　　　　　　　　　售后服务：010-64518899
网　　址：http://www.cip.com.cn
凡购买本书，如有缺损质量问题，本社销售中心负责调换。

定　　价：58.00 元

前　言

本书作为普通高等学校电气工程及其自动化专业的专业必修核心课程教材，以工厂供配电系统的一次部分为主，讲述了工厂内部的电力供应和分配问题。本书在编写过程中，汲取了普通高等学校在探索应用型人才培养方面取得的经验，在保证重点突出，内容完整、全面的前提下，尽量压缩传统知识，适当增加新知识。该书具有以下特色。

① 重点突出，每章配有预期学习结果，便于读者掌握重点内容。

② 内容完整、全面，供配电系统包括一次部分、二次部分和运行管理维护，并对重要的不同点分别予以阐述。

③ 叙述简洁，本书在讲述供配电系统的常用电气设备结构原理时，均配有简明清晰的结构或元件实际图片，使元件识别更形象，在讲述供配电系统的负荷计算、短路电流计算、供配电设备及导线的选择校验、供配电系统的继电保护和防雷、接地和电气安全时，均根据教学需要配有选择、计算示例，便于读者更准确地理解和掌握。

④ 注重实际技能，在每章后都配有与本章内容相关的思考题和习题，思考题重点考察读者对相关知识点的理解及掌握情况，习题重点考察读者对相关知识点的应用情况，突出了对读者实用技术与能力的培养。

⑤ 加强对读图与识图能力的培养，本书在内容讲述中配有大量与内容相关的原理图及接线图，如讲述变配电所及电力线路的结构和电气主接线时，配有不同类型高低压电力线路及变电所主接线图，在讲述工厂变电所二次回路和自动装置时，配有原理图，加强了对电力系统图、电气接线图等的识读。

本书共分 11 章，包括概论，供配电系统的常用电气设备，变配电所及电力线路的结构和电气主接线，供配电系统的负荷计算，短路电流计算，供配电设备及导线的选择校验，电力系统中性点接地方式，防雷、接地和电气安全，供配电系统的运行维护和管理，供配电系统的继电保护，工厂变电所二次回路和自动装置。

本书第 1 章、第 3 章、第 7 章、第 8 章、第 9 章由贵州理工学院张均副教授编著，第 2章、第 4 章、第 5 章、第 6 章、第 10 章、第 11 章由贵州理工学院马林联教授编著。全书由马林联教授统稿。

限于笔者水平，书中缺点和疏漏之处在所难免，恳请广大读者批评指正。

编著者
2020 年 10 月

目录

第1章

概　论

本章预期学习结果

　　掌握电力系统基本概念，了解供配电系统概况，掌握供电的基本要求、额定电压国家标准、供电电能质量、电压调整及配电电压的选择。

1.1　供配电系统基本知识

　　电能是现代人们生产和生活的重要能源，它属于二次能源。发电厂将一次能源（如煤、油、水、原子能等）转换成电能，电能的输送、分配简单经济，便于控制、调节和测量，易于转换为其他形式的能量（如机械能、光能、热能等）。因此，电能在现代化工农业生产及整个国民经济生活中得到广泛应用。

　　供配电即电能的供应和分配。工厂企业及人们生活所需要的电能，绝大多数是由公共电力系统供给的，所以在介绍供配电系统之前，本节对电力系统予以简介。

1.1.1　电力系统

　　电力系统是由发电厂、电力网和电能用户组成的一个发电、输电、变电、配电和用电的整体。电能的生产、输送、分配和使用的全过程，实际上是同时进行的，即发电厂任何时刻生产的电能等于该时刻用电设备消耗的电能与输送、分配中损耗的电能之和。

　　发电机生产电能，在发电机中机械能转化为电能；变压器、电力线路输送、分配电能；电动机、电灯、电炉等用电设备使用电能。在这些用电设备中，电能转化为机械能、光能、热能等。这些生产、输送、分配、使用电能的发电机、变压器、电力线路及各种用电设备联系在一起组成的统一整体，就是电力系统，如图1-1所示。

　　与电力系统相关联的还有"电力网络"和"动力系统"。电力网络或电网是指电力系统中除发电机和用电设备之外的部分，即电力系统中各级电压的电力线路及其联系的变配电所；动力系统是指电力系统加上发电厂的"动力部分"，所谓"动力部分"，包括水力发电厂的水库、水轮机，热力发电厂的锅炉、汽轮机、热力网和用电设备，以及核电厂的反应堆等。所以，电力网络是电力系统的一个组成部分，而电力系统又是动力系统的一个组成部分，这三者的关系也示于图1-1。

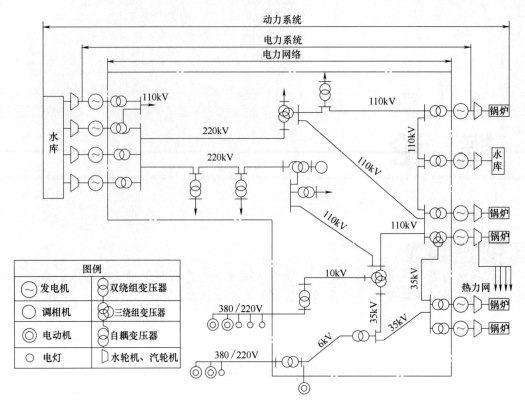

图 1-1　动力系统、电力系统、电力网络示意图

(1) 发电厂

发电厂是将自然界蕴藏的各种一次能源转换为电能（二次能源）的工厂。

发电厂有很多类型，按其所利用的能源不同，分为火力发电厂、水力发电厂、核能发电厂以及新能源发电厂等类型。目前在我国接入电力系统的发电厂最主要的有火力发电厂、水力发电厂以及核能发电厂（又称核电站）。

① 火力发电厂，简称火电厂或火电站。把化石燃料（煤、油、天然气、油页岩等）的化学能转换成电能的工厂，其主要设备有锅炉、汽轮机、发电机。我国的火电厂以燃煤为主。

为了提高燃料的效率，现代火电厂都将煤块粉碎成煤粉燃烧。煤粉在锅炉的炉膛内充分燃烧，将锅炉的水烧成高温高压的蒸汽，推动汽轮机转动，使与之联轴的发电机旋转发电。其能量转换过程是：燃料的化学能→热能→机械能→电能。

② 水力发电厂，简称水电厂或水电站。把水的位能和动能转换成电能的工厂，主要由水库、水轮机和发电机组成。水库中的水具有一定的位能，经引水管道送入水轮机推动水轮机旋转，水轮机与发电机联轴，带动发电机转子一起转动发电。其能量转换过程是：水流位能→机械能→电能。

③ 核能发电厂通常称为核电站。核电站是将原子核的裂变能转换为电能，燃料主要是U235，其生产过程与火电厂基本相同，只是以核反应堆（俗称原子锅炉）代替了燃煤锅炉，以少量的核燃料代替了煤炭。其能量转换过程是：核裂变能→热能→机械能→电能。

④ 新能源发电。新能源发电具体分为风力发电、海洋能发电、地热发电、太阳能发电、生物质能发电、磁流体发电。

风力发电利用风力的动能来生产电能，它建在有丰富风力资源的地方。

海洋能发电在潮差大的海湾入口或河口筑堤构成水库，在坝内或坝侧安装水轮发电机组，利用堤坝两侧的潮差驱动水轮发电机组发电。

地热发电利用地下蒸汽或热水等地球内部热能资源发电，它建在有足够地热资源的地方。

太阳能发电是将吸收的太阳辐射热能转换成电能，它应建在常年日照时间长的地方。

生物质能发电是以生物质能为能源的发电，如垃圾焚烧发电、沼气发电、蔗渣发电等。

磁流体发电是极高温度并高度电离的气体高速流经强磁场而直接发电，又称为等离子体发电。

（2）变配电所

变电所的任务是接受电能、变换电压和分配电能，即受电—变压—配电。

配电所的任务是接受电能和分配电能，但不改变电压，即受电—配电。

变电所可分为升压变电所和降压变电所两大类：升压变电所一般建在发电厂，主要任务是将低电压变换为高电压；降压变电所一般建在靠近负荷中心的地点，主要任务是将高电压变换到一个合理的电压等级。降压变电所根据其在电力系统中的地位和作用不同，又分枢纽变电站、地区变电所和工业企业变电所等。

（3）电力线路

电力线路的作用是输送电能，并把发电厂、变配电所和电能用户连接起来。

水力发电厂须建在水力资源丰富的地方，火力发电厂一般也多建在燃料产地，即所谓的"坑口电站"，因此，发电厂一般距电能用户均较远，所以需要多种不同电压等级的电力线路，将发电厂生产的电能源源不断地输送到各级电能用户。

通常把电压在35kV及以上的高压电线路称为送电线路，而把10kV及以下的电力线路称为配电线路。

电力线路按其传输电流的种类又分为交流线路和直流线路；按其结构及敷设方式又可分为架空线路、电缆线路及户内配电线路。

（4）电能用户

电能用户又称电力负荷。在电力系统中，一切消费电能的用电设备均称为电能用户。

用电设备按电流可分为直流设备与交流设备，而大多数设备为交流设备；按电压可分为低压设备与高压设备，1000V及以下的属低压设备，高于1000V的属高压设备；按频率可分为低频（50Hz以下）、工频（50Hz）及中高频（50Hz以上）设备，绝大部分设备采用工频；按工作制分为连续运行、短时运行和反复短时运行设备三类；按用途可分为动力用电设备（如电动机）、电热用电设备（如电炉、干燥箱、空调器等）、照明用电设备、试验用电设备、工艺用电设备（如电解、电镀、冶炼、电焊、热处理等）。用电设备分别将电能转换为机械能、热能和光能等不同形式的适于生产、生活需要的能量。

1.1.2 供配电系统概况

供配电系统由总降压变电所（高压配电所）、高压配电线路、车间变电所、低压配电线路及用电设备组成。下面分别介绍几种不同类型的供配电系统。

（1）一次变压的供配电系统

① 只有一个变电所的一次变压系统。对于用电量较少的小型工厂或生活区，通常只设

一个将 6～10kV 电压降为 380/220V 电压的变电所,这种变电所通常称为车间变电所。图 1-2(a)所示为装有一台电力变压器的车间变电所,图 1-2(b)所示为装有两台电力变压器的车间变电所。

② 拥有高压配电所的一次变压供配电系统。一般中、小型工厂,多采用 6～10kV 电源进线,经高压配电所将电能分配给各个车间变电所,由车间变电所再将 6～10kV 电压降至 380/220V,供低压用电设备使用;同时,高压用电设备直接由高压配电所的 6～10kV 母线供电,如图 1-3 所示。

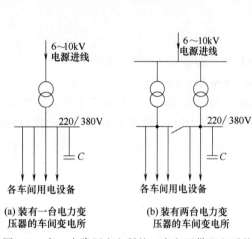

图 1-2 有一个降压变电所的一次变压供配电系统

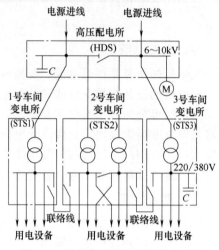

图 1-3 具有高压配电所的供电系统

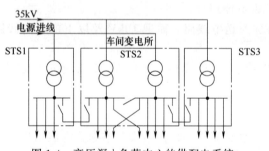

图 1-4 高压深入负荷中心的供配电系统

③ 高压深入负荷中心的一次变压供配电系统。某些中小型工厂,如果本地电源电压为 35kV,且工厂的各种条件允许时,可直接采用 35kV 作为配电电压,将 35kV 线路直接引入靠近负荷中心的工厂车间变电所,再由车间变电所一次变压为 380/220V,供低压用电设备使用。图 1-4 所示的这种高压深入负荷中心的一次变压供配电方式,可节省一级中间变压,从而简化了供配电系统,节约有色金属,降低电能损耗和电压损耗,提高了供电质量,而且有利于工厂电力负荷的发展。

(2) 二次变压的供配电系统

大型工厂和某些电力负荷较大的中型工厂,一般采用具有总降压变电所的二次变压供电系统,如图 1-5 所示。该供配电系统,一般采用 35～110kV 电源进线,先经过工厂总降压变电所,将 35～110kV 的电源电压降至 6～10kV,然后经过高压配电线路将电能送到各车间变电所,再将 6～10kV 的电压降至 380/220V,供低压用电设备使用;高压用电设备则直接由总降压变电所的 6～10kV 母线供电。这种供配电方式称为二次变压的供配电方式。

(3) 低压供配电系统

某些无高压用电设备且用电设备总容量较小的小型工厂,有时也直接采用 380/220V 低压电源进线,只需设置一个低压配电室,将电能直接分配给各车间低压用电设备使用,如

图 1-6 所示。

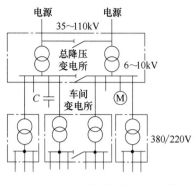
图 1-5　二次变压的供配电系统

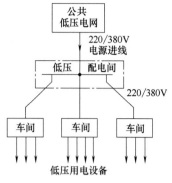
图 1-6　低压进线的供配电系统

1.1.3　供电的基本要求

为了切实保证生产和生活用电的需要，并做好节能工作，供配电工作必须达到以下基本要求：

① 安全。在电能的供应、分配和使用中，不应发生人身事故和设备事故。

② 可靠。应满足电能用户对供电可靠性即供电连续性的要求。

③ 优质。应满足电能用户对电压和频率等方面的质量要求。

④ 经济。应使供配电系统的投资少、运行费用低，并尽可能地节约电能和减少有色金属的消耗量。

1.2　电力系统的电压

1.2.1　额定电压的国家标准

由于三相功率 S 和线电压 U、线电流 I 之间的关系为：$S=UI$，所以在输送功率一定时，输电电压越高，输电电流越小，从而可减少线路上的电能损失和电压损失，同时又可减小导线截面，节约有色金属。而对于某一截面的线路，当输电电压越高时，其输送功率越大，输送距离越远；但是电压越高，绝缘材料所需的投资也相应增加，因而对应一定输送功率和输送距离，均有相应技术上的合理输电电压等级。同时，还须考虑设备制造的标准化、系列化等因素，因此电力系统额定电压的等级也不宜过多。

按照国家标准 GB/T 156—2017《标准电压》规定，我国三相交流电网、发电机和电力变压器的额定电压见表 1-1。

(1) 电力线路的额定电压

电力线路（或电网）的额定电压等级是国家根据国民经济发展的需要及电力工业的水平，经全面技术经济分析后确定的。它是确定各类用电设备额定电压的基本依据。

(2) 用电设备的额定电压

由于用电设备运行时，电力线路上要有负荷电流流过，因而在电力线路上引起电压损耗，造成电力线路上各点电压略有不同，如图 1-7 的虚线所示。但成批生产的用电设备，其

表 1-1　三相交流电网和电力设备的额定电压

分类	电网和用电设备额定电压/kV	发电机额定电压/kV	电力变压器额定电压/kV	
			一次绕组	二次绕组
低压	0.38	0.4	0.38	0.4
	0.66	0.69	0.66	0.69
高压	3	3.15	3 及 3.15	3.15 及 3.3
	6	6.3	6 及 6.3	6.3 及 6.6
	10	10.5	10 及 10.5	10 及 11
	—	13.8,15.75,18,20,22,24,26	13.8,15.75,18,20,22,24,26	—
	20	—	20	—
	35	—	35	38.5
	66	—	66	72.6
	110	—	110	121
	220	—	220	242
	330	—	330	363
	500	—	500	550
	750	—	750	800
	1000	—	1000	1100

额定电压不可能按使用地点的实际电压来制造，而只能按线路首端与末端的平均电压即电力线路的额定电压 U 来制造。所以用电设备的额定电压规定与同级电力线路的额定电压相同。

(3) 发电机的额定电压

由于电力线路允许的电压损耗为 ±5%，即整个线路允许有 10% 的电压损耗，因此为了维护线路首端与末端平均电压的额定值，线路首端（电源端）电压应比线路额定电压高 5%，而发电机是接在线路首端的，所以规定发电机的额定电压高于同级线路额定电压 5%，用以补偿线路上的电压损耗，如图 1-7 所示。

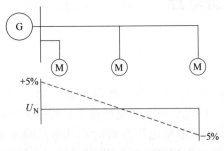

图 1-7　用电设备和发电机的额定电压

(4) 电力变压器的额定电压

① 电力变压器一次绕组的额定电压，有两种情况：

a. 当电力变压器直接与发电机相连，如图 1-8 中的变压器 T1，则其一次绕组的额定电压应与发电机额定电压相同，即高于同级线路额定电压 5%。

b. 当变压器不与发电机相连，而是连接在线路上，如图 1-8 中的变压器 T2，则可将变压器看作是线路上的用电设备，因此其一次绕组的额定电压应与线路额定电压相同。

② 变压器二次绕组的额定电压。变压器二次绕组的额定电压，是指变压器一次绕组接上额定电压而二次绕组开路时的电压，即空载电压。而变压器在满载运行时，二次绕组内约有 5% 的阻抗电压降。因此分两种情况讨论：

a. 如果变压器二次侧供电线路很长（例如较大容量的高压线路），则变压器二次绕组额定电压，一方面要考虑补偿变压器二次绕组本身 5% 的阻抗电压降，另一方面还要考虑变压器满载时输出的二次电压要满足线路首端应高于线路额定电压的 5%，以补偿线路上的电压损耗。所以，变压器二次绕组的额定电压要比线路额定电压高 10%，见图 1-8 中变压器 T1。

b. 如果变压器二次侧供电线路不长（例如为低压线路或直接供电给高、低压用电设备的线路），则变压器二次绕组的额定电压，只需高于其所接线路额定电压的5%，即仅考虑补偿变压器内部5%的阻抗电压降，见图1-8中变压器T2。

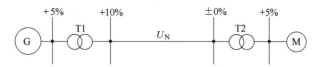

图1-8　电力变压器一、二次额定电压说明图

1.2.2　供电电能的质量

电力系统中的所有电气设备都必须在一定的电压和频率下工作。电气设备的额定电压和额定频率是电气设备正常工作并获得最佳经济效益的条件。因此电压、频率和供电的连续可靠是衡量电能质量的基本参数。

(1) 电压及波形

交流电的电压质量包括电压的数值与波形两个方面。电压质量对各类用电设备的工作性能、使用寿命、安全及经济运行都有直接的影响。

① 电压偏移。电压偏移又称电压偏差，是指用电设备端电压与用电设备额定电压之差对额定电压的百分数。

加在用电设备上的电压在数值上偏移额定值后，对于感应电动机，其最大转矩与端电压的平方成正比，当电压降低时，电动机转矩显著减小，以致转差增大，从而使定子、转子电流都显著增大，引起温度增加，绝缘老化加速，甚至烧毁电动机，而且由于转矩减小，转速下降，导致生产效益降低，产量减少，产品质量下降；反之，当电压过高，励磁电流与铁损都大大增加，引起电动机的过热，效率降低。对电热装置，这类设备的功率与电压平方成正比，所以电压过高将损伤设备，电压过低又达不到所需温度。电压偏移对白炽灯影响显著，白炽灯的端电压降低10%，发光效率下降30%以上，灯光明显变暗；端电压升高10%时，发光效率将提高1/3，但使用寿命将只有原来的1/3。

电压偏移是供电系统改变运行方式或电力负荷缓慢变化等因素引起的，其变化相对缓慢。我国规定，正常情况下，用电设备端子处电压偏移的允许值为：

电动机±5%；

照明灯一般场所±5%；在视觉要求较高的场所+5%，-2.5%；

其他用电设备无特殊规定时±5%。

② 波形畸变。近年来，随着硅整流、晶闸管变流设备、微机及网络和各种非线性负荷的使用增加，致使大量谐波电流注入电网，造成电压正弦波波形畸变，使电能质量大大下降，给供电设备及用电设备带来严重危害，不仅使损耗增加，还使某些用电设备不能正常运行，甚至可能引起系统谐振，从而在线路上产生过电压，击穿线路设备绝缘；还可能造成系统的继电保护和自动装置发生误动作；并对附近的通信设备和线路产生干扰。

(2) 频率

我国采用的工业频率（简称工频）为50Hz。当电网低于额定频率运行时，所有电力用户的电动机转速都将相应降低，因而工厂的产量和质量都将受到不同程度的影响。频率的变化还将影响到计算机、自控装置等设备的准确性。电网频率的变化对供配电系统运行的稳定性影响很大，因而对频率的要求比对电压的要求更严格，频率的变化范围一般不应超过

±0.5Hz。

(3) 可靠性

供电的可靠性是衡量供配电质量的一个重要指标，一般列在质量指标的首位。衡量供配电可靠性，一般以全年平均供电时间占全年时间的百分数来表示，例如，全年时间为8760h，用户全年平均停电时间87.6h，即停电时间占全年的1%，则供电可靠性为99%。

1.2.3 电压调整

为了减小电压偏移，保证用电设备在最佳状态下运行，供配电系统必须采用相应的电压调整措施，通常有下列几种：

① 合理选择变压器的电压分接头或采用有载调压变压器，使之在负荷变动的情况下，有效地调节电压，保证用电设备端电压的稳定。

② 合理地减少供配电系统的阻抗，以降低电压损耗，从而缩小电压偏移范围。

③ 尽量使系统的三相负荷均衡，以减小电压偏移。

④ 合理地改变供配电系统的运行方式，以调整电压偏移。

⑤ 采用无功功率补偿装置，提高功率因数，降低电压损耗，缩小电压偏移范围。

1.2.4 供配电系统配电电压的选择

(1) 高压配电电压的选择

目前，我国电力系统中，220kV及以上电压等级多用于大型电力系统的主干线；110kV电压既用于中、小型电力系统的主干线，也用于大型电力系统的二次网络；35kV电压则多用于电力系统的二次网络或大型工厂的内部供电网络；一般工厂内部多采用6~10kV的高压配电电压。从技术经济指标来看，最好采用10kV。由于同样的输送功率和输送距离条件下，配电电压越高，线路电流越小，因而线路所采用的导线或电缆截面越小，从而可减少线路的初投资和金属消耗量，且可减少线路的电能损耗和电压损耗。而从适应发展来说，10kV更优于6kV。由表1-2所列的各级电压线路合理的输送功率和输送距离可以看出，采用10kV电压较之采用6kV电压更适应于发展，输送功率更大，输送距离更远。但如果工厂拥有相当数量的6kV用电设备，或者供电电源的电压就是6kV，则可考虑采用6kV电压作为工厂的高压配电电压。

表 1-2 各级电压电力线路合理的输送功率和输送距离

线路电压/kV	线路结构	输送功率/kW	输送距离/km
0.38	架空线	≤100	≤0.25
0.38	电缆线	≤175	≤0.35
6	架空线	≤1000	≤10
6	电缆线	≤3000	≤8
10	架空线	≤2000	≤5~20
10	电缆线	≤5000	≤10
35	架空线	2000~10000	20~50
66	架空线	3500~30000	30~100
110	架空线	10000~50000	50~150
220	架空线	100000~500000	200~300

(2) 低压配电电压的选择

供电系统的低压配电电压，主要取决于低压用电设备的电压，通常采用380/220V。其中线电压 380V 接三相动力设备，相电压 220V 供电给照明及其他 220V 的单相设备。对于容易发生触电或有易燃易爆的个别车间或场所，可考虑采用 220/127V 作为工厂的低电配电电压。但某些场合宜采用 660V 甚至更高的 1140kV（只用于矿井下）作为低压配电电压。例如矿井下，因负荷中心往往离变电所较远，所以为保证负荷端的电压水平而采用比 380V 更高的配电电压。

思考题

1. 什么叫电力系统和电力网？
2. 什么叫电压偏差？电压偏差对电气设备运行有什么影响？如何进行电压调整？

习 题

为什么工厂的高压配电电压大多采用 10kV？在什么情况下采用 6kV 为高压配电电压？

第2章
供配电系统的常用电气设备

本章预期学习结果

掌握电力变压器、互感器、熔断器、高压断路器、高压隔离开关、高压负荷开关、避雷器、重合器、分段器、智能电器、低压断路器、低压刀开关、刀熔开关等常用高低压电气设备的结构、工作原理、类型和使用特点，掌握电弧的产生和灭弧方法，了解高低压成套配电装置型号、结构及功能特点。

2.1 概　述

2.1.1 供配电系统电气设备的定义

供配电系统的电气设备是指用于发电、输电、变电、配电和用电的所有设备，包括发电机、变压器、控制电器、保护设备、测量仪表、线路器材和用电设备（如电动机、照明用具）等。

2.1.2 电气设备的分类

电气设备的常用分类如下。

(1) 按电压等级来分

通常交流 50Hz、额定电压 1200V 以上或直流、额定电压 1500V 以上的称为高压设备；交流 50Hz、额定电压 1200V 及以下或直流、额定电压 1500V 及以下的为低压设备。

(2) 按设备所属回路来分

① 一次回路及一次设备。一次回路是指供配电系统中用于传输、变换和分配电力电能的主电路，其中的电气设备就称为一次设备或一次电器。

② 二次回路及二次设备。二次回路是指用来控制、指示、监测和保护一次回路运行的电路，其中的电气设备就称为二次设备或二次电器。通常二次设备和二次回路是通过电流互感器和电压互感器与一次电路相连的。

(3) 一次设备按其在一次电路中的功能分

① 变换设备。是用来按电力系统工作的要求变换电压或电流的电气设备，如变压器、互感器等。

② 控制设备。用于按电力系统的工作要求控制一次电路通、断的电气设备，如高低压断路器、开关等。

③ 保护设备。用来对电力系统进行过电流和过电压等的保护用电气设备，如熔断器、避雷器等。

④ 补偿设备。用来补偿电力系统中无功功率以提高功率因数的设备，如并联电容器等。

⑤ 成套设备（装置）。按一次电路接线方案的要求，将有关的一次设备及其相关的二次设备组合为一体的电气装置，如高低压开关柜、低压配电屏、动力和照明配电箱等。

本章将主要讲述高低压一次设备中的变换设备、常用控制设备、部分成套设备和保护设备。

2.2　电弧的产生及灭弧方法

2.2.1　电弧及其主要危害

电弧是一种高温、强光的电游离现象。当开关电器切断（包括正常操作和误操作）有电流的线路时，或线路、触头、绕组发生短路时，就可能产生电弧。

(1) 电弧的主要特征

电弧是开关电器和线路中一种必然的物理现象，是电流的延续，它的主要特征有：

① 能量集中，发出高温、强光。

② 是自持放电，维持电弧稳定燃烧所需电压很低。如电气触头间有大于 $10\sim20V$ 的电压、大于 $80\sim100mA$ 的电流就会产生电弧，电力变压器的油中，$10\sim100V$ 的电压就能维持电弧的燃烧。

③ 电弧是游离的气体，质轻易变。

(2) 电弧的危害

本节讨论的电弧不是电焊工作产生的电弧，而是开关电器和线路所产生的电弧，它的主要危害有以下几种：

① 延长了电路的开断时间。当开关分断短路电流时，触头间的电弧延长了短路电流持续的时间，使短路故障蔓延，从而给供配电系统造成更大的损坏。

② 高温可使开关触头变形、熔化，从而导致接触不良甚至损坏。

③ 高温可能造成人员灼伤甚至直接或间接的死亡，强光可能损害人的视力。

④ 引起弧光短路，严重时造成爆炸事故。

因此，为了保证供配电系统的安全运行和人员的生命安全，必须采取有效措施迅速熄灭电弧。

2.2.2　电弧的产生

(1) 产生电弧的根本原因

产生电弧的根本原因是开关触头在分断电流时，触头间电场强度很大，使触头本身的电子及触头周围介质中的电子被游离而形成电弧电流。

（2）产生电弧的游离方式

① 高电场发射。开关触头分断电流的瞬间，触头间隙中强电场把触头表面的电子拉出，形成自由电子，并发射到触头间隙中。

② 热电发射。当开关触头分断电流时，阴极表面由于大电流逐渐收缩集中而出现炽热的光斑，温度很高，使触头表面的电子吸收足够的热能而发射到触头间隙中去，形成的自由电子向间隙四周发射出去。

③ 碰撞游离。间隙中的自由电子在强电场力的作用下向阳极高速移动，碰撞中性质点，只要能量足够大，就会使中性质点中的电子游离出来，从而使中性质点游离成带正电的正离子和自由电子。这些被游离出来的带电质点在电场力的作用下，继续向阳极移动，又会碰撞其他中性质点，使触头间隙中正离子和自由电子数越来越多，形成"雪崩"现象，当离子浓度足够大时，介质被击穿而产生电弧。

④ 高温游离。电弧形成后温度很高，使电弧中的中性质点进一步游离成正离子和自由电子，从而加强了电弧中的游离。触头越分开，电弧越大，高温游离也越显著。

上述几种游离方式中，在触头分开之初是高电场发射和热电发射的游离方式占主导作用，接着碰撞游离和高温游离使电弧持续和发展，而且它们是互相影响、互相作用的。

2.2.3 电弧的熄灭

（1）电弧熄灭的条件

在电弧产生的过程中，游离和去游离是共同存在的两个过程。当游离率等于去游离率时，电弧在间隙中稳定燃烧。要使电弧熄灭，必须使触头间电弧中的去游离率大于游离率，即其中离子消失的速率大于离子产生的速率。

（2）去游离方式

去游离方式主要有"复合"和"扩散"两种。

① 复合。复合是指正、负带电质点重新结合为中性质点的现象。它与电弧中电场强度、温度以及介质的性质等有关。电弧中温度越低、电场强度越弱、截面越小、则复合越快；介质的性质越稳定、密度越高，则自由电子加速的自由行程越短，获得的能量就越小，越有利于复合。

② 扩散。扩散是电弧中的带电质点向电弧周围介质散发开去，从而使弧区带电质点的浓度减小。扩散的原因一是电弧与周围介质的浓度差，二是电弧与周围介质的温度差。扩散也与电弧截面有关，电弧截面越小，带电质点扩散就越强烈。

带电质点的复合和扩散都会使电弧中的带电质点数量减少，使去游离增强，从而有利于电弧的熄灭。

（3）交流电弧的熄灭

由于交流电流每一个周期两次过零值，电流过零时，电弧将暂时熄灭，弧柱温度急剧下降，高温游离中止，去游离大大增强，阴极附近空间的绝缘强度迅速增高。在熄灭交流电弧时，就是充分利用这一特点来加速电弧的熄灭。在低压系统中，由于电压较低，开关的交流电弧比较容易熄灭。高压系统中具有完善灭弧结构的高压断路器，一般也只需几个周期就能将电弧熄灭；真空断路器的灭弧只需半个周期，这也是近几年来真空断路器得到普遍使用的主要原因之一。

2.2.4　开关电器中常用的灭弧方法

(1) 速拉灭弧法

即迅速拉长触头间的电弧,使电场强度骤减,电弧与周围温度较低的介质增加接触,离子复合和扩散迅速增强,达到加速灭弧的目的。这种灭弧方法是开关电器中最基本的灭弧方法。高低压断路器中都装有强力的断路弹簧,目的就是加速触头的分断速度,以利灭弧。

(2) 冷却灭弧法

利用介质如油等来降低电弧的温度,从而增强去游离来加速电弧的熄灭。

(3) 吹弧灭弧法

利用外力如气流、油流或电磁力来吹动电弧,使电弧拉长,同时也使电弧冷却,电弧中的电场强度降低,复合和扩散增强,加速电弧熄灭。按吹弧的方向(相对电弧方向)分为横吹和纵吹,如图 2-1 (a) 和图 2-1 (b) 所示;按施加外力的性质来分,有气吹、油吹、磁力吹和电动力吹等。如图 2-2 所示的低压刀开关迅速拉开刀闸时,由于本身已构成弯曲回路,回路中的电流产生的电动力作用于电弧,吹动电弧加速拉长。如图 2-3 所示在开关中采用专门的磁吹线圈来吹弧。此外,还有利用铁磁物质如钢片来吸动电弧,这相当于反向吹弧,如图 2-4 所示。

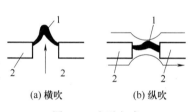

(a) 横吹　　　　(b) 纵吹

图 2-1　吹弧方式

1—电弧;2—触头

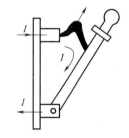

图 2-2　利用本身电动力吹弧

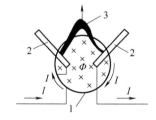

图 2-3　磁吹线圈吹弧

1—磁吹线圈;2—灭弧触头;3—电弧

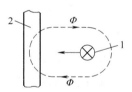

图 2-4　利用钢片吸弧

1—电弧;2—钢片

(4) 长弧切短灭弧法

由于电弧的电压降主要降落在阴极区和阳极区,而且基本上是一个常数,而弧柱(电弧的中间部分)的电压降又较小,利用金属片(如钢栅片)将长弧切成若干短弧,如图 2-5 所示,则维持触头间电弧稳定燃烧的电压降相当于增加了若干倍。当外施电压(触头间)小于电弧上的电压降时,电弧不能维持而迅速熄灭。低压断路器和部分刀开关的灭弧罩就是利用这个原理来灭弧的。

(5) 粗弧分细灭弧法

将粗弧分成若干平行的细小电弧，增大了电弧与周围介质的接触面，改善了电弧的散热条件，降低了电弧的温度，从而使带电质点的复合和扩散得到加强，使电弧加速熄灭。

(6) 狭沟灭弧法

使电弧在固体介质所形成的狭沟中燃烧，冷却条件改善，同时电弧与介质表面接触使带电质点的复合增强，从而加速电弧的熄火。如有的熔断器在熔管中充填石英砂，就是利用此原理。用陶瓷制成的绝缘灭弧栅也是利用狭沟灭弧原理，如图 2-6 所示。

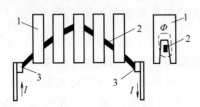 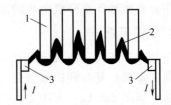

图 2-5　钢灭弧栅对电弧的作用　　　　图 2-6　绝缘灭弧栅（狭沟灭弧）对电弧的作用
1—钢栅片；2—电弧；3—触头　　　　　　1—绝缘灭弧栅片；2—电弧；3—触头

(7) 真空灭弧法

真空具有较高的绝缘强度，若将开关触头装在真空容器内，在此间产生的电弧（真空电弧）较小，且在电流第一次过零时就能将电弧熄灭。真空断路器就是利用这种原理来熄灭电弧的。

(8) 六氟化硫（SF_6）灭弧法

SF_6 气体具有优良的绝缘性能和灭弧性能，其绝缘强度约为空气的 3 倍，而绝缘强度的恢复速度约比空气快 100 倍，因此采用 SF_6 可极大地提高开关的断流容量和减少灭弧所需时间。

在现代的开关电器中，通常是利用上述中的几种灭弧方式的组合来达到灭弧的目的，而且，越是重要的电气设备，其灭弧措施越完善。同时，电气设备的灭弧性能往往是衡量其运行可靠性和安全性的重要指标之一。

2.2.5　对电气触头的基本要求

电气触头是开关电器中极其重要的部件，也是一个易损的部件，为了满足开关电器的可靠性，电气触头必须满足下列基本要求。

(1) 满足正常负荷的发热要求

正常的负荷电流（包括线路过负荷电流）长期通过触头时，触头的发热温度不应超过允许值。为此，触头必须接触紧密良好，尽量减少或避免触头表面产生氧化层，以降低接触电阻。

(2) 具有足够的机械强度

能够经受规定的通断次数而不致发生机械故障或损坏。

(3) 具有足够的动稳定度和热稳定度

具有足够的动稳定度指在可能发生的最大短路冲击电流通过时，触头不至于因最大电动力作用而损坏；具有足够的热稳定度指在可能最长的短路时间内通过最大短路电流时所产生的热量不致使触头烧损或熔焊。

（4）具有足够的断流能力

在开断规定的最大负荷电流或最大短路电流时，触头不应被电弧过度烧损，更不应发生熔焊现象。

2.3 电力变压器

2.3.1 概述

电力变压器，文字符号为 T 或 TM。根据国际电工委员会（IEC）的界定，凡是三相变压器额定容量在 5kV·A 及以上，单相的在 1kV·A 及以上的输变电用变压器，均称为电力变压器。它是供配电系统中最关键的一次设备，主要用于公用电网和工业电网中，将某一给定电压值的电能转变为所要求的另一电压值的电能，以利于电能的合理输送、分配和使用。

2.3.2 电力变压器的分类及特点

变压器的分类方法比较多，常用的如下：

① 按功能分，有升压变压器和降压变压器。在远距离输配电系统中，为了把发电机发出的较低电压升高为较高的电压，需采用升压变压器；而对于直接供电给各类用户的终端变电所，则采用降压变压器。

② 按相数分，有单相和三相两类。其中，三相变压器广泛用于供配电系统的变电所中，而单相变压器一般供小容量的单相设备专用。

③ 按绕组导体的材质分，有铜绕组变压器和铝绕组变压器。过去我国工厂变电所大多采用铝绕组变压器，但现在低损耗，尤其是大容量的铜绕组变压器已得到更为广泛的应用。

④ 按绕组形式分，有双绕组变压器、三绕组变压器和自耦式变压器。双绕组变压器用于变换一个电压的场所；三绕组变压器用于需两个电压的场所，它有一个一次绕组，两个二次绕组。自耦式变压器大多用在实验室中作调压用。

⑤ 按容量系列分，目前我国大多采用 IEC 推荐的 R10 系列来确定变压器的容量，即容量按 $\sqrt[10]{10}=1.26$ 的倍数递增，常用的有 100kV·A、125kV·A、160kV·A、200kV·A、250kV·A、315kV·A、400kV·A、500kV·A、630kV·A、800kV·A、1000kV·A、1250kV·A、1600kV·A、2000kV·A、2500kV·A、3150kV·A 等。其中，容量在 500kV·A 系列的等级较密，便于合理选用。

⑥ 按电压调节方式分，有无载调压变压器和有载调压变压器。其中，无载调压变压器一般用于对电压水平要求不高的场所，特别是 10kV 及以下的配电变压器；在 10kV 以上的电力系统和对电压水平要求较高的场所主要采用有载调压变压器。

⑦ 按安装地点分，有户内式和户外式。

⑧ 按冷却方式和绕组绝缘分，有油浸式、干式和充气式（SF_6）等，其中油浸式变压器又有油浸自冷式、油浸风冷式、油浸水冷式和强迫油循环冷却方式等，而干式变压器又有浇

注式、开启式、封闭式等。

油浸式变压器具有较好的绝缘和散热性能，且价格较低，便于检修，因此被广泛地采用，但由于油的可燃性，不便用于易燃易爆和安全要求较高的场合。

干式变压器结构简单、体积小、质量轻，且防火、防尘、防潮，虽然价格较同容量的油浸式变压器贵，但在安全防火要求较高的场所，尤其是大型建筑物内的变电所、地下变电所和矿井内变电所被广泛使用。

充气式变压器是利用充填的气体进行绝缘和散热，具有优良的电气性能，主要用于安全防火要求较高的场所，并常与其他充气电器配合，组成成套装置。

普通的中小容量的变压器采用自冷式结构，即变压器产生的损耗热经自然通风和辐射逸散；大容量的油浸式变压器采用水冷和强迫油循环冷却方式；风冷式是利用通风机来加强变压器的散热冷却，一般用于大容量变压器（2000kV·A 及以上）和散热条件较差的场所。

⑨ 按用途分，有普通变压器、防雷变压器等。6～10kV/0.4kV 的变压器常叫作配电变压器，安装在总降压变电所的变压器通常称为主变压器。

2.3.3 电力变压器的结构

(1) 变压器的基本结构

电力变压器是利用电磁感应原理进行工作的，因此其最基本的结构组成是电路和磁路部分。变压器的电路部分就是它的绕组，对于降压变压器，与系统电路和电源连接的称为一次绕组，与负载连接的为二次绕组。变压器的铁芯构成了它的磁路，铁芯由铁轭和铁芯柱组成，绕组套在铁芯柱上；为了减少变压器的涡流和磁滞损耗，采用表面涂有绝缘漆膜的硅钢片交错叠成铁芯。

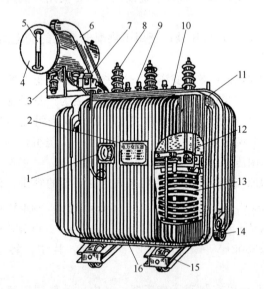

图 2-7 三相油浸式电力变压器的结构
1—信号温度计；2—铭牌；3—吸湿器；4—油枕（储油柜）；5—油位指示器；6—防爆管；7—气体继电器；8—高压套管；9—低压套管；10—分接开关；11—油箱及散热油管；12—铁芯；13—绕组及绝缘；14—放油阀；15—小车；16—接地端子

(2) 常用三相油浸式电力变压器

如图 2-7 所示为三相油浸式电力变压器的结构。

① 油箱。油箱由箱体、箱盖、散热装置、放油阀组成，其主要作用是把变压器连成一个整体及进行散热。内部是绕组、铁芯和变压器的油。变压器油既有循环冷却和散热作用，又有绝缘作用。绕组与箱体（箱壁、箱底）有一定的距离，由油箱内的油绝缘。油箱一般有四种结构：

a. 散热管油箱，散热管的管内两端与箱体内相通，油受热后，经散热管上端口流入管体，冷却后经下端口又流回箱内，形成循环，用于 1600kV·A 及以下的变压器。

b. 带有散热器的油箱，用于 2000kV·A 以上的变压器。

c. 平顶油箱。

d. 波纹油箱（瓦楞型油箱）。

② 高低压套管。套管为瓷质绝缘管，内有导体，用于变压器一、二次绕组接入和引出端的固定和绝缘。

③ 气体继电器，容量在 800kV·A 及以上的油浸式变压器（户内式的变压器容量在 400kV·A 及以上）才安装，用于在变压器油箱内部发生故障时进行气体继电保护。

④ 储油柜，又叫油枕，内储有一定的油，它的作用一是补充变压器因油箱渗油和油温变化造成的油量下降，二是当变压器油发生热胀冷缩时保持与周围大气压力的平衡。其附件吸湿器与油枕内油面上方空间相连通，能够吸收进入变压器的空气中的水分，以保证油的绝缘强度。

⑤ 防爆管，其作用是防止油箱发生爆炸事故。当油箱内部发生严重的短路故障，变压器油箱内的油急剧分解成大量的瓦斯气体，使油箱内部压力剧增，这时，防爆管的出口处玻璃会自行破裂，释放压力，并使油流向一定方向喷出。

⑥ 分接开关用于改变变压器的绕组匝数以调节变压器的输出电压。

（3）环氧树脂浇注的三相干式变压器

图 2-8 为环氧树脂浇注绝缘的三相干式电力变压器的结构图。

环氧树脂浇注绝缘的干式变压器又称树脂绝缘干式变压器，它的高低压绕组各自用环氧树脂浇注，并同轴套在铁芯柱上；高低压绕组间有冷却气道，使绕组散热；三相绕组间的连线也由环氧树脂浇注而成，因此其所有带电部分都不暴露在外。其容量从 30kV·A 到几千千伏·安，最高可达上万千伏·安，高压侧电压有 6kV、10kV、35kV，低压侧电压为 230/400V。目前我国生产的干式变压器有 SC 系列和 SG 系列等。

2.3.4 三相电力变压器的联结组别

电力变压器的联结组别是指变压器一、二次绕组所采用的联结方式的类型及相应的一、二次侧对应线电压的相位关系。常用的联结组别有 Yyn0、Dyn11、Yzn11、Yd11、YNd11 等。下面分析变压器的某些常见联结组别的特点和应用。

（1）配电变压器的联结组别

6～10kV 配电变压器（二次侧电压为 220/380kV）有 Yyn0 和 Dyn11 两种常用的联结组别。

① Yyn0 联结组别的示意图如图 2-9 所示，其一次线电压和对应二次线电压的相位关系如同时钟在零点（12 点）时时针与分针的

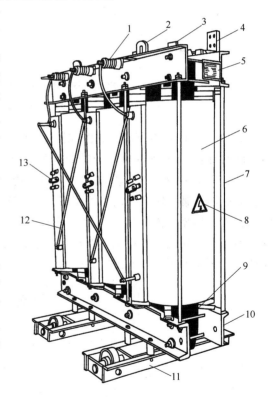

图 2-8 环氧树脂浇注绝缘的三相干式电力变压器
1—高压出线套管和接线端子；2—吊环；3—上夹件；
4—低压出线接线端子；5—铭牌；
6—环氧树脂浇注绝缘绕组；7—上下夹件拉杆；
8—警示标牌；9—铁芯；10—下夹件；
11—小车；12—三相高压绕组间的连接导体；
13—高压分接头连接片

位置一样（图 2-9 中一、二次绕组上标"·"的端子为对应"同名端"，即"同极性端"）。

Yyn0 联结组别的一次绕组采用星形联结，二次绕组为带中性线的星形联结，其线路中可能有的 $3n$（$n=1$、2、$3\cdots$）次谐波电流会注入公共的高压电网中；而且，其中性线的电流规定不能超过相线电流的 25％。因此，负荷严重不平衡或 $3n$ 次谐波比较突出的场合不宜采用这种联结，但该联结组别的变压器一次绕组的绝缘强度要求较低（与 Dyn11 比较），因而造价比 Dyn11 型的稍低。在 TN 和 TT 系统中由单相不平衡电流引起的中性线电流不超过二次绕组额定电流的 25％，且任一相的电流在满载都不超过额定电流时可选用 Yyn0 联结组别的变压器。

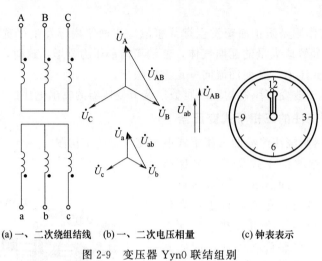

(a) 一、二次绕组结线　　(b) 一、二次电压相量　　(c) 钟表表示

图 2-9　变压器 Yyn0 联结组别

② Dyn11 联结组别的示意图如图 2-10 所示，其一次线电压和对应二次线电压的相位关系如同时钟在 11 点时时针与分针的位置一样。

其一次绕组为三角形联结，$3n$ 次谐波电流在其三角形的一次绕组中形成环流，不致注入公共电网，有抑制高次谐波的作用；其二次绕组为带中性线的星形联结，按规定，中性线电流容许达到相电流的 75％，因此其承受单相不平衡电流的能力远远大于 Yyn0 联结组别的变压器。对于现代供电系统中单相负荷急剧增加的情况，尤其在 TN 和 TT 系统中，Dyn11 联结的变压器得到大力的推广和应用。

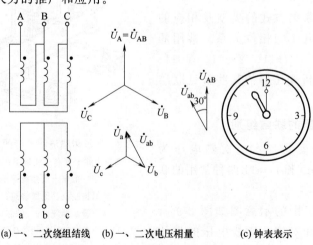

(a) 一、二次绕组结线　　(b) 一、二次电压相量　　(c) 钟表表示

图 2-10　变压器 Dyn11 联结组别

(2) 防雷变压器的联结组别

防雷变压器通常采用 Yzn11 联结组别，如图 2-11 所示。其一次绕组采用星形联结，二次绕组分成两个匝数相同的绕组，并采用曲折形（Z）联结，在同一铁芯柱上的两个半个绕组的电流正好相反，使磁动势相互抵消。因此如果雷电过电压沿一次侧线路侵入时，此过电压不会感应到一次侧线路上；反之，如雷电过电压沿一次侧线路侵入，二次侧也不会出现过电压。由此可见，Yzn11 联结的变压器有利于防雷，但这种变压器二次绕组的用材量比 Yyn0 型的增加 15％以上。

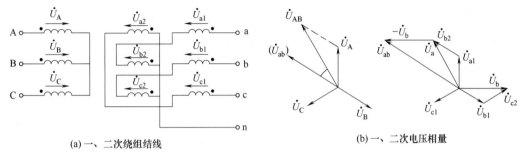

(a) 一、二次绕组结线　　　　　　　(b) 一、二次电压相量

图 2-11　变压器 Yzn11 联结组别

2.3.5　三相电力变压器的铭牌及主要技术数据

电力变压器全型号的表示和含义如下：

(1) 额定电压

一次侧的额定电压为 U_{1N}，二次侧的额定电压为 U_{2N}。对于三相变压器，U_{1N} 和 U_{2N} 都是线电压值，一般用 kV 表示，低压也可用 V 表示。

(2) 额定电流

变压器的额定电流指变压器在容许温升下一、二次绕组长期工作所容许通过的最大电流，分别用 I_{1N} 和 I_{2N} 表示。对于三相变压器，I_{1N} 和 I_{2N} 都表示线电流，单位是 A。

(3) 额定容量

变压器的额定容量，是指它在规定的环境条件下，室外安装时，在规定的使用年限（一般以 20 年计）内能连续输出的最大视在功率，通常用 kV·A 作单位。按 GB 1094—2013《电力变压器》规定，电力变压器正常使用的环境温度条件：最高气温为＋40℃，最高月平均气温为＋30℃，最高年平均气温为＋20℃；最低气温，户内变压器为－5℃，户外变压器为－25℃。油浸式变压器顶层油的温升，规定不得超过周围气温 55℃，按规定的工作环境最高温度为＋40℃计，则变压器顶层油温不得超过＋95℃。

具体的变压器容量和台数的选择在后续章节中详细介绍。

2.3.6　电力变压器的并列运行条件

两台及以上的变压器一、二次绕组的接线端分别并联连接投入运行，即为变压器的并列运行。并列运行时必须符合以下条件才能保证供配电系统的安全、可靠和经济性。

① 所有并列变压器的电压比必须相同，即额定一次电压和额定二次电压必须对应相等，容许差值不得超过±5％。否则将在并列变压器的二次绕组内产生环流，即二次电压较高的

绕组将向二次电压较低的绕组供给电流，引起电能损耗，导致绕组过热甚至烧毁。

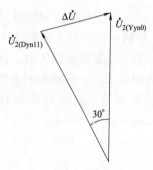

图 2-12　Yyn0 联结和 Dyn11 联结的
变压器并列运行时的相量图

② 并列变压器的联结组别必须相同，也就是一次电压和二次电压的相序和相位应分别对应相同。否则，如图 2-12 所示为一台 Yyn0 联结和一台 Dyn11 联结的变压器并列运行时的相量图，它们的二次电压出现 30°的相位差，这一 ΔU 将在两台变压器的二次侧产生一个很大的环流，可能导致变压器绕组烧坏。

③ 并列变压器的短路电压（阻抗电压）须相等或接近相等，容许差值不得超过 ±10%。因为并列运行的变压器的实际负载分配和它们的阻抗电压值成反比，如果阻抗电压相差过大，可能导致阻抗电压小的变压器发生过负荷现象。

④ 并列变压器的容量应尽量相同或相近，其最大容量和最小容量之比不宜超过 3 : 1。如果容量相差悬殊，不仅可能造成运行的不方便，而且当并列变压器的性能不同时，可能导致变压器间的环流增加，还很容易造成小容量的变压器发生过负荷情况。

2.4　互　感　器

互感器是电流互感器和电压互感器的统称。它们实质上是一种特殊的变压器，又可称为仪用变压器或测量互感器。互感器是根据变压器的变压、变流原理将一次电量（电压、电流）转变为同类型的二次电量的电器，该二次电量可作为二次回路中测量仪表、保护继电器等设备的电源或信号源。因此，它们在供配电系统中具有重要的作用，其主要功能为：

① 变换功能。将一次回路的大电压和大电流变换成适合仪表、继电器工作的小电压和小电流。

② 隔离和保护功能。互感器作为一、二次电路之间的中间元件，不仅使仪表、继电器等二次设备与一次主电路隔离，提高了电路工作的安全性和可靠性，而且有利于人身安全。

③ 扩大仪表、继电器等二次设备的应用范围。由于互感器的二次侧电流或电压额定值统一规定为 5A（1A）及 100V，通过改变互感器的变比，可以感应任意大小的主回路电压和电流值，而且便于二次设备制造规格统一和批量生产。

2.4.1　电流互感器

电流互感器简称 CT，文字符号为 TA，是变换电流的设备。

(1) 基本原理

电流互感器的基本结构和原理如图 2-13 所示，它由一次绕组、铁芯、二次绕组组成。

其结构特点是：

① 一次绕组匝数少，二次绕组匝数多。如芯柱式的一次绕组为一个穿过铁芯的直导线；母线式的电流互感器本身没有一次绕组，利用穿过

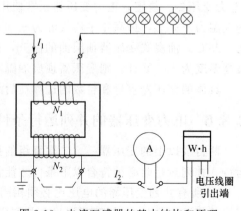

图 2-13　电流互感器的基本结构和原理

其铁芯的一次电路作为一次绕组（相当于1匝）。

②一次绕组导体较粗，二次绕组导体细。二次绕组的额定电流一般为5A或1A。

③电流互感器的一次绕组串接在一次电路中，二次绕组与仪表、继电器电流线圈串联，形成闭合回路。由于这些电流线圈阻抗很小，工作时电流互感器的二次回路接近短路状态。电流互感器的变流比用 K_i 表示，则

$$K_i = I_{1N}/I_{2N} \approx N_2/N_1 \qquad (2\text{-}1)$$

式中，I_{1N}、I_{2N} 分别为电流互感器一次侧和二次侧的额定电流值；N_1、N_2 为其一次和二次绕组匝数。变流比一般表示成如100/5A的形式。

（2）接线方案

电流互感器在三相电路中常用的四种接线方案如图2-14所示。

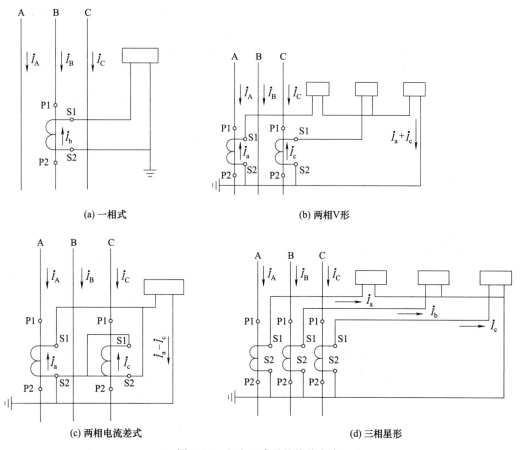

图2-14　电流互感器的接线方案

①一相式接线。如图2-14（a）所示，互感器通常接在B相，电流互感器二次线圈中流过的是对应相一次电流的二次电流值，反映的是该相的电流。这种接线通常用于三相负荷平衡的系统中，供测量电流或过负荷保护装置用。

②两相V形接线。如图2-14（b）所示，这种接线也叫两相不完全星形接线，电流互感器通常接在A、C相上，在中性点不接地的三相三线制系统中，广泛用于测量三相电流、电能及作过电流继电保护之用（称为两相两继电器式接线）。由相量图2-15可知，公共线上的电流为 $\dot{I}_a + \dot{I}_c = -\dot{I}_b$，反映的正是未接互感器的那一相的电流。

③ 两相电流差式接线。如图 2-14 (c) 所示，这种接线又叫两相一继电器式接线，流过电流继电器线圈的电流为 $\dot{I}_a - \dot{I}_c$。这种接线适用于中性点不接地的三相三线制系统中，作过电流继电保护之用。

④ 三相星形接线。如图 2-14 (d) 所示，这种接线中的三个电流线圈正好反映了各相电流，因此被广泛用于三相负荷不平衡的三相四线制系统中，也用在负荷可能不平衡的三相三线制系统中作三相电流、电能测量及过电流继电保护之用。

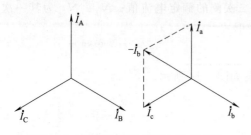

图 2-15　两相 V 形接线的电流互感器
一、二次侧的电流相量图

(3) 电流互感器类型和型号

① 电流互感器的类型。

a. 按一次电压分：有高压和低压两大类。

b. 按一次绕组匝数分有单匝（包括母线式、芯柱式、套管式）和多匝式（包括线圈式、线环式、串级式）。

c. 按用途分：有测量用和保护用两大类。

d. 按准确度级分：测量用电流互感器有 0.1 级、0.2 级、0.5 级、1 级、3 级、5 级，保护用电流互感器一般为 5P 和 10P 两级。

e. 按绝缘介质类型分：有油浸式、环氧树脂浇注式、干式、SF_6 气体绝缘等。

f. 按铁芯分：有同一铁芯和分开（两个）铁芯两种。高压电流互感器通常有两个不同准确度级的铁芯和二次绕组，分别接测量仪表和继电器。因为测量用的电流互感器的铁芯在一次电路短路时易于饱和，以限制二次电流的增长倍数，保护仪表。保护用的电流互感器铁芯则在一次电路短路时不应饱和，二次电流与一次电流成比例增长，以保证灵敏度的要求。

图 2-16 和图 2-17 分别给出了 LQZ-10 型和 LMZJ1-0.5 型电流互感器的外形图。其中，LQZ-10 是目前常用于 10kV 高压开关柜中的户内线圈式环氧树脂浇注绝缘加强型电流互感器，有两个铁芯和两个二次绕组分别为 0.5 级和 3 级，0.5 级用于测量，3 级用于继电保护。LMZJ1-0.5 是广泛用于低压配电屏和其他低压电路中的户内母线式环氧树脂浇注绝缘加大容量的电流互感器，它本身无一次绕组，穿过其铁芯的母线就是其一次绕组。

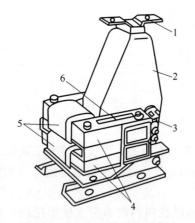

图 2-16　LQZ-10 型电流互感器
1——次接线端；2——次绕组；3—二次接线端；
4—铁芯；5—二次绕组；6—警示牌

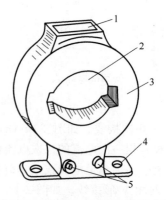

图 2-17　LMZJ1-0.5 型电流互感器
1—铭牌；2—二次母线穿孔；3—铁芯；
4—安装板；5—二次接线端

② 电流互感器的型号及表示。

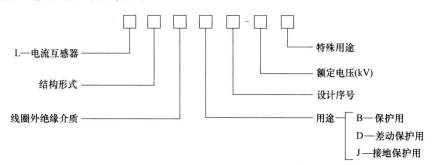

结构形式的字母含义：X—带零序（剩余）电压绕组，B—三相带补偿绕组，W—五芯柱三绕组。

（4）电流互感器的使用注意事项

① 电流互感器在工作时二次侧不得开路。如果开路，二次侧可能会感应出危险的高电压，危及人身和设备安全；同时，互感器铁芯会由于磁通剧增而过热，产生剩磁，导致互感器准确度的降低。因此，电流互感器二次侧不允许开路。所以要求在安装时，二次接线必须可靠、牢固，绝不允许在二次回路中接入开关或熔断器。

② 电流互感器二次侧有一端必须接地。这是为了防止一、二次绕组间绝缘击穿时，一次侧高电压窜入二次侧，危及设备和人身安全。

③ 电流互感器在接线时，要注意其端子的极性。电流互感器的一、二次侧绕组端子分别用 P1、P2 和 S1、S2 表示，对应的 P1 和 S1、P2 和 S2 为用"减极性"法规定的"同名端"，又称"同极性端"（因其在同一瞬间，同名端同为高电平或低电平）。

例如在图 2-14（b）所示的两相 V 形接线中，如果二次侧的接线没有按接线的要求连接，而是将其中一个互感器的二次绕组接反，则公共线流过的电流就不是 B 相电流，而是其 $\sqrt{3}$ 倍，可能使继电保护误动作，也可能使电流表烧坏。

2.4.2 电压互感器

电压互感器简称 PT，文字符号为 TV。它是变换电压的设备。

（1）基本原理和结构

电压互感器的基本结构原理如图 2-18 所示，它由一次绕组、二次绕组和铁芯组成。其结构特点为：

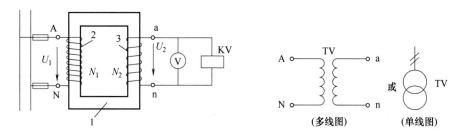

图 2-18 电压互感器的基本结构和接线
1—铁芯；2——次绕组；3—二次绕组

① 一次绕组并联在主回路中，二次绕组并联二次回路中的仪表、继电器等的电压线圈，由于这些二次绕组的电压线圈阻抗很大，电压互感器工作时二次绕组接近于开路状态。

② 一次绕组匝数较多，二次绕组的匝数较少，相当于降压变压器。

③ 一次绕组的导线较细，二次绕组的导线较粗，二次侧额定电压一般为100V，用于接地保护的电压互感器二次侧额定电压为 $100/\sqrt{3}$ V，辅助二次绕组则为100/3V。

电压互感器的变压比用 K_u 表示：

$$K_u = U_{1N}/U_{2N} \approx N_1/N_2 \qquad (2-2)$$

式中，U_{1N}、U_{2N} 分别为电压互感器一次绕组和二次绕组额定电压；N_1、N_2 为一次绕组和二次绕组的匝数。变压比通常表示成如 10/0.1kV 的形式。电压互感器有单相和三相两类，在成套装置内，采用单相电压互感器较为常见。

（2）电压互感器的接线方案

电压互感器在三相电路中有如图 2-19 所示的四种常见的接线方案。

① 一个单相电压互感器的接线，如图 2-19（a）所示。电压互感器为仪表和继电器提供一个线电压，适用于电压对称的三相线路，如用作备用线路的电压监视。

② 两个单相电压互感器接成 V/V 形，如图 2-19（b）所示。电压互感器为仪表和继电器提供各个接点的线电压，适用于三相三线制系统。

③ 三个单相电压互感器接成 Y0/Y0 形，如图 2-19（c）所示。供电给要求线电压的仪表和继电器；在小接地电流系统中，供电给接相电压的绝缘监视电压表，在这种接线方式中电压表应按线电压选择。常用于三相三线和三相四线制线路。

④ 三个单相三绕组电压互感器或一个三相五芯柱式三绕组电压互感器接成 Y0/Y0/△形，如图 2-19（d）所示。其中一组二次绕组接成 Y0 的二次绕组，供电给需线电压的仪表、继电器和绝缘监视用电压表；另一组绕组（辅助二次绕组）接成开口三角形（△），接作绝缘监视用的电压继电器（KV）。当线路正常工作时，开口三角两端的零序电压接近于零；而当线路上发生单相接地故障时，开口三角两端的零序电压接近 100V，使电压继电器 KV 动作，发出故障信号。此辅助二次绕组又称"剩余电压绕组"，适用于三相三线制系统。

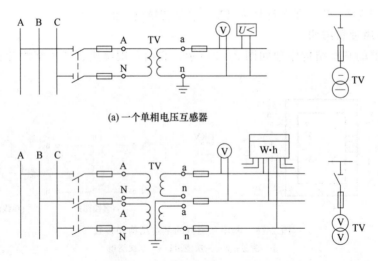

(a) 一个单相电压互感器

(b) 两个单相电压互感器接成V/V

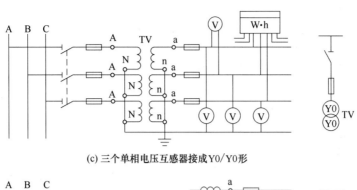

(c) 三个单相电压互感器接成Y0/Y0形

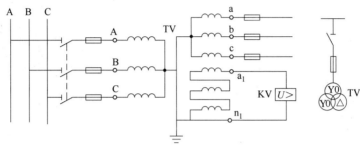

(d) 三个单相三绕组电压互感器或一个三相五芯柱式三绕组
电压互感器接成Y0/Y0/△形

图 2-19　电压互感器的接线方案

(3) 电压互感器的类型和型号

① 分类。电压互感器按绝缘介质分，有油浸式、干式（含环氧树脂浇注式）两类；按使用场所分，有户内式和户外式；按相数来分，有三相式、单相式；按电压分有高压（1kV以上）和低压（0.5kV 及以下）；按绕组分有三绕组、双绕组；按用途来分，测量用的其准确度级要求较高，规定为 0.1 级、0.2 级、0.5 级、1 级、3 级，保护用的准确度级较低，一般有 3P 级和 6P 级，其中用于小接地系统电压互感器（如三相五芯柱式）的辅助二次绕组准确度级规定为 6P 级；按结构原理分有电容分压式、电磁感应式。还有气体电压互感器、电流电压组合互感器等高压类型。

② 电压互感器型号的表示如下：

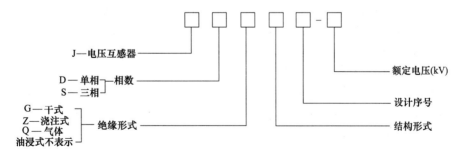

结构形式的字母含义：R—套管式，Z—支柱式，Q—线圈式，F—贯穿式（复匝），D—贯穿式（单匝），M—母线式，K—开合式，V—倒立式，A—链式。绝缘形式的字母含义：J—变压器油不表示，G—空气（干式），C—瓷（主绝缘），Q—气体，Z—浇注成型固体，K—绝缘壳。

③ 图 2-20、图 2-21 分别给出了 JDZJ-10（3、6）型和 JDG6-0.5 型电压互感器的外形结构。JDZJ-10（3、6）为单相双绕组环氧树脂浇注的户内型电压互感器，适用于 10kV 及以

下的线路中供测量电压、电能、功率以及继电保护和自动装置用，准确度级有 0.5 级、1级、3 级，采用三台可接成图 2-19（d）的 Y0/Y0/△接线。

JDG6-0.5 为单相双绕组干式户内型电压互感器，供测量电压、电能、功率及继电保护和自动装置用，可用于单相线路、三相线路（用两台可接成 V/V 形）中。

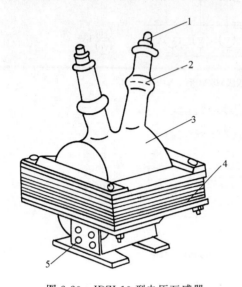

图 2-20　JDZJ-10 型电压互感器

1——次接线端子；2—高压绝缘套管；

3——、二次绕组；4—铁芯；5—二次接线端子

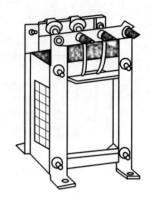

图 2-21　JDG6-0.5 型电压互感器

在中性点非有效接地的系统中，电压互感器常因铁磁谐振而大量烧毁。为了消除铁磁谐振，某些新产品如 JSXH-35 型、JDX-6（10）型及 JSZX-6（10）型在结构上都进行了一些改进。

（4）电压互感器使用注意事项

① 电压互感器在工作时，其一、二次侧不得短路。由于电压互感器二次回路中的负载阻抗较大，其运行状态近于开路，当发生短路时，将产生很大的短路电流，有可能造成电压互感器烧毁；其一次侧并联在主回路中，若发生短路会影响主电路的安全运行。因此，电压互感器一、二次侧都必须装设熔断器进行短路保护。

② 电压互感器二次侧有一端必须接地。这样做的目的是为了防止一、二次绕组间的绝缘击穿时，一次侧的高压窜入二次侧，危及设备及人身安全。通常将公共端接地。

③ 电压互感器在接线时，必须注意其端子的极性。三相电压互感器一次绕组两端标成A、B、C、N，对应的二次绕组同名端标为 a、b、c、n；单相电压互感器的对应同名端分别标为 A、N 和 a、n。在接线时，若将其中的一相绕组接反，二次回路中的线电压将发生变化，会造成测量误差和保护误动作（或误信号），甚至可能对仪表造成损害。因此，必须注意其一、二次侧极性的一致性。

2.5　熔　断　器

在本节中将重点介绍在一次电路中具有很高技术价值的保护用电气设备：高压熔断器和低压熔断器。

熔断器（文字符号 FU）是用于过电流保护的最为简单和常用的电器。它是在通过的电流超过规定值并经过一定的时间后熔体（熔丝或熔片）熔化而分断电流断开电路来完成它的主要功能——短路保护，但有的也具有过负荷保护能力。

短路和过负荷（统称过电流）现象是输配电线路中时常出现的一种故障，当电路通过的实际电流超过其规定条件下的额定值，即是过电流，又称过流。其中，过负荷电流超过额定值相对不多，但短路电流可达额定电流的十多倍甚至几十、上百倍。因此，过负荷只要不是过大，持续时间不是过长，或过于频繁，一般对系统的影响不大；而短路则会产生相当严重的后果，须设法避免和防护。熔断器的体积很小，但却能分断很高的短路电流。

2.5.1　高压熔断器

在输配电系统中，对容量小且不太重要的负荷，广泛采用高压熔断器作为高压输配电线路、电力变压器、电压互感器和电力电容器等电气设备的短路和过负荷保护。户内广泛采用 RN 系列的高压管式限流熔断器，户外则广泛使用 RW4、RW10F 等型号的高压跌开式熔断器，或 RW10-35 型的高压限流熔断器。

高压熔断器的全型号的表示和含义如下：

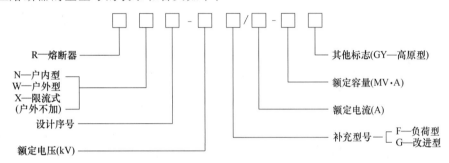

对于"自爆式"熔断器，在"R"前面加字母"B"。

(1) RN 系列户内高压管式熔断器

RN 系列户内高压熔断器有 RN1、RN2、RN3、RN4、RN5 及 RN6 等型号，主要用于 3～35kV 配电系统中作短路保护和过负荷保护用。其中 RN1 型用于高压电力线路及其设备和电力变压器的短路保护，也能作过负荷保护；RN2、RN4、RN5 则用于电压互感器的短路保护；RN6 型主要用于高压电动机的短路保护。RN3 和 RN1 相似，RN4 和 RN2 相似，只是技术数据有所差别；RN5 和 RN6 是以 RN1 和 RN2 为基础的改进型，具有体积小、质量轻、防尘性能好、维修和更换方便等特点。

RN1 和 RN2 的外形和结构基本相同，灭弧原理也基本相同。如图 2-22 和图 2-23 所示，为 RN1、RN2 型高压熔断器的外形和熔管内部结构图。其主要组成部分是：熔管、触座、熔断指示器、绝缘子和底座。熔管一般为瓷质管，熔丝由单根或多根镀银的细铜丝并联绕成螺旋状，熔丝埋放在石英砂填料中，熔丝上焊有小锡球。

当过负荷电流通过时，铜丝上锡球受热熔化，铜锡分子相互渗透形成熔点较低的铜锡合金（冶金效应），使铜熔丝能在较低的温度下熔断，从而使熔断器能在过负荷电流或较小短路电流时也能动作，提高了熔断器保护的灵敏度。因几根并联铜丝是在密闭的充满石英砂填料的熔管内工作，当短路电流发生时，一旦熔丝熔断产生电弧，即产生粗弧分细、长弧切短和狭沟灭弧的现象，因此，熔断器的灭弧能力很强，在短路后不到半个周期即短路电流未达到冲击电流值（i_{sh}）时就能完全熄灭电弧、切断短路电流。具有这种特性的熔断器称为

"限流"式熔断器。

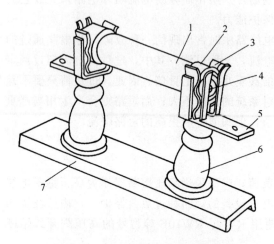

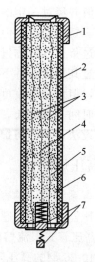

图 2-22　RN1 及 RN2 型熔断器外形
1—瓷熔管；2—金属管帽；3—弹性触座；
4—熔断指示器；5—接线端子；6—瓷绝缘子；
7—铸铁底座

图 2-23　熔管内部结构剖面图
1—金属管帽；2—瓷熔管；3—工作熔体；
4—指示熔体；5—锡球；6—石英砂填料；
7—熔断指示器（熔断后弹出状态）

当过电流通过熔体时，工作熔体熔断后，指示熔体也相继熔断，其熔断指示器弹出，如图 2-23 所示，给出熔体熔断的指示信号。

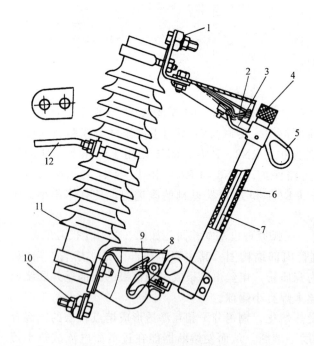

图 2-24　RW4-10（G）型跌落式熔断器
1—上接线端子；2—上静触头；3—上动触头；
4—管帽；5—操作环；6—熔管；7—铜丝；
8—下动触头；9—下静触头；10—下接线端子；
11—绝缘瓷瓶；12—安装板

RN2 型与 RN1 型的区别主要是：它由三种不同截面的一根康铜丝绕在陶瓷芯上，并且无熔断指示器，由电压互感器二次侧仪表的读数来判断其熔体的熔断情况；而且，由于电压互感器的二次侧近于开路状态，RN2 型的额定电流一般为 0.5A，而 RN1 型的额定电流从 2～300A 不等。

（2）RW 系列户外高压跌开式熔断器

RW 系列跌开式熔断器，又称跌落式熔断器，被广泛用于环境正常的户外场所，作高压线路和设备的短路保护用。有一般跌开式熔断器（如 RW4、RW7 型等）、负荷型跌开式熔断器（如 RW10-10F 型）、限流型户外熔断器（如 RW10-35、RW11 型等）及 RW-B 系列的爆炸式跌开熔断器。下面主要讲述它们的结构和功能特点。

① 一般户外高压跌开式熔断器（文字符号为 FD）。如图 2-24 所示为 RW4-10（G）型跌落式熔断器结构。它串接

在线路中，可利用绝缘棒（俗称"令克棒"）直接操作熔管（含熔体）的分、合，此功能相当于"隔离开关"。

RW4型熔断器没有带负荷灭弧装置，因此不容许带负荷操作；同时，它的灭弧能力不强，速度不快，不能在短路电流达到冲击电流（i_{sh}）前熄灭电弧，属于"非限流"式熔断器。常用于额定电压10kV，额定容量315kV·A及以下的电力变压器的过流保护，尤其以居民区、街道等场合居多。

② 负荷型跌开式熔断器（文字符号为FDL）。如图2-25所示为RW10-10F负荷型跌开式熔断器的结构。

RW10-10F负荷型跌开式熔断器是在一般跌开式熔断器的上静触头上加装了简单的灭弧室，因而能带负荷操作，其操作要求和"负荷开关"相同。但该类型虽然有灭弧室，能有效开断大、小短路电流，但灭弧能力不是很强，灭弧速度也不快，不能在短路电流达到冲击值之前熄灭电弧，因此也属"非限流"式熔断器。

③ 限流式户外高压熔断器（文字符号为FU）。如图2-26所示是RW10-35型限流式户外熔断器的外形结构。

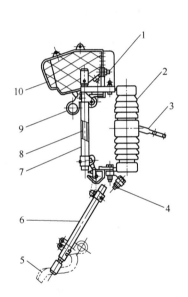

图2-25　RW10-10F负荷型跌开式熔断器

1—上接线端子；2—绝缘瓷瓶；3—固定安装板；
4—下接线端子；5—灭弧触头；6—熔丝管（闭合位置）；
7—熔丝管（跌开位置）；8—熔丝；
9—操作环；10—灭弧罩

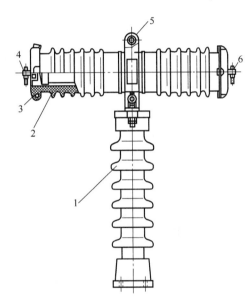

图2-26　RW10-35型限流式户外高压熔断器

1—棒形支柱绝缘子；2—瓷质熔管（内装特制熔体及石英砂）；
3—铜管帽；4,6—接线端子；5—固定抱箍

该熔断器的瓷质熔管内充有石英砂，熔体结构和RN型的户内高压熔断器相似，因此，它的短路和过负荷保护功能与户内高压限流熔断器相同。这种熔断器的熔管是固定在棒形支柱绝缘子上的，因此，熔体熔断后不能自动跌开，无明显可见的断开间隙，不能作"隔离开关"用。

④ RW-B系列的高压爆炸式跌开熔断器。其结构和RW系列基本相似，有B型和BZ型两种。B型为自爆跌开式，BZ型是爆炸重合跌开式。区别为BZ型熔断器每相有两根熔管，若为瞬时性故障，可投入重合熔管来保证系统的继续工作；如果是永久性故障，则重合熔管

会再动作一次，将故障切除，以保护系统。

⑤ HH-熔断器是一种高压高分断能力的熔断器，它能在短路电流产生的瞬间就将其开断，有效地保护电气设备和线路，使其免受巨大的短路电流造成的危害。

2.5.2 低压熔断器

低压熔断器主要具有低压配电系统的短路保护功能，有的也能实现过负荷保护。它们的主要缺点是熔体熔断后须更换，引起短时停电，保护特性和可靠性相对较差，在一般情况下，须与其他电器配合使用。

低压熔断器的种类很多，有插入式（RC 型）、螺旋式（RL 型）、无填料密闭管式（RM型）、有填料封闭管式（RT 型）及引进技术生产的有填料管式 gF、aM 系列和高分断能力的 NT 型等。

国产低压熔断器的全型号的表示和含义如下：

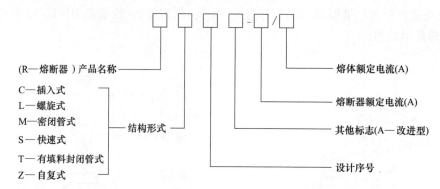

上述型号不适用于引进技术生产的熔断器，如 NT、gF、aM 等。

下面介绍常用的几种低压熔断器。

(1) RC1 系列瓷插式熔断器

如图 2-27 所示为 RC1A 型的结构。

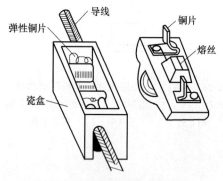

图 2-27　RC1A 型瓷插式熔断器

RC1 型的低压熔断器结构简单、价格低、使用方便，但断流容量小、动作误差大，因此多用于 500V 以下的线路末端，作不重要负荷的电力线路、照明设备和小容量的电动机的短路保护用。例如居民区、办公楼、农用负荷等要求不高的供配电线路末端的负荷。

(2) RL1 系列螺旋式熔断器

如图 2-28 所示是 RL1 型熔断器的结构。其瓷质熔体装在瓷帽和瓷底座间，内装熔丝和熔断指示器，并充填石英砂。它的灭弧能力强，属"限流"式熔断器，并且体积小、质量轻、价格低、使用方便、熔断指示明显、具有较高的分断能力和稳定的电流特性，因此被广泛地用于 500V 以下的低压动力干线和支线上作短路保护用。

(3) RM10 型无填料密闭管式熔断器

如图 2-29 所示，RM10 系列熔断器由纤维熔管、变截面熔片和触刀、铜管帽、管夹等组成。当短路电流通过时，熔片窄部由于截面小、电阻大而首先熔断，并将产生的电弧切短成几段而易于熄灭；在过负荷电流通过时，由于电流加热时间较长，而窄部的散热好，往往在宽窄之间的斜部熔断。由此，可根据熔片熔断的部位来判断过电流的性质。RM10 系列的熔断器不能在短路冲击电流出现以前完全灭弧，因此属"非限流"式熔断器。RM10 系列熔断器结构简单、价格低廉、更换熔体方便。

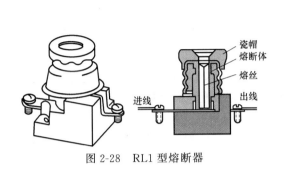

图 2-28　RL1 型熔断器

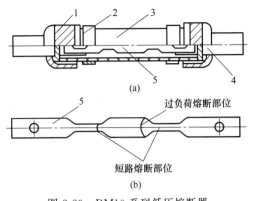

图 2-29　RM10 系列低压熔断器

1—铜管帽；2—管夹；3—纤维熔管；4—熔片；5—触刀

(4) RT0 型有填料封闭管式熔断器

这种熔断器结构比较复杂，其外形及内部结构如图 2-30 所示。

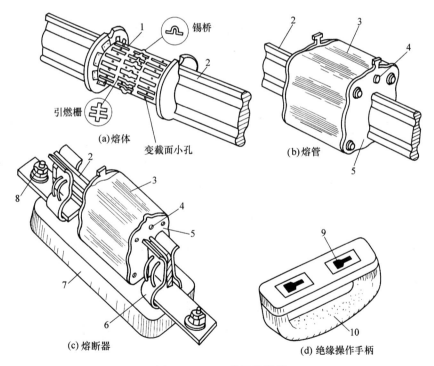

图 2-30　RT0 低压熔断器

1—栅状铜熔体；2—触刀；3—瓷熔管；4—熔断指示器；5—盖板；6—弹性触座；
7—瓷质底座；8—接线端子；9—扣眼；10—绝缘拉手手柄

　　这种熔断器主要由瓷熔管、铜熔体（栅状）和底座三部分组成。熔管内装石英砂。熔体有变截面小孔和引燃栅，变截面小孔可使熔体在短路电流通过时熔断，将长弧分割为多段短弧，引燃栅具有等电位作用，使粗弧分细，电弧电流在石英砂中燃烧，形成狭沟灭弧。这种熔断器具有较强的灭弧能力，因而属"限流"熔断器（在 i_{sh} 到来前就熔断）。熔体还具有"锡桥"，利用"冶金效应"可使熔体在较小的短路电流和过负荷时熔断。熔体熔断后，其熔断指示器弹出，以方便工作人员识别故障线路和进行处理。熔断后的熔体不能再用，须重新更换，更换时应采用绝缘操作手柄进行操作。

RT0 型熔断器的保护性能好，断流能力大，因此被广泛应用于短路电流较大的低压网络和配电装置中，作输配电线路和电气设备的短路保护，特别适用于重要的供电线路（或断流能力要求高的场所，如电力变压器的低压侧主回路及靠近变压器场所出线端的供电线路）。

(5) 引进技术生产的高分断能力熔断器介绍

① NT 系列熔断器（国内型号为 RT16 系列）是引进技术生产的一种高分断能力熔断器，现广泛应用于低压开关柜中，适用于 660V 及以下电力网络及配电装置作过载和保护之用。

该系列熔断器由熔管、熔体和底座组成，外形结构与 RT0 型相似。熔管为高强度陶瓷管，内装优质石英砂，熔体采用优质材料制成。主要特点为体积小、质量轻、功耗小、分断能力强、限流特性好。

② gF、aM 系列圆柱形管状有填料熔断器也属引进技术生产的熔断器，具有体积小、密封好、分断能力强、指示灵敏、动作可靠、安装方便等优点，适用于低压配电系统，其中，gF 系列用于线路的短路和过负荷保护，aM 系列用于电动机的短路保护。

2.6 高压开关设备

2.6.1 高压隔离开关

高压隔离开关（文字符号为 QS）的主要功能是隔离高压电源，以保证对其他电气设备及线路的安全检修及人身安全。因此其结构特点是断开后具有明显可见的断开间隙，且断开间隙的绝缘及相间绝缘都是足够可靠的。但是隔离开关没有灭弧装置，所以不容许带负荷操作。但可容许通断一定的小电流，如励磁电流不超过 2A 的 35kV、1000kV·A 及以下的空载变压器电路，电容电流不超过 5A 的 10kV 及以下、长 5km 的空载输电线路以及电压互感器和避雷器回路等。

高压隔离开关按安装地点，分为户内式和户外式两大类；按有无接地可分为不接地、单接地、双接地三类。

高压隔离开关的全型号的表示和含义如下：

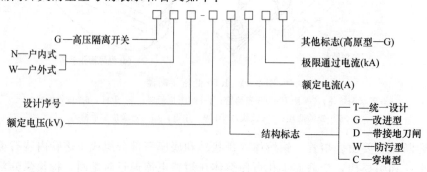

10kV 高压隔离开关型号较多，常用的有 GN8、GN19、GN24、GN28、GN30 等户内式系列。图 2-31 所示为 GN8-10 高压隔离开关的外形结构图，它的三相闸刀安装在同一底座上，闸刀均采用垂直回转运动方式。GN 型高压隔离开关一般采用手动操动机构进行操作。户外高压隔离开关常用的有 GW4、GW5 和 GW1 等系列，其中 GW4-35 型的户外高压隔离开关的外形如图 2-32 所示。为了熄灭小电流电弧，该隔离开关安装有灭弧角条，采用的是三柱式结构。带有接地开关的隔离开关称接地隔离开关，用来进行电气设备的短接、联锁和

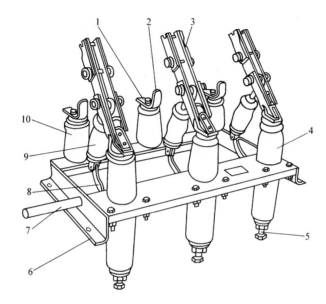

图 2-31　GN8-10 型高压隔离开关外形

1—上接线端子；2—静触头；3—闸刀；4—套管绝缘子；5—下接线端子；

6—框架；7—转轴；8—拐臂；9—升降绝缘子；10—支柱绝缘子

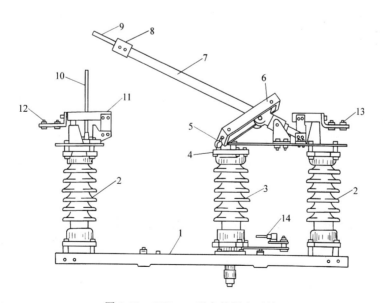

图 2-32　GW4-35 型户外隔离开关

1—角钢架；2—支柱瓷瓶；3—旋转瓷瓶；4—曲柄；5—轴套；6—传动装置；7—管形闸刀；

8—工作动触头；9,10—灭弧角条；11—插座；12,13—接线端子；14—曲柄传动机构

隔离，一般是用来将退出运行的电气设备和成套设备部分接地和短接。而接地开关是用于将回路接地的一种机械式开关装置。在异常条件（如短路下），可在规定时间内承载规定的异常电流；在正常回路条件下，不要求承载电流；大多与隔离开关构成一个整体，并且在接地开关和隔离开关之间有相互联锁装置。

2.6.2 高压负荷开关

高压负荷开关（文字符号为 QL）具有简单的灭弧装置，能通断一定的负荷电流和过负荷电流；但是不能用它来断开短路电流，因此必须借助熔断器来切断短路电流，故负荷开关常与熔断器一起使用。高压负荷开关大多还具有隔离高压电源，保证其后的电气设备和线路安全检修的功能，因为它断开后通常有明显的断开间隙，与高压隔离开关一样，所以这种负荷开关有"功率隔离开关"之称。

高压负荷开关根据所采用的灭弧介质不同，可分为固体产气式、压气式、油浸式、真空式和六氟化硫（SF_6）等；按安装场所分有户内式和户外式两种。

高压负荷开关全型号的表示和含义如下：

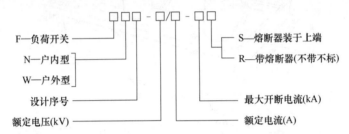

户内目前多采用 FN2-10RT 及 FN3-10RT 型的户内压气式负荷开关。图 2-33 为 FN3-10RT 户内压气式负荷开关外形结构图。负荷开关上端的绝缘子是一个简单的灭弧室，它不仅起到支持绝缘子的作用，而且其内部是一个气缸，装有操动机构主轴传动的活塞，绝缘子上部装有绝缘喷嘴和弧静触头。当负荷开关分闸时，闸刀一端的弧动触头与弧静触头之间产生电弧，同时分闸时主轴转动而带动活塞，压缩气缸内的空气，从喷嘴向外吹弧，使电弧迅速熄灭。同时，其外形与户内式隔离开关相似，也具有明显的断开间隙。因此，它同时具有隔离开关的作用。

FN1、FN5 和 FW5 型等为固体产气式负荷开关，它们主要是利用开断电弧的能量使灭弧室内的产气材料分解所产生的气体进行吹弧灭弧。和户内压气式负荷开关一样，它们的灭弧能力较小，可开断负荷电流、电容电流、环流和过负荷电流，但必须与熔断器串联，借助熔断器断开短路电流。它们适用于 35kV 及以下的电力系统，尤其是城市电网改造和农村电网。一般配用 CS 型手力操动机构或 CJ 系列电动操动机构，如果配装了接地开关，只能用手力操动机构。

图 2-34 为西门子公司 12kV 的真空负荷开关的剖面图。它是利用真空灭弧原理来工作的，因而能可靠完成开断工作。其特点是可频繁操作，配用手动操动机构或电动操动机构，灭弧性能好，使用寿命长。但必须和 HH-熔断器相配合，才能开断短路电流。而且开断时，不形成隔离间隙，不能作隔离开关用。一般用于 220kV 及以下电网中。

六氟化硫（SF_6）负荷开关（如 FW11-10 型）、油浸式负荷开关（如 FW2、FW4 型）的基本结构都为三相共箱式，其中六氟化硫负荷开关利用 SF_6 气体作为灭弧和绝缘介质，而油浸式负荷开关是利用绝缘油作为灭弧和绝缘介质，它们的灭弧能力强、容量大，但都必

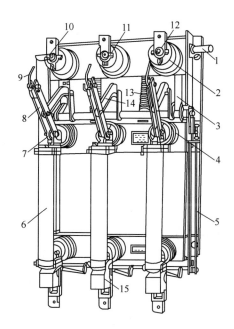

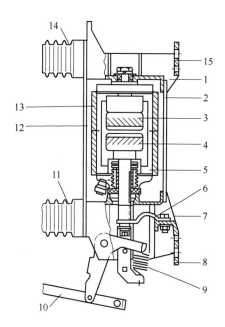

图 2-33　FN3-10RT 户内压气式负荷开关外形

1—主轴；2—上绝缘子兼气缸；3—连杆；
4—下绝缘子；5—框架；6—RN1 型熔断器；
7—下触座；8—闸刀；9—弧动触头；
10—绝缘喷嘴（内有弧静触头）；11—主静触头；
12—上触座；13—断路弹簧；14—绝缘拉杆；
15—热脱扣器

图 2-34　西门子公司 12kV 的真空负荷开关的剖面图

1—上支架；2—前支撑杆；3—静触头；4—动触头；
5—波纹管；6—软联结；7—下支架；8—下接线端子；
9—接触压力弹簧和分闸弹簧；10—操作杆；
11—下支持绝缘子；12—后支撑杆；13—陶瓷外壳；
14—上支持绝缘子；15—上接线端子

须与熔断器串联使用才能断开短路电流，而且断开后无可见间隙，不能作隔离开关用。适用于 35kV 及以下的户外电网。

2.6.3　高压断路器

高压断路器（文字符号为 QF）是高压输配电线路中最为重要的电气设备，它的选用和性能直接关系到线路运行的安全性和可靠性。高压断路器具有完善的灭弧装置，不仅能通断正常的负荷电流和过负荷电流，而且能通断一定的短路电流，并能在保护装置作用下自动跳闸，切断短路电流。

高压断路器按其采用的灭弧介质分，有油断路器、六氟化硫（SF$_6$）断路器、真空断路器、压缩空气断路器和磁吹断路器等。其中油断路器按油量大小又分为少油和多油两类。多油断路器的油量多，兼有灭弧和绝缘的双重功能；少油断路器的油量少，只作灭弧介质用。

高压断路器按使用场合可分为户内型和户外型。

按分断速度分，有高速（<0.01s）、中速（0.1~0.2s）、低速（>0.2s），现采用高速的比较多。

SF$_6$ 断路器和真空断路器目前应用较广，少油断路器因其成本低、结构简单，依然被广泛应用于不需要频繁操作及要求不高的各级高压电网中，但压缩空气断路器和多油断路器已基本淘汰。下面将主要介绍少油断路器、SF$_6$ 断路器和真空断路器。

高压断路器的全型号表示和含义如下：

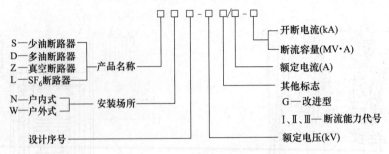

S—少油断路器
D—多油断路器
Z—真空断路器
L—SF₆断路器
N—户内式
W—户外式
设计序号

产品名称
安装场所

开断电流(kA)
断流容量(MV·A)
额定电流(A)
其他标志
　　G—改进型
　　Ⅰ、Ⅱ、Ⅲ—断流能力代号
额定电压(kV)

(1) 高压少油断路器

一般 6~35kV 户内配电装置中主要采用的高压少油断路器是我国统一设计、推广应用的一种新型少油断路器。按其断流容量（S_{oc}）分有Ⅰ、Ⅱ、Ⅲ型。断流容量 SN10-10Ⅰ型为 300MV·A；SN10-10Ⅱ型为 500MV·A；SN10-10Ⅲ型为 750MV·A。

图 2-35 和图 2-36 分别是 SN10-10 型高压少油断路器的外形结构和油箱内部结构图。

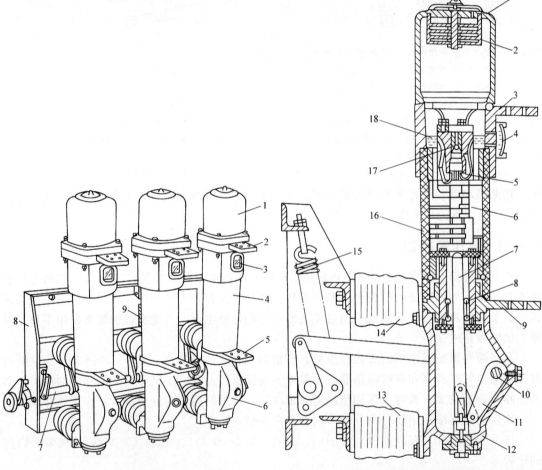

图 2-35　SN10-10 型少油断路器外形结构
1—铝帽；2—上接线端子；3—油标；
4—绝缘筒；5—下接线端子；6—基座；
7—主轴；8—框架；9—断路弹簧

图 2-36　SN10-10 型少油断路器内部剖面结构
1—铝帽；2—油气分离器；3—上接线端子；4—油标；
5—静触头；6—灭弧室；7—动触头；8—中间滚动触头；
9—下接线端子；10—转轴；11—拐臂；12—基座；
13—下支柱瓷瓶；14—上支柱瓷瓶；15—断路弹簧；
16—缘筒；17—逆止阀；18—绝缘油

① 组成结构。高压少油断路器主要由油箱、传动机构和框架三部分组成。

油箱是断路器的核心部分，油箱的上部为铝帽，铝帽的上部为油气分离室，其作用是将灭弧过程中产生的油气混合物旋转分离，气体从顶部排气孔排出，而油则沿内壁流回灭弧室。铝帽的下部装有插座式静触头，有3～4片弧触片。断路器在合闸或分闸时，电弧总在弧触片和动触头（导电杆）端部的弧触头之间产生，从而保护了静触头的工作触片。油箱的中部为灭弧室，外面套的是高强度的绝缘筒，灭弧室的结构如图2-37所示。油箱的下部为高强度铸铁制成的基座，基座内有操作断路器动触头（导电杆）的转轴和拐臂等传动机构，导电杆通过中间滚动触头与下接线柱相连。

断路器的导电回路是：上接线端子→静触头→导电杆（动触头）→中间滚动触头→下接线端子。

② 工作及灭弧原理。

a. 合闸时，经操动机构和传动机构将导电杆插入静触头来接通电路。

b. 分闸或自动跳闸时，导电杆向下运动并离开静触头，产生电弧；电弧的高温使油分解形成气泡，使静触头周围的油压骤增，压力使逆止阀上升堵住中心孔，致使电弧在封闭的空间内燃烧，灭弧室内的压力迅速增大。同时，导电杆迅速向下运动，产生的油气混合物在灭弧室内的一、二、三道灭弧沟和下面的纵吹油囊中对电弧进行强烈的横、纵吹；下部的绝缘油与被电弧燃烧的油迅速对流，对电弧起到油吹弧和冷却的作用。由于上述灭弧方法的综合作用，使电弧迅速熄灭。图2-38是灭弧室的灭弧过程示意图。

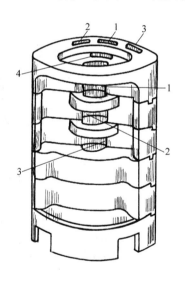

图 2-37　灭弧室结构
1—第一道灭弧沟；2—第二道灭弧沟；
3—第三道灭弧沟；4—吸弧钢片

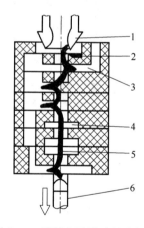

图 2-38　灭弧室灭弧过程示意图
1—静触头；2—吸弧钢片；3—横吹灭弧沟；
4—纵吹灭弧囊；5—电弧；6—动触头

少油断路器的油量少，绝缘油只起灭弧作用而无绝缘功能，因此，在通电状态下，油箱外壳带电，必须与大地绝缘，人体不能触及，但燃烧爆炸的危险性小。不过在运行时，要注意观察油标，以确定绝缘油的油量，防止因油量的不足使电弧无法正常熄灭而导致的油箱爆炸事故的发生。

SNl0-10型断路器可配用CS2型手动操动机构、CD型电磁操动机构或CT型弹簧操动机构。CD和CT型操动机构内部都有跳闸和合闸线圈，通过断路器的传动机构使断路器动作。电磁操动机构需用直流电源操作，也可以手动，远距离跳、合闸。弹簧储能操动机构，可交、直操作电源两用，可以手动，也可以远距离跳、合闸。

(2) 高压真空断路器

高压真空断路器是利用"真空"作为绝缘和灭弧介质，具有无爆炸、低噪声、体积小、质量轻、寿命长、电磨损少、结构简单、无污染、可靠性高、维修方便等优点，因此，虽然价格较贵，仍在要求频繁操作和高速开断的场合，尤其是安全要求较高的工矿企业、住宅区、商业区等被广泛采用。

真空断路器根据其结构分有落地式、悬挂式、手车式三种形式；按使用场合分有户内式和户外式。它是实现无油化改造的理想设备。下面重点介绍 ZN3-10 型真空断路器。

ZN3-10 真空断路器主要由真空灭弧室、操动机构（配电磁或弹簧操动机构）、绝缘体传动件、底座等组成。其外形结构如图 2-39 所示。

真空灭弧室由圆盘状的动静触头、屏蔽罩、波纹管屏蔽罩、绝缘外壳（陶瓷或玻璃制成外壳）等组成，其结构如图 2-40 所示。

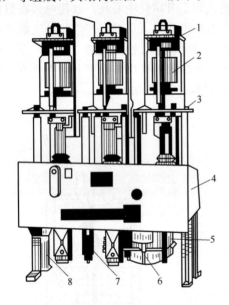

图 2-39　ZN3-10 型真空断路器外形

1—上接线端子（后出线）；2—真空灭弧室；

3—下接线端子（后出线）；4—操动机构箱；

5—合闸电磁铁；6—分闸电磁铁；

7—断路弹簧；8—底座

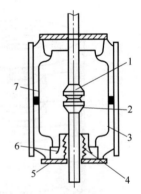

图 2-40　真空断路器灭弧室结构

1—静触头；2—动触头；3—屏蔽罩；

4—波纹管；5—与外壳封接的金属法兰盘；

6—波纹管屏蔽罩；7—绝缘外壳

在触头刚分离时，由于真空中没有可被游离的气体，只有高电场发射和热电发射使触头间产生真空电弧。电弧的温度很高，使金属触头表面产生金属蒸气，由于触头的圆盘状设计使真空电弧在主触头表面快速移动，其金属离子在屏蔽罩内壁上凝聚，以致电弧在自然过零后极短的时间内，触头间隙又恢复了原有的高真空度。因此，电弧暂时熄灭，触头间的介质强度迅速恢复；电流过零后，外加电压虽然很快恢复，但触头间隙不会再被击穿，真空电弧在电流第一次过零时就能完全熄灭。

ZN3-10 型系列真空断路器可配用 CD 系列电磁操动机构或 CT 系列弹簧操动机构。

(3) 六氟化硫（SF_6）断路器

六氟化硫（SF_6）断路器是利用 SF_6 气体作灭弧和绝缘介质的断路器。SF_6 是一种无色、无味、无毒且不易燃的惰性气体，在 150℃ 以下时，其化学性质相当稳定。由于 SF_6 中不含碳（C）元素，对于灭弧和绝缘介质来说，具有极为优越的特性，不需要像油断路器那样要经常检修；SF_6 又不含氧（O）元素，因此不存在触头氧化问题，所以其触头磨损少，使用寿命长。除此之外，SF_6 还具有优良的电绝缘性能，在电流过零时，电弧暂时熄灭后，SF_6 能迅速恢复绝缘强度，从而使电弧很快熄灭。但在电弧的高温作用下，SF_6 会分解出氟（F_2），具有较强的腐蚀性和毒性，且能与触头的金属蒸气化合为一种具有绝缘性能的白色粉末状的氟化物，因此，SF_6 断路器的触头一般都设计成具有自动净化的功能。这些氟化物在电弧熄灭后的极短时间内能自动还原，对残余杂质可用特殊的吸附剂清除，基本上对人体和设备没有什么危害。

SF_6 断路器灭弧室的结构形式有压气式、自能灭弧式（旋弧式、热膨胀式）和混合灭弧式（以上几种灭弧方式的组合，如压气＋旋弧式等）。我国生产的 LN1、LN2 型为压气式，LW3 型户外式采用旋弧式灭弧结构。LN2-10 型高压 SF_6 断路器的外形结构如图 2-41 所示，其灭弧室的工作原理如图 2-42 所示。

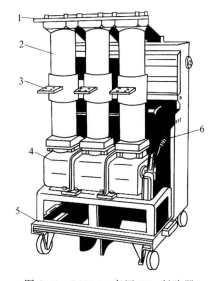

图 2-41　LN2-10 高压 SF_6 断路器
1—上接线端子；2—绝缘筒；3—下接线端子；
4—操动机构箱；5—小车；6—断路弹簧

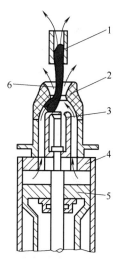

图 2-42　SF_6 高压断路器灭弧室工作原理
1—静触头；2—绝缘喷嘴；3—动触头；
4—汽缸；5—压气活塞；6—电弧

断路器的静触头和灭弧室中的压气活塞是相对固定的。当跳闸时，装有动触头和绝缘喷嘴的汽缸由断路器的操动机构通过连杆带动离开静触头，使汽缸和活塞产生相对运动来压缩 SF_6 气体并使之通过喷嘴吹出，用吹弧法来迅速熄灭电弧。

SF_6 断路器具有下列优点：断流能力强，灭弧速度快，电绝缘性能好，检修周期长，适用于需频繁操作及有易燃易爆炸危险的场所。但是，SF_6 断路器的加工精度要求高，密封性能要求严，价格相对昂贵。

SF_6 断路器的操动机构主要采用弹簧、液压操动机构。

(4) 高压开关设备的常用操动机构介绍

操动机构又称操作机构，是供高压断路器、高压负荷开关和高压隔离开关进行分、合闸及自动跳闸的设备。一般常用的有手动操动机构、电磁操动机构和弹簧储能操动机构。

操动机构的型号表示和含义如下：

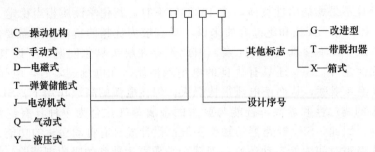

① CS系列手动操动机构。CS系列的手动操动机构可手动和远距离跳闸，但只能手动合闸，采用交流操作电源，无自动重合闸功能，且操作速度有限，其所操作的断路器开断的短路容量不宜超过100MV·A。但是结构简单，价格低廉，使用交流电源简便，一般用于操作容量630kV·A以下的变电所中的隔离开关和负荷开关。图2-43是CS6型的手动操动机构和GN8型高压隔离开关的配合使用图。图2-44是CS2型手动操动机构的外形结构。

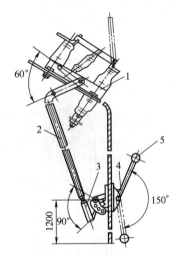

图 2-43　CS6 型的手动操作机构和 GN8 型
高压隔离开关的配合使用
1—GN8 隔离开关；2—焊接钢管；3—调节杆；
4—CS6 手动操作机构；5—操作手柄

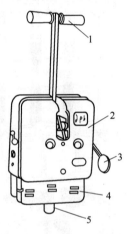

图 2-44　CS2 型手动操作机构的外形结构
1—操作手柄；2—外壳；3—跳闸指示牌；
4—脱扣器盒；5—跳闸铁芯

② CD系列电磁操动机构。电磁操动机构能手动和远距离跳、合闸（通过其跳、合闸线圈），也可进行自动重合闸，且合闸功率大，但需直流操作电源。图2-45是CD10型的外形和内部结构图。操作SN10-10型高压少油断路器的CD10型根据断路器的断流容量不同，分别有三种CD10-10Ⅰ、CD10-10Ⅱ和CD10-10Ⅲ型来配合使用。它们的分、合闸操作简便，动作可靠，但结构较复杂，需专门的直流操作电源，因此，一般在变压器容量630kV·A以上，可靠性要求高的高压开关上使用。

③ CT系列的弹簧储能操动机构。弹簧储能操动机构不仅能手动和远距离跳、合闸，且操作电源交、直流均可，又可实现一次重合闸，因而其保护和控制装置可靠、简单。虽然结构复杂、价格较贵，但其应用已越来越广泛。

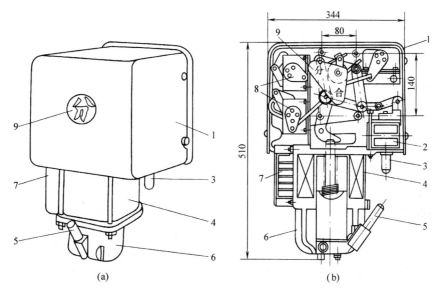

图 2-45　CD10 型电磁操动机构

1—外壳；2—跳闸线圈；3—手动跳闸铁芯；4—合闸线圈；5—合闸操作手柄；

6—缓冲底座；7—接线端子排；8—辅助开关；9—分合指示器

2.6.4　重合器

(1) 重合器的作用

重合器是一种智能化设备，它可自动检测通过主回路的电流，当确定是故障电流后，持续一定时间按反时限保护自动断开故障电流，并可根据要求进行多次自动重合，使线路恢复送电。如果故障是瞬时性的，重合器重合后线路恢复正常供电；如果故障是永久性的，重合器按预先整定的重合闸次数（通常为三次）进行重合，确认线路故障为永久性故障，则自动闭锁，不再对故障线路送电，直至人为排除故障后，重新将重合器合闸闭锁解除，恢复正常状态（当与分段器配合时，由分段器隔离故障）。

重合器由两部分组成，即灭弧部分与控制部分。灭弧部分的功能是开断故障电流。灭弧介质已由油灭弧发展到真空或 SF_6 气体灭弧。控制部分功能主要包括选定或调整最小跳闸电流、选定和调整动作特性、记忆重合次数。

(2) 重合器的类型及结构

重合器按相数不同，可分为单相与三相；按灭弧介质不同，可分为油重合器、真空重合器及 SF_6 重合器；按控制方式不同，可分为液压控制式和电子控制式；按结构不同，分为分布式结构和整体式结构。

图 2-46 所示为 ESR 型整体式结构重合器的结构图。

ESR 型整体式结构重合器可分为三个主要部分：

① 机构及灭弧室导电部分，固定在上盖端。

② 下罐与上盖构成密封，罐内充有六氟化硫气体作为灭弧和绝缘介质。

③ 电子控制部分是执行和控制重合器的核心，具有安-秒特性曲线族、操作顺序、重合闸间隔、复位时间、动作电流值调整、接地故障投入、远控等控制功能。

图 2-47 为 CHZW（N）-12/D630-16 型分布式结构交流高压真空自动重合器的结构图。

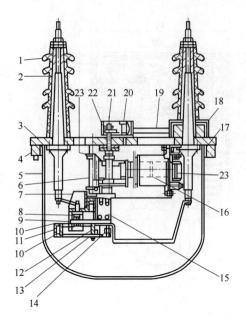

图 2-46　ESR 型整体式结构重合器的结构图
1—瓷套；2—导电杆；3—上盖；4—固定环；
5—箱体；6—转轴；7—绝缘隔板；8—静触头；
9—动触头；10,11—动触头支撑架；12—线圈；
13—支撑架；14,15—绝缘架；16—机构；
17—密封垫；18—互感器；19—连杆；20—充放气阀；
21—手动操作轴；22—护盖；23—机构轴连板

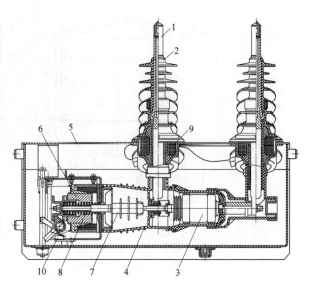

图 2-47　CHZW（N）-12/D630-16 型分布式结构
交流高压真空自动重合器的结构图
1—套管端子；2—硅橡胶套管罩；3—真空灭弧室；4—壳体；
5—箱体；6—永磁机构；7—驱动绝缘子；8—分闸弹簧；
9—电压和电流互感器；10—辅助开关

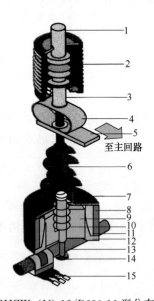

图 2-48　CHZW（N）-12/D630-16 型分布式结构交流
高压真空自动重合器的永磁操动机构结构图
1—静触头；2—真空灭弧室；3—动触头；4—软连接；
5—导电板；6—驱动绝缘子；7—上磁轭；8—环形磁铁；
9—铁芯；10—分闸弹簧；11—线圈；12—磁轭；
13—同步轴；14—螺栓；15—辅助开关

　　这种重合器由开关本体和箱盖部分组成。其主要结构有特殊设计的真空灭弧室、永磁操作机构、驱动模块、控制装置等主要单元组成。三相开关用真空开关管分别固定在绝缘框架上，由一根主轴与机构相连接，对称性和稳定性好。与外部连接采用插接方式，插接触头采用梅花触指，与箱盖连接采用对角定位方法，使插接部分保持接触良好。作为外部进出线连接之用，由 6 只绝缘套管支撑，并附有电流互感器，以作为常规保护或重合器保护。操作机构采用永磁机构，不受外部电源影响，具备快速重合闸要求，动作性能可靠，维护检修方便。机构除具有手动、电动远程合分控制功能外，还可以配备过流脱扣功能，应用灵活。

　　图 2-48 为 CHZW（N）-12/D630-16 型分布式结构交流高压真空自动重合器的永磁操动机构结构图。这种重合器的控制装

置的主要功能见表2-1。

表2-1　CHZW（N）-12/D630-16型分布式结构交流高压真空自动重合器控制装置的主要功能

序号	项目	性　能
1	监视功能	相电流 I_U、I_v、I_w，零序电流 I_0，线电压，备用电源电压，分合闸位置状态（分/合），储能状态，闭锁状态
2	保护功能	定时限（速断）保护，IEC和ANSI反时限或用户自定义反时限保护，零序保护，涌流抑制功能，自动重合闸功能
3	记录功能	事件记录功能，配有RS232接口数据下载
4	通信功能	具有RS485/422标准通信接口，可与EtherNet、ArcNet、CAN等各种通信网络连接，支持各种通信规约

（3）重合器的性能

① 过电流灵敏度高；

② 自动复位；

③ 自我控制性能；

④ 可调特性。

2.6.5　分断器

（1）分断器的作用

分段器是配电系统中用来隔离故障线路区段的自动保护装置，通常与自动重合器或断路器配合使用。分段器不能开断故障电流。当分段线路发生故障时，分段器的后备保护重合器或断路器动作，分段器的计数功能开始累计断路器或重合器的跳闸次数。当分段器达到预定的记录次数后，在后备装置跳开的瞬间自动跳闸分断故障线路段。断路器或重合器再次重合，恢复其他线路供电。若断路器或重合器跳闸次数未达到分段器预定的记录次数时就已消除了故障，分段器的累计计数在经过一段时间后自动消失，恢复初始状态。

（2）分断器的分类及结构

分段器按相数分为单相、三相分段器；按灭弧介质分为油、空气、六氟化硫分段器；按控制方式分为液压控制、电子控制式分段器；按动作原理分为跌落式、重合式分段器。

图2-49所示为跌落式分段器结构图。跌落式分段器是一种单相高压电器，由绝缘子、触头、导电机构组件等元件组成绝缘及一次导电系统，由电流互感器、电子控制器等元件组成二次控制系统，由储能式永磁机构、掣子、杠板及锁块等元件组成脱扣动作系统。

（3）分段器的动作原理

跌落式分段器外形与跌落式熔断器相似，但其熔管是主回路中的载流管。该分断器采用逻辑电路控制，控制电路板装在载流管内，其工作电

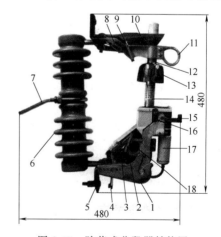

图2-49　跌落式分段器结构图

1—下支承架；2—下动触头；3—下静触头；
4—缓冲片；5—接线端子；6—绝缘子；
7—安装板；8—上静触头；9—上动触头；
10—防雨伞；11—上动触头操作环；12—控制器；
13—电流互感器；14—跌落导电杆组件；
15—杠板；16—分离掣子；17—永磁操动机构；
18—下动触头操作环

源来自套在载流管上的电流互感器。正常负荷状态下，逻辑电路处于截止状态。当线路发生故障时，电子控制器在电流超过额定启动电流值时启动，进行数字处理。故障电流由上级重合器（或断路器）开断，电子控制器可记忆上级开关开断故障电流的动作次数，并在达到整定的计数次数时（1、2、3），在上级开关开断故障电流后，线路失压，线路电流低于300mA时，分段器在180ms内自动分闸，隔离故障区段，使重合器（或断路器）成功地重合上无故障区段，将故障停电限制在最小范围，保证无故障线路的正常运行。如果是瞬时故障，则分段器可在记忆时间后恢复到故障前的状态。

(4) 分段器与重合器（或断路器）的配合使用

如图 2-50 所示，变电所出口选用重合器，整定为"一快三慢"。分支线路选用六组跌落式自动分段器 F1、F2、F3、F4、F5、F6 将其线路分成 L1、L2、L3、L4、L5、L6、L7 段。分段器的额定启动电流值与重合器启动电流值相配合，F1 计数次数 3 次，F2、F3、F5 计数次数 2 次，F4、F6 计数次数 1 次。

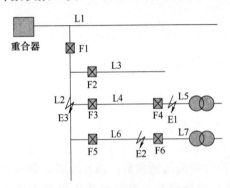

图 2-50 分段器与重合器（或断路器）
的配合使用

① 若故障 E1 发生在 L5 段，重合器、分段器 F1、F3、F4 通过故障电流，重合器自动分闸，线路失压，F4 达到整定 1 次计数次数自动分闸跌落，隔离故障 L5 段，重合器自动重合后恢复线路 L1、L2、L3、L4、L6、L7 段供电。

② 若故障 E2 发生在 L6 段，重合器、分段器 F1、F5 通过故障电流，重合器自动分闸，如果为瞬时故障，重合器自动重合成功恢复供电。F1、F5 没有达到整定计数次数应处于合闸状态。如果为永久性故障，重合器自动重合不成功，再次分闸，线路失压，F5 达到整定 2 次计数次数自动分闸跌落，隔离故障 L6 段，F1 没有达整定的计数次数处于合闸状态。重合器重合后恢复线路 L1、L2、L3、L4、L5 段供电。

③ 若故障 E3 发生在 L2 段，重合器、分段器 F1 通过故障电流，重合器自动分闸。如果为瞬时故障，重合器自动重合成功恢复供电。F1 没有达到整定计数次数应处于合闸状态。如果为永久性故障，重合器重合不成功，分闸，重合器再次重合不成功，再次分闸，线路失压，F1 达到整定 3 次计数次数自动分闸跌落，隔离故障 L2 段，重合器重合后恢复线路 L1 段供电。

2.6.6 智能电器

(1) 智能电器的定义

智能电器是以微控制器/微处理器为核心，除具有传统电器的切换、控制、保护、检测、变换和调节功能外，还具有显示、外部故障和内部故障诊断与记忆、运算与处理以及与外界通信等功能的电子装置。

具有现场总线接口以实现通信/网络化是现代智能电器的重要特征和主要发展趋势。

(2) 智能电器的组成

图 2-51 所示为典型智能电器的组成原理框图。由图可见，典型智能电器的输入可以是电压信号、电流信号等模拟信号，也可以是数字信号，对于非电输入信号须转换成电信号。

模拟信号经变换器和调制电路变换、处理后送给 A/D 转换器，再送给微控制器/微处理器。数字信号一般须经过隔离、处理后再送给微控制器/微处理器。为实现人机交互，必须有键盘电路、打印接口电路、显示与报警电路，这些电路受人机接口管理单元的管理控制。为实现外部故障和内部故障的记忆或事件记录功能须有时钟电路（一般应有电池备用供电，图 2-51 中未给出）。电平信号、触点信号/动作信号均为由控制器/微处理器控制的输出数字信号。RS232/RS485 总线接口是简单的串行通信接口，也是多数智能电器配置的信息交换接口。现场总线接口是通过总线控制器和总线收发器提供的，总线控制器和总线收发器之间一般有光电隔离电路（图 2-51 中未给出）。

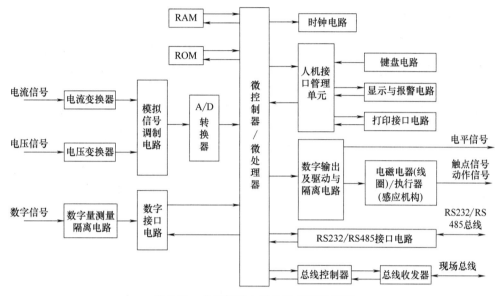

图 2-51　典型智能电器的组成原理框图

（3）智能电器的种类

从大的方面讲，智能电器可分为智能电器元件/装置、智能开关柜和智能供配电系统。从电力系统的一次设备和二次设备的角度讲，智能电器可分为二次智能设备（如智能测控装置、智能保护装置）和一次智能设备（如智能开关、智能开关柜、智能箱式变电站）。

智能电器元件/装置，包括智能化（通用）保护测控单元/装置、智能接触器、智能继电器、智能断路器、智能电力监控器、智能网络电力仪表、智能电能质量监测装置、智能电动机保护（测控）装置、智能变压器/馈线/电容器保护（测控）装置等。

智能供配电系统，包括智能低压配电系统/智能配电监控管理系统、智能电动机控制中心、智能型预装式/箱式变电站等。

（4）智能化电器的特点

① 功能的集成化、数字化；

② 控制、保护的智能化；

③ 系统的网络化和分散化；

④ 产品形式和结构的模块化、标准化；

⑤ 体积的小型化；

⑥ 设计（系统设计和应用）简化；

⑦ 可靠性增强；

⑧ 维护方便、灵活。

2.7 低压开关设备

供配电系统中的低压开关设备种类繁多，本节重点介绍常用的刀开关、刀熔开关、负荷开关、低压断路器等的基本结构、用途和特性。

2.7.1 低压刀开关

低压刀开关（文字符号为 QK）是一种最普通的低压开关电器，适用于交流 50Hz，额定电压交流 380V、直流 440V，额定电流 1500A 及以下的配电系统中，作不频繁手动接通和分断电路或作隔离电源以保证安全检修之用。

刀开关的种类很多，按其灭弧结构分，有不带灭弧罩和带灭弧罩两种，不带灭弧罩的刀开关只能无负荷操作，起"隔离开关"的作用；带灭弧罩的刀开关能通断一定的负荷电流。按极数分，有单极、双极和三极。按操作方式分，有手柄直接操作和杠杆传动操作。按用途分，有单头刀开关和双头刀开关。单头刀开关的刀闸是单向通断；而双头刀开关的刀闸为双向通断，可用于切换操作，即用于两种以上电源或负载的转换和通断。

低压刀开关的全型号的表示和含义如下：

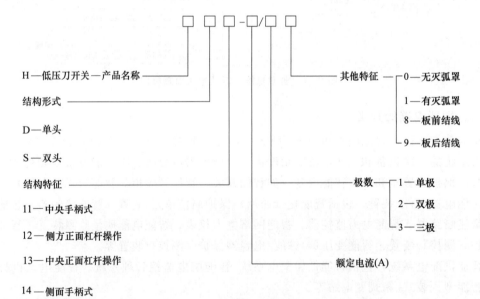

常用的带灭弧罩的单头刀开关 HD13 的基本结构如图 2-52 所示，由绝缘材料压制成型的底座、铜闸刀、铜静触头及用于操作闸刀通断动作的杠杆操作机构等元件组成。

2.7.2 刀熔开关

刀熔开关（文字符号为 QKF 或 FU-QK）又称熔断器式刀开关，是一种由低压刀开关和低压熔断器组合而成的低压电器，通常是把刀开关的闸刀换成熔断器的熔管。它具有刀开关和熔断器的双重功能。因为其结构紧凑简化，又能对线路实行控制和保护双重功能，被广

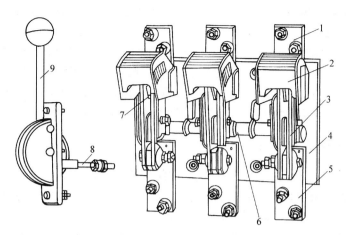

图 2-52　HD13 型低压刀开关

1—上接线端子；2—钢栅片灭弧罩；3—闸刀；4—底座；5—下接线端子；
6—主轴；7—静触头；8—连杆；9—操作手柄

泛地应用于低压配电网络中。

最常见的刀熔开关 HR3 型的结构如图 2-53 所示。它是将 HD 型刀开关的闸刀换成 RT0 型熔断器的具有刀形触头的熔管。

此外，目前被越来越多采用的另一种新式刀熔开关 HR5 型系列，它与 HR3 型的主要区别是用 NT 型低压高分断熔断器取代了 RT0 型熔断器作短路保护用，在各项电气技术指标上更加完好，同时，也具有结构紧凑、使用维护方便、操作安全可靠等优点。而且它还能进行单相熔断的监测，从而能有效防止因熔断器的单相熔断所造成的电动机缺相运行故障。

低压刀熔开关全型号的表示和含义如下：

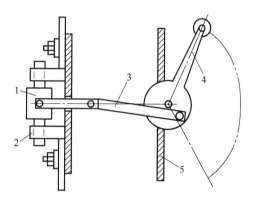

图 2-53　刀熔开关的结构示意图

1—RT0 型熔断器的熔体；2—弹性触座；
3—连杆；4—操作手柄；5—配电屏面板

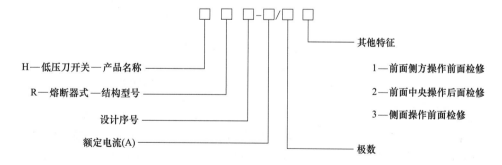

其他特征

H—低压刀开关—产品名称

R—熔断器式—结构型号

设计序号

额定电流(A)

1—前面侧方操作前面检修

2—前面中央操作后面检修

3—侧面操作前面检修

极数

2.7.3　低压负荷开关

低压负荷开关（文字符号为 QL）是由带灭弧装置的刀开关与熔断器串联而成，外装封闭式铁壳或开启式胶盖的开关电器，又称"开关熔断器组"。

低压负荷开关具有带灭弧罩的刀开关和熔断器的双重功能，既可带负荷操作，也能进行短路保护，但一般不能频繁操作，短路熔断后需重新更换熔体才能恢复正常供电。

低压负荷开关根据结构的不同，有封闭式负荷开关（HH 系列）和开启式负荷开关（HK 系列）。其中，封闭式负荷开关是将刀开关和熔断器的串联组合安装在金属盒（过去常用铸铁，现用钢板）内，因此又称"铁壳开关"。一般用于粉尘多，不需要频繁操作的场合，作为电源开关和小型电动机直接启动的开关，兼作短路保护用。而开启式负荷开关是采用瓷质胶盖，可用于照明和电热电路中作不频繁通断电路和短路保护用。

2.7.4 低压断路器

低压断路器（文字符号为 QF），俗称低压自动开关、自动空气开关或空气开关等，它是低压供配电系统中最主要的电器元件。它不仅能带负荷通断电路，而且能在短路、过负荷、欠压或失压的情况下自动跳闸，断开故障电路。

低压断路器的原理结构示意如图 2-54 所示。主触头用于通断主电路，它由带弹簧的跳钩控制通断动作，而跳钩由锁扣锁住或释放。当线路出现短路故障时，其过电流脱扣器动作，将锁扣顶开，从而释放跳钩使主触头断开。同理，如果线路出现过负荷或失压情况，通过热脱扣器或失压脱扣器的动作，也使主触头断开。如果按下按钮 6 或 7，使失压脱扣器或者分励脱扣器动作，则可以实现开关的远距离跳闸。

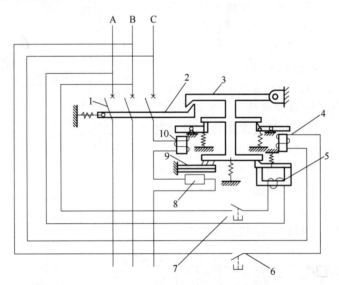

图 2-54　低压断路器工作原理示意图

1—主触头；2—跳钩；3—锁扣；4—分励脱扣器；5—失压脱扣器；

6,7—脱扣按钮；8—电阻；9—热脱扣器；10—过电流脱扣器

低压断路器的种类很多。按用途分，有配电用、电动机用、照明用和漏电保护用等；按灭弧介质分，有空气断路器和真空断路器；按极数分，有单极、双极、三极和四极断路器，小型断路器可经拼装由几个单极的组合成多极的。配电用断路器按结构分，有塑料外壳式（装置式）和框架式（万能式）。

配电用断路器按保护性能分，有非选择型、选择型和智能型。非选择型断路器一般为瞬时动作，只作短路保护用；也有长延时动作，只作过负荷保护用。选择型断路器有两段保护和三段保护两种动作特性组合。两段保护有瞬时和长延时的两段组合或瞬时和短延时的两段组合两种。三段保护有瞬时、短延时和长延时的三段组合。图 2-55 所示为低压断路器的三

种保护特性曲线。智能型断路器的脱扣器动作由微机控制，保护功能更多，选择性更好。

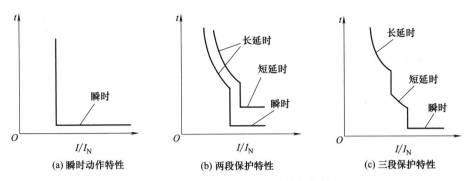

图 2-55　低压断路器的保护特性曲线

按断路器中安装的脱扣器种类分有：

① 分励脱扣器，用于远距离跳闸（远距离合闸操作可采用电磁铁或电动储能合闸）。

② 欠压或失压脱扣器，用于欠压或失压（零压）保护，当电源电压低于定值时自动断开断路器。

③ 热脱扣器，用于线路或设备长时间过负荷保护，当线路电流出现较长时间过载时，金属片受热变形，使断路器跳闸。

④ 过电流脱扣器，用于短路、过负荷保护，当电流大于动作电流时自动断开断路器。分瞬时短路脱扣器和过电流脱扣器（又分长延时和短延时两种）。

⑤ 复式脱扣器，既有过电流脱扣器又有热脱扣器的功能。

国产低压断路器全型号表示和含义如下：

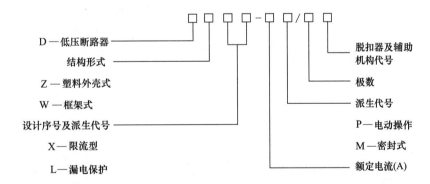

(1) 塑料外壳式低压断路器

塑料外壳式低压断路器，又称装置式自动开关，其所有机构及导电部分都装在塑料壳内，仅在塑料壳正面中央有外露的操作手柄供手动操作用。目前常用的塑料外壳式低压断路器主要有 DZ20、DZ15、DZX10 系列及引进国外技术生产的 H 系列、S 系列、3VL 系列、TO 和 TG 系列等。

塑料外壳式低压断路器的保护方案少（主要保护方案有热脱扣器保护和过电流脱扣器保护两种）、操作方法少（手柄操作和电动操作），其电流容量和断流容量较小，但分断速度较快（断路时间一般不大于 0.02s）、结构紧凑、体积小、质量轻、操作简便、封闭式外壳的安全性好，因此，被广泛用作容量较小的配电支线的负荷端开关、不频繁启动的电动机开关、照明控制开关和漏电保护开关等。

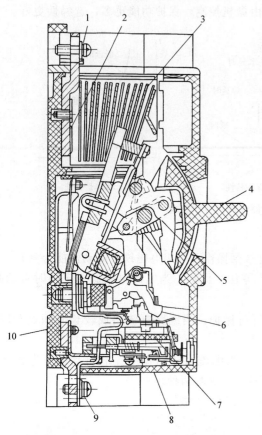

图 2-56 为 DZ20 系列塑料外壳式低压断路器的结构图。

DZ20 型属我国生产的第二代产品，目前的应用较为广泛。它具有较高的分断能力，外壳的机械强度和电气绝缘性能也较好，而且所带的附件较多。

其操作手柄有三个位置，如图 2-57 所示。在壳面中央有分合位置指示。

① 合闸位置 [图 2-57（a）]。手柄扳向上方，跳钩被锁扣扣住，断路器处于合闸状态。

② 自由脱扣位置 [图 2-57（b）]。手柄位于中间位置，是断路器因故障自动跳闸，跳钩被锁扣脱扣，主触头断开的位置；

③ 分闸和再扣位置 [图 2-57（c）]。手柄扳向下方，这时，主触头依然断开，但跳钩被锁扣扣住，为下次合闸做好准备。断路器自动跳闸后，必须把手柄扳在此位置，才能将断路器重新进行合闸，否则是合不上的。不仅塑料外壳式低压断路器的手柄操作如此，框架式断路器同样如此。

（2）框架式低压断路器

框架式低压断路器又叫万能式低压断路器，它装在金属或塑料的框架上。目前，主要有 DW15、DW18、DW40、CB11（DW48）、

图 2-56　DZ20 型塑料外壳式低压断路器

1—引入线接线端；2—主触头；3—灭弧室；
4—操作手柄；5—跳钩；6—锁扣；7—过电流脱扣器；
8—塑料壳盖；9—引出线接线端；10—塑料底座

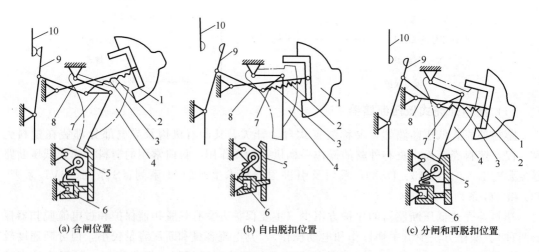

(a) 合闸位置　　　　　　(b) 自由脱扣位置　　　　　　(c) 分闸和再脱扣位置

图 2-57　低压断路器操作手柄位置示意图

1—操作手柄；2—操作杆；3—弹簧；4—跳钩；5—锁扣；6—牵引杆；
7—上连杆；8—下连杆；9—动触头；10—静触头

DW914 等系列及引进国外技术生产的 ME 系列、AH 系列等。其中 DW40、CB11 系列采用智能型脱扣器，可实现微机保护。

框架式低压断路器的保护方案和操作方式较多，既有手柄操作，又有杠杆操作、电磁操作和电动操作等。而且框架式低压断路器的安装地点也很灵活，既可装在配电装置中，又可安在墙上或支架上。另外，相对于塑料外壳式低压断路器，框架式低压断路器的电流容量和断流能力较大，不过，其分断速度较慢（断路时间一般大于 0.02s）。框架式低压断路器主要用于配电变压器低压侧的总开关、低压母线的分段开关和低压出线的主开关。

图 2-58 是目前推广应用的 DW15 型低压断路器的外形图和内部结构图。

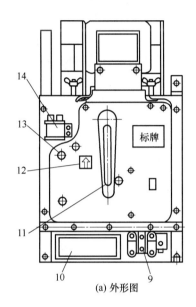
(a) 外形图

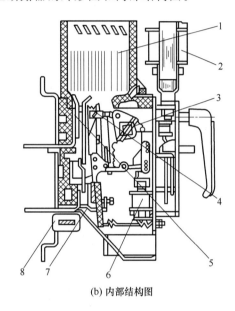
(b) 内部结构图

图 2-58 DW15 型框架式低压断路器

1—灭弧罩；2—电磁铁；3—主轴；4—动触头；5—静触头；6—欠电压脱扣器；7—快速电磁铁；8—电流互感器；
9—热脱扣器；10—阻容延时装置；11—操作机构；12—指示牌；13—手动断开按钮；14—分励脱扣器

该系列断路器的主要结构由触头系统、操作机构和脱扣器系统组成。其触头系统安装在绝缘底板上，由静触头、动触头和弹簧、连杆、支架等组成。灭弧室里采用钢纸板材料和数十片铁片作灭弧栅来加强电弧的熄灭。操作机构由操作手柄和电磁铁操作机构及强力弹簧组成。脱扣系统有过负荷长延时脱扣器、短路瞬时脱扣器、欠电压脱扣器和分励脱扣器等；带有电子脱扣器的万能式断路器还可以把过负荷长延时、短路瞬时、短路短延时、欠电压瞬时和延时脱扣的保护功能汇集在一个部件中，并利用分励脱扣器来使断路器断开。

（3）其他常用低压断路器介绍

① H 系列塑料外壳式低压断路器。该系列产品是引进美国西屋电气公司技术制造的。适用于低压交流 380V、直流 250V 及以下的线路中，作电能分配和电源设备的过负荷、短路、欠电压保护，在正常条件下作线路的不频繁转换用。

② AH 系列框架式低压断路器。是引进日本技术制造的产品，适用于交流电压 660V、直流电压 440V 及以下的电力系统中作过负荷、短路、欠电压保护用，以及在正常条件下进行线路的不频繁转换。

③ ME 系列框架式低压断路器是引进德国 AEG 技术制造的产品，其使用的场合与 AH

系列相似。

④ 3VL 系列塑料外壳式低压断路器。它是德国西门子公司的新产品，运用七巧板原理来组成数以千计的组合，每部装置仅用了最少的零件，却可提供最多的功能，符合并超出所有主要的国际标准。而且，即使在安装以后，每台 3VL 断路器均可改变元件配置以适应新的任务。

(4) 常用漏电保护装置的介绍

漏电保护装置又称漏电保护器，是漏电电流动作保护器的简称，它的主要作用是防止因电气设备或线路漏电而引起的火灾、爆炸等事故，并对有致命危险的人身触电事故进行保护。

由于漏电电流大多小于过电流保护装置（如低压断路器）的动作电流，因此当因线路绝缘损坏等造成漏电时，过电流保护装置不会动作，从而无法及时断开故障回路，保护人身和设备的安全。尤其是目前随着国家经济的不断发展，人民生活水平日益提高，家庭用电量也不断增大，过去用户配电箱采用的熔断器保护已不能满足用电安全的要求，因此，对 TN-C（三相四线制）和 TN-S（三相五线制）系统，必须考虑装设漏电保护装置。

① 漏电保护器的工作原理。漏电保护器是在漏电电流达到或超过其规定的动作电流值时能自动断开电路的一种开关电器。

它的结构可分为三个功能组：a. 故障检测用的零序电流互感器；b. 将测得的电参量变换为机械脱扣的漏电脱扣器；c. 包括触头的操作机构。

当电气线路正常工作时，通过零序电流互感器一次侧的三相电流相量和或瞬时值的代数和为零，因此其二次侧无电流；在出现绝缘故障时，漏电电流或触电电流通过大地与电源中性点形成回路，这时，零序电流互感器一次侧的三相电流之和不再是零，从而在二次绕组中产生感应电流并通过漏电脱扣器和操作机构的动作来断开带有绝缘故障的回路。

漏电保护器根据其脱扣器的不同有电磁式和电子式两类。其中，电磁式漏电保护器由零序电流互感器检测到的信号直接作用于释放式漏电脱扣器，使漏电保护器动作；而电子式漏电保护器是利用零序电流互感器检测到的信号通过电子放大线路放大后，触发晶闸管或晶体管开关电路来接通漏电脱扣器线圈，使漏电保护器动作。这两类漏电保护器的结构和工作原理如图 2-59 和图 2-60 所示。

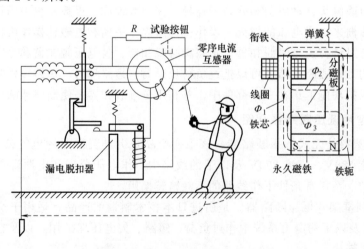

图 2-59　电磁式漏电保护断路器结构和保护原理示意图

② 漏电保护器的类型。按其保护功能和结构的不同，有以下几种：

a. 漏电开关。它是由零序电流互感器、漏电脱扣器和主回路开关组装在一起的，同时具有漏电保护和通断电路的功能。其特点是在检测到触电或漏电故障时，能直接断开主回路。

b. 漏电断路器。它是由塑料外壳断路器和带零序电流互感器的漏电脱扣器组成的，除了具有一般断路器的功能外，还能在线路或设备出现漏电故障或人身触电事故时，迅速自动断开电路，以保护人身和设备的安全。漏电断路器又分为单相小电流家用型和工业用型两类。常见的型号有 DZ15L、DZ47L、DZL29 和 LDB 型等，适用于低压线路中，作线路和设备的漏电和触电保护用。

c. 漏电继电器。它是由零序电流互感器和继电器组成的，只有检测和判断漏电电流的功能，但不能直接断开主回路。

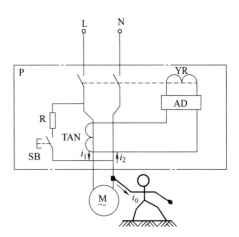

图 2-60　电子式漏电保护断路器结构和保护原理示意图
YR—漏电脱扣器；AD—电子放大器；
TAN—零序电流互感器；R—电阻；
SB—试验按钮；M—电动机

d. 漏电保护插座。由漏电断路器和插座组成，这种插座具有漏电保护功能，但电流容量和动作电流都较小，一般用于可携带式用电设备和家用电器等的电源插座。

2.8　避雷器

避雷器（文字符号为 F）是用于保护电力系统中电气设备的绝缘免受沿线路传来的雷电过电压的损害或避免由操作引起的内部过电压损害的保护设备，是电力系统中重要的保护设备之一。

避雷器必须与被保护设备并联连接，而且须安装在被保护设备的电源侧，如图 2-61 所示。当线路上出现危险的过电压时，避雷器的火花间隙会被击穿，或者由高阻变为低阻，通过避雷器的接地线使过电压对大地放电，以保护线路上的设备免受过电压的危害。

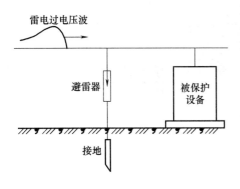

图 2-61　避雷器的连接

目前，国内使用的避雷器有阀式避雷器（包括普通阀式避雷器 FS、FZ 型和磁吹阀式避雷器）、金属氧化物避雷器、排气式避雷器（管型避雷器）和保护间隙。

金属氧化物避雷器又称氧化锌避雷器，是一种新型避雷器，是传统碳化硅阀式避雷器的更新换代产品，在电站及变电所中已得到了广泛的应用。

排气式避雷器主要用于室外架空线路上，保护间隙一般用于室外不重要的架空线路上，在工厂变配电所中使用较少。本节将重点介绍阀式避雷器和金属氧化物避雷器。

2.8.1 阀式避雷器

阀式避雷器又称阀型避雷器，由火花间隙和阀
片电阻组成，装在密封的瓷套管内。火花间隙用铜片冲制而成，每对为一个间隙，中间用厚度为 0.5～1mm 的云母片（垫圈式）隔开，如图 2-62（a）所示。火花间隙的作用是：在正常工作电压下，火花间隙不会被击穿，从而隔断工频电流；在雷电过电压出现时，火花间隙被击穿放电，电压加在阀片电阻上。阀片电阻通常由碳化硅颗粒制成，如图 2-62（b）所示。这种阀片具有非线性特性，在正常工作电压下，阀片电阻值较高，起到绝缘作用；而出现过电压时，电阻值变得很小，如图 2-62（c）所示。因此，当火花间隙被击穿后，阀片能使雷电流向大地泄放。当雷电过电压消失后，阀片的电阻值又变得很大，使火花间隙电弧熄灭，绝缘恢复，切断工频续流，从而恢复和保证线路的正常运行。

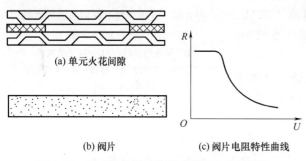

(a) 单元火花间隙

(b) 阀片　　　　　(c) 阀片电阻特性曲线

图 2-62　阀式避雷器结构组成及阀片电阻特性

阀式避雷器的火花间隙和阀片的数量与工作电压的高低成比例。图 2-63（a）和图 2-63（b）分别是 FS4-10 型高压阀式避雷器和 FS-0.38 型低压阀式避雷器的结构图。高压阀式避雷器串联多个单元的火花间隙，目的是实现长弧切短灭弧法，来提高熄灭电弧的能力。阀片电阻的限流作用是加速电弧熄灭的主要因素。

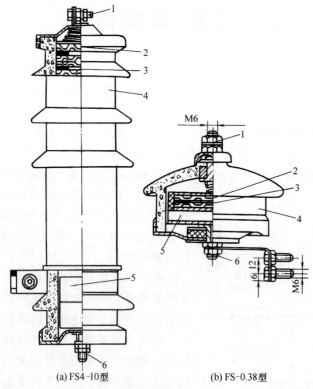

(a) FS4-10型　　　　　(b) FS-0.38型

图 2-63　高低压普通阀式避雷器结构

1—上接线端子；2—火花间隙；3—云母垫圈；4—瓷套管；5—阀片；6—下接线端子

雷电流过阀片时要形成电压降（称为残压），加在被保护电气设备上。残压不能过高，否则会使设备绝缘击穿。

阀型避雷器的全型号表示和含义如下：

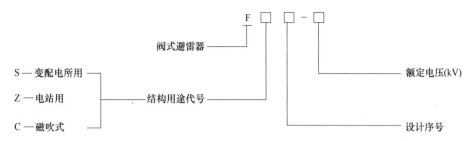

FS型阀式避雷器的火花间隙旁无并联电阻，适用于10kV及以下的中小型变配电所中电气设备的过电压保护。FZ型阀式避雷器的火花间隙旁并联有分流电阻，其主要作用是使火花间隙上的电压分布比较均匀，从而改善阀式避雷器的保护性能。FZ型避雷器一般用于发电厂和大型变配电站的过电压保护。FC型磁吹阀式避雷器的内部附加有一个磁吹装置，利用磁力吹弧来加速火花间隙中电弧的熄灭，从而进一步提高了避雷器的保护性能，降低残压，一般专用于保护重要且绝缘比较差的旋转电机等设备。

2.8.2 金属氧化物避雷器

金属氧化物避雷器是目前最先进的过电压保护设备，是以氧化锌电阻片为主要元件的一种新型避雷器。它又分无间隙和有间隙两种。其工作原理和外形与采用碳化硅阀片的阀式避雷器基本相似。

无间隙金属氧化物避雷器无火花间隙，其氧化锌电阻片具有十分优良的非线性特性，在线路电压正常时具有极高的电阻从而呈绝缘状态（仅有几百微安的电流通过）；而在雷电过电压作用下，其电阻又变得很小，能很好地释放雷电流，从而无须采用串联的火花间隙，使其结构更先进合理，而且使其保护特性仅由雷电流在阀片上产生的电压降来决定，有效地限制了雷电过电压和操作过电压的影响。

有间隙金属氧化物避雷器的外形结构也与碳化硅阀式避雷器相似，有串联或并联的火花间隙，只是阀片采用了氧化锌。由于氧化锌电阻阀片优越的非线性特性，使其有取代碳化硅阀式避雷器的趋势。

氧化锌避雷器主要有普通型（基本型）氧化锌避雷器、有机外套氧化锌避雷器、整体式合成绝缘氧化锌避雷器、压敏电阻氧化锌避雷器等类型。图2-64（a）、图2-64（b）和图2-64（c）给出了基本型（Y5W-10/27）、有机外套型（HY5WS）、整体式合成绝缘（ZHY5W）氧化锌避雷器的外形图。

有机外套氧化锌避雷器分无间隙和有间隙两种。由于这种避雷器具有保护特性好、通流能力强、体积小、质量轻、不易破损、密封性好、耐污能力强等优点，前者广泛应用于变压器、电机、开关、母线等电气设备的防雷保护，后者主要用于6～10kV中性点非直接接地配电系统中的变压器、电缆头等交流配电设备的防雷保护。

整体式合成绝缘氧化锌避雷器是整体模压式无间隙避雷器，该产品使用少量的硅橡胶作为合成绝缘材料，采用整体模压成型技术。具有防爆防污、耐磨抗震能力强、体积小、质量轻等优点，还可以采用悬挂绝缘子的方式，省去了绝缘子。主要用于3～10kV电力系统中电气设备的防雷保护。

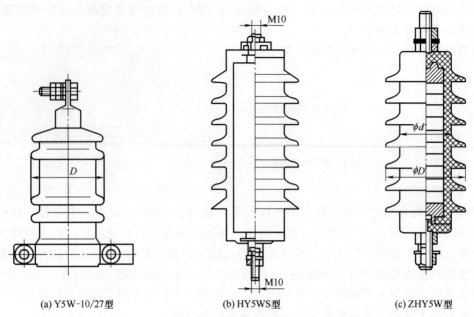

(a) Y5W-10/27型　　　　(b) HY5WS型　　　　(c) ZHY5W型

图 2-64　氧化锌避雷器外形结构

　　MYD 系列氧化锌压敏电阻避雷器是一种新型半导体陶瓷产品，其特点是通流容量大、非线性系数高、残压低、漏电流小、无续流、响应时间快。可应用于几伏到几万伏交直流电压的电气设备的防雷、操作过电压保护，对各种过电压具有良好的抑制作用。

　　金属氧化物避雷器的全型号表示和含义如下：

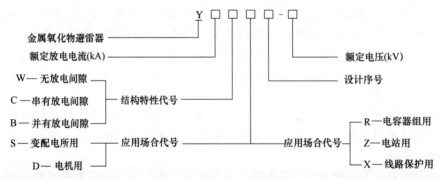

　　注：有机外套和整体式合成绝缘氧化锌避雷器的型号表示是在基本型 "Y" 前分别加 "H" 和 "ZH"，其后面几个字母的含义与基本型相同。

2.9　成套配电装置

　　配电装置是按电气主接线的要求，把一、二次电气设备如开关设备、保护电器、监测仪表、母线和必要的辅助设备组装在一起构成的在供配电系统中进行接受、分配和控制电能的总体装置。

　　配电装置按安装的地点，可分为户内配电装置和户外配电装置。为了节约用地，一般 35kV 及以下配电装置宜采用户内式。

配电装置还可分为装配式配电装置和成套配电装置。电气设备在现场组装的配电装置称为装配式配电装置；成套配电装置是制造厂成套供应的设备，在制造厂按照一定的线路接线方案预先把电器组装成柜再运到现场安装。一般企业的中小型变配电所多采用成套配电装置。制造厂可生产各种不同的一次线路方案的成套配电装置供用户选用。本节将主要介绍成套配电装置。

一般中、小型变配电所中常用的成套配电装置按电压高低可分为高压成套配电装置（也称高压开关柜）和低压成套配电装置（低压配电屏和配电箱）。低压成套配电装置通常只有户内式一种，高压开关柜则有户内式和户外式两种。另外还有一些成套配电装置，如高、低压无功功率补偿成套装置，高压综合启动柜等也常使用。

2.9.1　高压成套配电装置

高压成套配电装置，又称高压开关柜，是按不同用途和使用场合，将所需一、二次设备按一定的线路方案组装而成的一种成套配电设备；用于供配电系统中的馈电、受电及配电的控制、监测和保护，主要安装有高压开关电器、保护设备、监测仪表和母线、绝缘子等。

高压成套配电装置按主要设备的安装方式分为固定式和移开式（手车式）；按开关柜隔室的构成形式分为铠装式、间隔式、箱型、半封闭型等；按其母线系统分有单母线型、单母线带旁路母线型和双母线型；根据一次电路安装的主要元器件和用途分，有断路器柜、负荷开关柜、高压电容器柜、电能计量柜、高压环网柜、熔断器柜、电压互感器柜、隔离开关柜、避雷器柜等。

开关柜在结构设计上要求具有"五防"功能，所谓"五防"即防止误操作断路器、防止带负荷拉合隔离开关（防止带负荷推拉小车）、防止带电挂接地线（防止带电合接地开关）、防止带接地线（接地开关处于接地位置时）送电、防止误入带电间隔。

高压开关柜的全型号表示和含义如下：

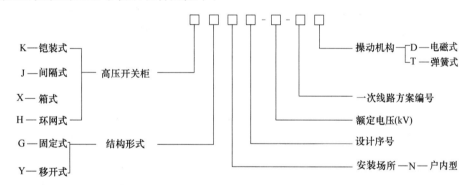

(1) 固定式高压开关柜

固定式高压开关柜的柜内所有电器部件包括其主要设备如断路器、互感器和避雷器等都固定安装在不能移动的台架上。固定式开关柜具有构造简单、制造成本低、安装方便等优点；但内部主要设备发生故障或需要检修时，必须中断供电，直到故障消失或检修结束后才能恢复供电，因此固定式高压开关柜一般用在企业的中小型变配电所和负荷不是很重要的场所。

近年来，我国设计生产的一系列符合 IEC（国际电工委员会）标准的新型固定式高压开关柜得到越来越广泛的应用，下面以 HXGN 系列（固定式高压环网柜）、XGN 系列（箱型固定式金属封闭高压开关柜）和 KGN 系列（固定式交流金属铠装高压开关柜）为例来介绍固定式高压开关柜的结构和特点。

① HXGN 系列的固定式高压环网柜。高压环网柜是为适应高压环形电网的运行要求设计的一种专用开关柜。高压环网柜主要采用负荷开关和熔断器的组合方式，正常电路通断操作由负荷开关实现，而短路保护由具有高分断能力的熔断器来完成。这种负荷开关加熔断器的组合柜与采用断路器的高压开关柜相比，体积和质量都明显减小，价格也便宜很多。而一般 6～10kV 的变配电所，负荷的通断操作较频繁，短路故障的发生却是个别的，因此，采用负荷开关-熔断器的环网柜更为经济合理。所以，高压环网柜主要适用于环网供电系统、双电源辐射供电系统或单电源配电系统，可作为变压器、电容器、电缆、架空线等电气设备的控制和保护装置，亦适用于箱式变电站，作为高压电气设备。

图 2-65 为 HXGN1-10 高压环网柜的外形图和内部剖面图。

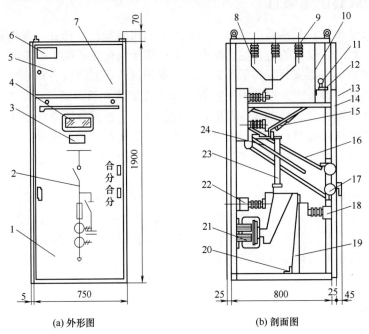

(a) 外形图　　　　　　(b) 剖面图

图 2-65　HXGN1-10 高压环网开关柜

1—下门；2—模拟电路；3—显示器；4—观察孔；5—上门；6—铭牌；7—组合开关；8—母线；9—绝缘子；
10，14—隔板；11—照明灯；12—端子板；13—旋钮；15—负荷开关；16，24—连杆；
17—负荷开关操动机构；18，22—支架；19—电缆；20—固定电缆支架；21—电流互感器；23—高压熔断器

它由三个间隔组成：电缆进线间隔、电缆出线间隔、变压器回路间隔。主要电气设备有高压负荷开关、高压熔断器、高压隔离开关、接地开关、电流和电压互感器、避雷器等。并且具有可靠的防误操作设施，有"五防"功能。在我国城市电网改造和建设中得到广泛的应用。

② XGN 系列的箱型固定式金属封闭高压开关柜。金属封闭开关柜是指开关柜内除进出线外，其余完全被接地金属外壳封闭的成套开关设备。XGN 系列箱型固定式金属封闭开关柜是我国自行研制开发的新一代产品，该产品采用 ZN28、ZN28E、ZN12 等多种型号的真空断路器，也可以采用少油断路器。隔离开关采用先进的 GN30-10 型旋转式隔离开关，技术性能高，设计新颖。柜内仪表室、母线室、断路器室、电缆室用钢板分隔封闭，使之结构更加合理、安全，可靠性高，运行操作及检修维护方便。在柜与柜之间加装了母线隔离套

管，避免一个柜子故障时波及邻柜。

图 2-66 为 XGN2-10 系列开关柜外形和内部结构图。

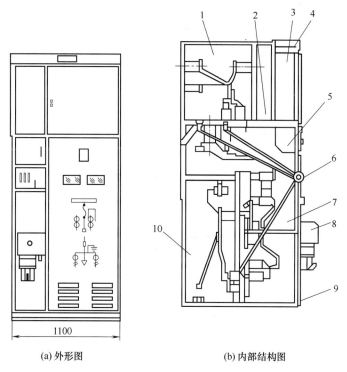

(a) 外形图　　　　　　　　　　　(b) 内部结构图

图 2-66　XGN2-10-07D 型金属封闭高压开关柜

1—母线室；2—压力释放通道；3—仪表室；4—二次小母线室；5—组合开关室；
6—手动操作机构及联锁机构；7—主开关室；8—电磁操动机构；9—接地母线；10—电缆室

该型号适用于 3～10kV 单母线、单母线带旁路系统中作为接受和分配电能的高压成套设备，为金属封闭箱型结构，柜体骨架由角钢焊接而成，柜内由钢板分割成断路器室、母线室、电缆室、继电器室，并可通过门面的观察窗和照明灯观察柜内各主要元件的运行情况。该开关柜具有较高的绝缘水平和防护等级，内部不采用任何形式的相间和相对地隔板及绝缘气体，二次回路不采用二次插头（即无论在何种状态下，保护和控制回路始终是贯通的），产品的各项技术指标符合 GB 3906—2006《3.6kV～40.5kV 交流金属封闭开关设备和控制设备》和国际标准（IEC）及"五防"要求。

③ KGN 系列的固定式交流金属铠装高压开关柜。所谓金属铠装开关柜是指柜内的主要组成部件（如断路器、互感器、母线等）分别装在接地金属隔板隔开的隔室中。它具有"五防"功能，其性能符合 IEC 标准。

（2）手车式（移开式）高压开关柜

手车式高压开关柜是将成套高压配电装置中的某些主要电器设备（如高压断路器、电压互感器和避雷器等）固定在可移动的手车上，另一部分电器设备则装置在固定的台架上。当手车上安装的电器部件发生故障或需检修、更换时，可以随同手车一起移出柜外，再把同类备用手车（与原来的手车同设备、同型号）推入，就可立即恢复供电，相对于固定式开关柜，手车式高压开关柜的停电时间大大缩短。因为可以把手车从柜内移开，又称为移开式高压开关柜。这种开关柜检修方便安全、恢复供电快、供电可靠性高，但价格较高，主要用于大中型变配电所和负荷较重要、供电可靠性要求较高的场所。

手车式高压开关柜的主要新产品有 JYN 系列、KYN 系列等。

① KYN 系列金属铠装移开式高压开关柜。KYN 系列户内金属铠装移开式开关柜是消化吸收国内外先进技术，根据国内特点设计研制的新一代开关设备。用于接受和分配高压、三相交流 50Hz 单母线及母线分段系统的电能并对电路实行控制、保护和监测，主要用于发电厂，中小型发电机送电，工矿企业配电以及电业系统的二次变电所的受电、送电及大型高压电动机启动及保护等。

如图 2-67 所示为 KYN28A-12 型开关柜的外形结构和内部剖面图。该类型可分为靠墙安装的单面维护型和不靠墙安装的双面维护型。由固定的柜体和可抽出部件（手车）两大部分组成。

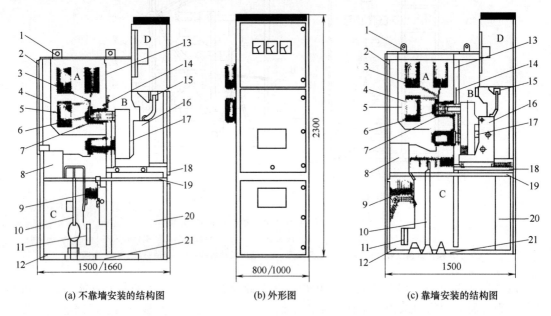

(a) 不靠墙安装的结构图　　　　(b) 外形图　　　　(c) 靠墙安装的结构图

图 2-67　KYN28A-12 型金属铠装移开式高压开关柜

A—母线室；B—断路器手车室；C—电缆室；D—继电器仪表室；1—泄压装置；2—外壳；3—分支母线；
4—母线套管；5—主母线；6—静触头装置；7—静触头盒；8—电流互感器；9—接地开关；10—电缆；
11—避雷器；12—接地母线；13—装卸式隔板；14—隔板（活门）；15—二次插头；16—断路器手车；
17—加热去湿器；18—可抽出式隔板；19—接地开关操作机构；20—控制小线槽；21—底板

该开关柜完全金属铠装，由金属板分隔成手车室、母线室、电缆式和继电器仪表室，每一单元的金属外壳均独立接地。在手车室、母线室、电缆室的上方均设有压力释放装置，当断路器或母线发生内部故障电弧时，伴随电弧的出现，开关柜内部气压上升达到一定值后，压力释放装置释放压力并排泄气体，以确保操作人员和开关柜的安全。配用真空断路器手车，性能可靠、安全，可实现长年免维修。该开关柜也具有"五防"功能。

② JYN 系列户内交流金属封闭移开式高压开关柜。JYN 系列户内交流金属封闭移开式高压开关柜在高压、三相交流 50Hz 的单母线及单母线分段系统中作为接受和分配电能用的户内成套配电装置。整个柜为间隔型结构，由固定的壳体和可移开的手车组成。柜体用钢板或绝缘板分隔成手车室、母线室、电缆室和继电器仪表室，而且具有良好的接地装置和"五防"功能。

图 2-68 所示为 JYN2A-10 型金属封闭移开式高压开关柜的外形图和内部剖面图。

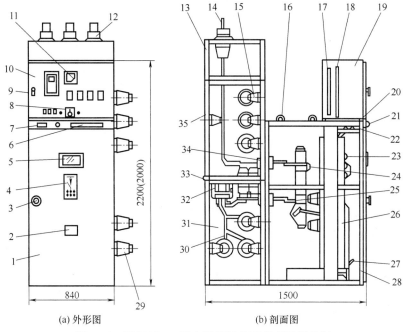

(a) 外形图　　　　　　　　　(b) 剖面图

图 2-68　JYN2A-10 型金属封闭移开式高压开关柜

1—手车室门；2—铭牌；3,8—程序锁；4—模拟电路；5—观察孔；6—用途牌；7—厂标室；9—门锁；

10—仪表室门；11—仪表；12—穿墙套管；13—上进线室；14—母线；15—支持瓷瓶；16—吊环；

17—小母线；18—继电器安装板；19—仪表室；20—减震器；21—紧急分闸装置；22—二次插件；

23—分合指示器；24—油标；25—断路器；26—手车；27—一次锁定联锁机构；28—手车室；

29—绝缘套筒；30—支母线；31—互感器室；32—互感器；33—高压指示装置；34—一次触头盒；35—母线室

2.9.2　低压成套配电装置

低压成套配电装置包括低压配电屏（柜）和配电箱，它们是按一定的线路方案将有关的低压一、二次设备组装在一起的一种成套配电装置，在低压配电系统中作控制、保护和计量之用。

低压配电屏（柜）按其结构形式分为固定式、抽屉式和混合式。

低压配电箱有动力配电箱和照明配电箱等。

新系列低压配电屏（柜）的全型号表示和含义如下：

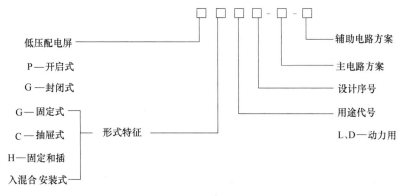

低压配电箱的型号表示和含义如下：

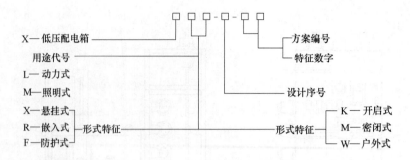

```
X—低压配电箱 ————————————————————————  方案编号
用途代号 ————————————————————————————  特征数字
L—动力式
M—照明式
                                              设计序号
X—悬挂式                                               K—开启式
R—嵌入式 ├ 形式特征 ————————————   形式特征 ┤ M—密闭式
F—防护式                                               W—户外式
```

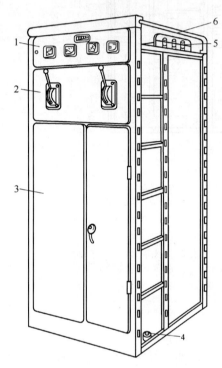

图 2-69 PGL 型低压配电屏外形

1—仪表板；2—操作板；3—检修门；
4—中性母线绝缘子；5—母线
绝缘框；6—母线防护罩

（1）低压配电屏（柜）

低压配电屏（柜）有固定式、抽屉式及混合式三种类型。其中固定式的所有电器元件都为固定安装、固定接线；而抽屉式的配电屏中，电器元件是安装在各个抽屉内，再按一、二次线路方案将有关功能单元的抽屉叠装在封闭的金属柜体内，可按需要推入或抽出；混合式的其安装方式为固定和插入混合安装。下面分别就这三种类型进行介绍。

① 固定式低压配电屏。固定式低压配电屏结构简单，价格低廉，故应用广泛。目前使用较广的有 PGL、GGL、GGD 等系列。适用于发电厂、变电所和工矿企业等电力用户作动力和照明配电用。

图 2-69 为 PGL 型低压配电屏的外形图。它的结构合理、互换性好、安装方便、性能可靠，目前的使用较广。但它的开启式结构使在正常工作条件下的带电部件如母线、各种电器、接线端子和导线从各个方面都可触及，所以，只允许安装在封闭的工作室内，现正在被更新型的 GGL、GGD 和 MSG 等系列所取代。

GGL 系列固定式低压配电屏的技术先进，符合 IEC 标准，其内部采用 ME 型的低压断路器和 NT 型的高分断能力熔断器，它的封闭式结构排除了在正常工作条件下带电部件被触及的可能性，因此安全性能好，可安装在有人员出入的工作场所中。

GGD 系列交流固定式低压配电屏是按照安全、可靠、经济、合理为原则而开发研制的一种较新产品，和 GGL 一样都属封闭式结构。它的分断能力高、热稳定性好、接线方案灵活、组合方便、结构新颖、外壳防护等级高、系列性实用性强，是一种国家推广使用的更新换代产品。适用于发电厂、变电所、厂矿企业和高层建筑等电力用户的低压配电系统中，作动力、照明和配电设备的电能转换和分配控制用。它的外形如图 2-70 所示。

② 抽屉式低压配电屏（柜）。抽屉式低压配电屏（柜）具有体积小、结构新颖、通用性好、安装维护方便、安全可靠等优点，因此，被广泛应用于工矿企业和高层建筑的低压配电系统中作受电、馈电、照明、电动机控制及功率补偿之用。国外的低压配电屏几乎都为抽屉式，尤其是大容量的还做成手车式。近年来，我国通过引进技术生产制造的各类抽屉式配电

屏也逐步增多。目前，常用的抽屉式配电屏有 BFC、GCL、GCK 等系列，它们一般用作三相交流系统中的动力中心（PC）和电动机控制中心（MCC）的配电和控制装置。

图 2-71 为 GCK 型抽屉式低压配电柜的结构图。

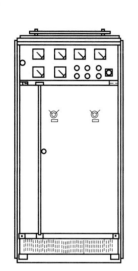

图 2-70　GGD 型低压固定式开关柜外形图

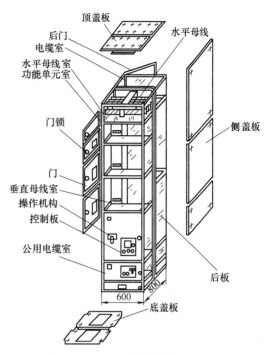

图 2-71　GCK 型低压抽屉式配电柜

GCK 系列是一种用标准模件组合成的低压成套开关设备，分动力配电中心（PC）柜、电动机控制中心（MCC）柜和功率因数自动补偿柜。柜体采用拼装式结构，开关柜各功能室严格分开，主要隔室有功能单元室、母线室、电缆室等，一个抽屉为一个独立功能单元，各单元的作用相对独立，且每个抽屉单元均装有可靠的机械联锁装置，只有在开关分断的状态下才能被打开。该产品具有分断能力高，热稳定性好，结构先进、合理，系列性、通用性强，防护等级高，安全可靠，维护方便，占地少等优点。

该系列产品适用于厂矿企业及建筑物的动力配电、电动机控制、照明等配电设备的电能转换分配控制及冶金、化工、轻工业生产的集中控制。

此外，目前还有一种引进国外先进技术生产的多米诺（DOMINO）组合式低压动力配电屏，它采用组合式框架结构，只用很少的柜架组件就可按需要组装成多种尺寸、多种类型的柜体的配电屏。与传统的配电屏相比，它的主要特点是：屏内有电缆通道，顶部和底部均有电缆进出口；各回路采用间隔式布置，有故障时可互不影响；配电屏的门上有机械联锁和电气联锁；具有自动排气防爆功能；抽屉有互换性，并有工作、试验、断离和抽出四个不同位置；断流能力大；屏的两端可扩展。该类型用于低压供配电系统中作动力供配电、电动机控制和照明配电用。

③ 混合式低压配电屏（柜）。混合式低压配电屏（柜）的安装方式既有固定的，又有插入式的，类型有 ZH1、GHL 等，兼有固定式和抽屉式的优点。其中，GHL-1 型配电屏内采用了 NT 系列熔断器、ME 系列断路器等先进新型的电气设备，可取代 PGL 型低压配电屏、BFC 抽屉式配电屏和 XL 型动力配电箱。

(2) 动力和照明配电箱

从低压配电屏引出的低压配电线路一般经动力或照明配电箱接至各用电设备，它们是车间和民用建筑的供配电系统中对用电设备的最后一级控制和保护设备。

配电箱的安装方式有靠墙式、悬挂式和嵌入式。靠墙式是靠墙落地安装，悬挂式是挂在墙壁上明装，嵌入式是嵌在墙壁里暗装。

① 动力配电箱。动力配电箱通常具有配电和控制两种功能，主要用于动力配电和控制，但也可用于照明的配电与控制。常用的动力配电箱有 XL、XLL2、XF-10、BGL、BGM 等型号，其中，BGL 和 BGM 型多用于高层建筑的动力和照明配电。

② 照明配电箱。照明配电箱主要用于照明和小型动力线路的控制、过负荷和短路保护。照明配电箱的种类和组合方案繁多，其中 XXM 和 XRM 系列适用于工业和民用建筑的照明配电，也可用于小容量动力线路的漏电、过负荷和短路保护。

思考题

1. 什么是电气设备？主要包括哪些类型？一次电路中的电气设备有哪几种类型？
2. 开关触头间产生电弧的根本原因是什么？发生电弧有哪些游离方式？其中最初的游离方式是什么？维持电弧的游离方式又是什么？
3. 电流互感器和电压互感器各有哪些功能？电流互感器工作时二次侧开路有什么后果？
4. 电流互感器有哪些常用接线方式？各自用在什么场合？
5. 电压互感器有哪些常用接线方式？各自用在什么场合？
6. 什么是成套配电装置？它有哪些类型？

习　题

1. 电弧是一种什么现象？其主要特征是什么？它对电气设备的安全运行有哪些影响？
2. 满足电弧熄灭的条件是什么？熄灭电弧的去游离方式有哪些？开关电器中有哪些常用的灭弧方法？其中最常用最基本的灭弧方法是哪一种？
3. 电力变压器并列运行必须满足哪些条件？连接组别不同的电力变压器并列运行时有何危险？
4. 高压隔离开关有哪些功能？为什么它不能带负荷操作？
5. 高压负荷开关有哪些功能？它可以装设什么保护装置？
6. 高压断路器有哪些类型和功能？少油断路器和多油断路器中的油各起什么作用？
7. 高压少油断路器、SF_6 断路器、真空断路器各自的灭弧介质是什么？灭弧性能如何？这三类断路器各适用于什么场合？
8. 低压断路器有哪些功能？按结构形式可以分为哪两大类型？
9. 避雷器的功能是什么？阀型避雷器和金属氧化物避雷器在结构、性能和应用场合上各有什么特点？

第3章
变配电所及电力线路的结构和电气主接线

本章预期学习结果

了解变配电所的结构与布置、箱式变电站，掌握变配电所的主接线方案、电力线路的结构与敷设、电力线路的接线方式。

3.1 变配电所的结构与布置

无论是工矿企业或高层建筑，变配电所的选址、设计、布置及结构将直接影响到工程造价、运行管理的安全、可靠及维护的方便等问题，本章将重点讲述这几方面的内容。

3.1.1 变配电所的类型和所址的选择

(1) 变配电所的设计要求

① 供电可靠，技术先进，保障人身安全，经济合理，维修方便；

② 根据工程特点、规模和发展规划，以近期为主，适当考虑发展，正确处理近期建设和远期发展的关系，进行远近结合；

③ 结合负荷性质、用电容量、工程特点、所址环境、地区供电条件和节约电能等因素，并征求建设单位的意见，综合考虑，合理确定设计方案；

④ 变配电所采用的设备和元件，应符合国家或行业的产品技术标准，并优先选用技术先进、经济适用和节能的成套设备及定型产品；

⑤ 地震基本强度为7度及以上的地区，变配电所的设计和电气设备的安装应采取必要的抗震措施。

(2) 变配电所的类型

变配电所的类型应根据用电负荷情况和周围环境情况等综合确定。工厂变配电所与高层建筑变配电所的形式及所址虽有所区别，但根据安装位置、方式、结构的不同，它们大致有以下几种类型：

①工厂总降压变电所，用于电源电压为 35kV 及以上的大中型工厂。它是从电力系统接受 35kV 或以上电压的电能后，由主变压器把电压降为 10kV（当有 6kV 高压设备时，一般再经 10/6.3kV 变压器降压，也可直接采用 35/6.3kV 变压器，但需由技术经济等指标比较确定），经 10kV 母线分别配电到各车间变电所。这种变电所一般都是独立式的。

②高压配电所，用于高压电能（10kV 或 6kV 及以上）的接受和分配。无总降压变电所的高压配电所一般为独立式的；有总降压变电所的高压配电所有时附设于总降压变电所内。

③车间变电所，如图 3-1 所示，按其安装位置的不同可分为下列类型：

a. 车间附设变电所。变压器室的一面或两面墙壁与车间的墙壁共用，按变压器室位于车间的墙内还是墙外，又可分为内附式（图 3-1 中的 3）和外附式（图 3-1 中的 4）。

车间附设变电所能深入负荷中心，适用于生产面积比较紧凑、生产流程需要经常调整因而设备要作相应变动的生产车间。车间外附式占用车间面积小，安全性较内附式好；内附式虽然占用了车间内部的面积，但它有利于靠近负荷中心，且不妨碍车间外环境的观瞻，因而被更多地采用。附设式变电所在工业和民用建筑中较普遍。

b. 车间内变电所。变压器室和整个变电所都位于车间内的单独室内，通常位于车间中部，如图 3-1 中的 2 所示。它有利于深入负荷中心，缩短低压配电的距离，减少有色金属的消耗量，降低电能损耗和电压损耗，因此该变电所的技术经济指标较好；但它占用车间的生产面积，对生产流程和设备位置需要变动的场合不适合，且对车间的安全性有一定的威胁。它适用于环境条件许可、负荷较大、负荷中心居中部的多跨车间，这种变电所在大型冶金企业中较多。

c. 独立变电所。变电所设在距车间、住宅区或其他建筑物有一定距离的单独建筑物内。如图 3-1 中的 1 所示。它的运行维护条件好、安全可靠性高，但建筑费用较高，因此适用于负荷小而分散，或需要远离易燃、易爆、有腐蚀性气体及低洼积水的场所，一般需经全面技术经济比较来确定。

d. 杆上变电台，又称柱上变电台，如图 3-1 中的 10 所示。其变压器（及其一些附属开关、保护设备）安装在室外的电杆上。它最简单经济，通风散热条件又好，但供电可靠性较差，易受环境影响，运行维护的条件较差，只适于环境允许的中小城镇居民区和工厂的生活区，且变压器容量在 315kV·A 及以下时选用。

e. 露天或半露天变电所。露天变电所是变压器位于室外抬高的地面上的变电所；半露天变电所是指位于露天的变压器有顶板或挑檐的情况，如图 3-1 中的 8、9 所示。对小型工厂车间或其他不重要用户，从简单、经济角度考虑，露天或半露天变电所投资省、通风散热条件好，在无腐蚀性、爆炸性气体和粉尘，无易燃易爆危险的场所，只要环境条件许可，便可以考虑采用。但一定要采取安全防护措施（如周围加围墙、围栏等），因其安全可靠性较差。

f. 地下变电所。整个变电所位于建筑或其他设施的地下层，如图 3-1 中的 6 所示。它的通风散热条件差、湿度高、投资和运行费用高，但这种变电所安全且不碍观瞻，在高层建筑、地下工程和矿井中采用较多，其变压器应采用干式变压器。

g. 楼层变电所。变电所设在高层建筑的楼层中，如图 3-1 中的 7 所示。该类型适用于高层建筑和地面面积有限的场所。楼层变电所中采用的电气设备及结构须尽可能轻、安全，并须防火，变压器通常采用干式变压器。

h. 箱式（组合式）变电所，又称成套变电所，如图 3-1 中的 5 所示。这是一种由生产厂家按一定接线方案成套制造并现场安装的变电所，其变压器柜和高、低压开关柜组装在带有金属防护外壳的箱体内。其详细情况将在本节的最后介绍。

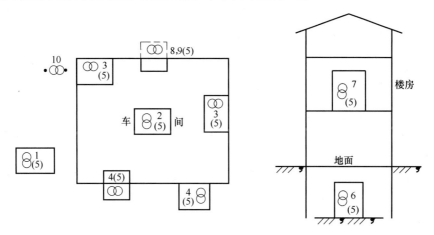

图 3-1　车间变电所的类型

1—独立式；2—车间内式；3—内附式；4—外附式；5—组合式；6—地下式；
7—楼上式；8、9—露天式；10—杆上式

（3）变配电所的所址选择

变配电所所址的选择，应根据下列要求综合考虑确定：

① 尽量接近或深入负荷中心。这样可缩短配电线路的长度，对于节约电能、节约有色金属和提高电能质量都有重要意义。其具体位置要由各种因素综合确定。

② 进出线方便，使变配电所尽可能靠近电源进线侧。目的是避免高压电源线路，尤其是架空线路跨越其他建筑或设施。

③ 设备运输、吊装方便。特别要考虑电力变压器和高低压开关柜等大型设备的运输方便。

④ 不应设在邻近下列场所的地方：有剧烈震动或高温的场所；有爆炸或火灾危险的场所正下方和正上方；多尘、多水雾（如大型冷却塔）或有腐蚀性气体的场所，如无法远离时，要避免设在污染源的下风口；厕所、浴室、洗衣房、厨房、泵房的正下方及邻近地区和其他经常积水场所和低洼地区。

⑤ 高压配电所宜于和邻近的车间变电所合建，以降低建筑费用，减少系统的运行维护费用。

⑥ 高层建筑地下变配电所的位置，宜选择在通风、散热条件较好的场所，且不宜设在最底层。当地下仅有一层时，应采取适当抬高变配电所地面等防水措施，并应避免发生有洪水或积水从其他渠道淹没变配电所的可能性。

⑦ 应考虑企业的发展，使变配电所有扩建的可能，尤其是独立式的变配电所。

3.1.2　变配电所的总体布置

（1）变配电所总体布置的一般要求

① 便于运行维护和检修。如有人值班的变配电所应设单独的值班室，且值班室应和高低压配电室相邻，有门直通；变压器室应靠近运输方便的马路侧。

② 保证运行的安全。如值班室内不应有高压设备，且值班室的门应朝外开，而高低压配电室和电容器室的门朝值班室开或朝外开；油量在 100kg 及以上的户内三相变压器应装设在单独的变压器室内；在双层布置的变电所内，变压器室要设在底层；所有带电部分离墙和离地的尺寸及各室的操作维护通道的宽度，须符合有关规程的要求。

③ 便于进出线。如高压配电室一般位于高压接线侧；低压配电室应靠近变压器室，且便于低压架空出线；高压电容器室宜靠近高压配电室，低压电容器室宜靠近低压配电室。

④ 节约土地和建筑费用。在保证安全运行的前提下，尽量采用节约土地和建筑费用的布置方案。如值班室和低压配电室合并；条件许可下，优先选用露天或半露天变电所；当高压开关柜不多于 6 台时，可与低压配电屏设置在一间房内；低压电容器数量不多时，可与低压配电装置设在一间房内。

⑤ 留有发展余地。如变压器室应考虑扩建时更换大的变压器的可能性；高低压配电室均须留有一定数量开关柜（屏）的备用位置。

(2) 变配电所的总体布置方案

① 35/10kV 的总降压变电所的布置方案。图 3-2 是其单层布置的典型方案示意；图 3-3 为双层布置的典型方案示意。

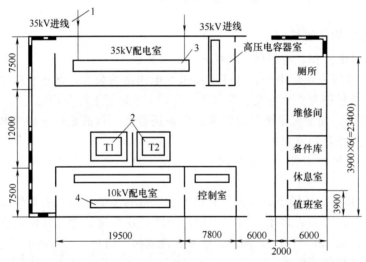

图 3-2　35/10kV 总降压变电所单层布置方案示意图

1—35kV 架空进线；2—主变压器（4000kV·A）；3—35kV 高压开关柜；4—10kV 高压开关柜

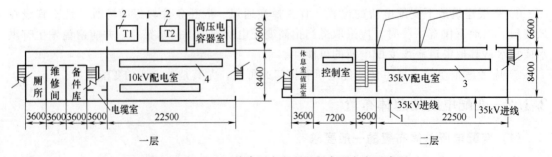

图 3-3　35/10kV 总降压变电所双层布置方案示意图

1—35kV 架空进线；2—主变压器（6300kV·A）；3—35kV 高压开关柜；4—10kV 高压开关柜

② 10kV 高压配电所和附设车间变电所的布置方案。图 3-4 所示是一个 10kV 低压配电所和附设车间变电所的布置方案示意。

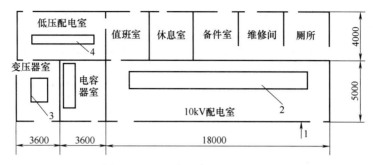

图 3-4　10kV 低压配电所和附设车间变电所的布置方案示意图
1—10kV 电缆进线；2—10kV 高压开关柜；3—10/0.4kV 变压器；4—380V 低压配电屏

③ 6～10/0.4kV 的车间变电所的布置方案。图 3-5（a）是一个户内式装有两台变压器的独立式变电所的布置方案图；图 3-5（b）为户外式装有两台变压器的独立式变电所的布置方案示意图；图 3-5（c）是装有两台变压器的附设式变电所的布置方案图；图 3-5（d）为装有一台变压器的附设式变电所的布置方案示意图；图 3-5（e）、图 3-5（f）是露天或半露天变电所设有两台和一台变压器的变电所的布置方案示意图。

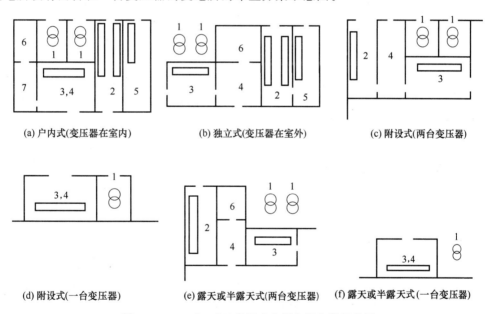

(a) 户内式(变压器在室内)　　　(b) 独立式(变压器在室外)　　　(c) 附设式(两台变压器)

(d) 附设式(一台变压器)　　(e) 露天或半露天式(两台变压器)　　(f) 露天或半露天式(一台变压器)

图 3-5　6～10/0.4kV 车间变电所布置方案示意图
1— 变压器室或露天或半露天变压器装置；2—高压配电室；3—低压配电室；4—值班室；5—高压电容器室；
6—维修间或工具间；7—休息室或生活间

3.1.3　变配电所的结构

(1) 变压器室和室外变压器台的结构

① 变压器室的结构。变压器室的结构形式取决于变压器的形式、容量、放置方式、接线方案、进出线的方式和方向等很多因素，并应考虑运行维护的安全以及通风、防火等问

题；另外，考虑到今后的发展，变压器室宜有更换大一级容量的可能性。

为保证变压器安全运行及防止变压器失火时故障蔓延，根据 GB 50053—2013《20kV 及以下变电所设计规范》，油浸式变压器外廓与变压器室墙壁、门的最小净距应如表 3-1 所示，以保证变压器的安全运行和维护方便。

表 3-1　可燃油油浸式变压器外廓与变压器室墙壁、门的最小净距

序号	项目	变压器容量/(kV·A)	
		100～1000	1250 以上
1	可燃油油浸式变压器外廓与后壁、侧壁净距/mm	600	800
2	可燃油油浸式变压器外廓与门的净距/mm	800	1000
3	干变式变压器带有 IP2X 及以上防护等级的金属外壳与后壁、侧壁净距/mm	600	800
4	干变式变压器有金属网状遮拦与后壁、侧壁净距/mm	600	800
5	干变式变压器带有 IP2X 及以上防护等级的金属外壳与门的净距/mm	800	1000
6	干变式变压器有金属网状遮拦与门的净距/mm	800	1000

可燃油油浸式变压器室的耐火等级应为一级，非燃或难燃介质的电力变压器室的耐火等级不应低于二级。

变压器室的门要向外开；室内只设通风窗，不设采光窗；进风窗设在变压器室前门的下方，出风窗设在变压器室的上方，并应有防止雨、雪和蛇、鼠类小动物从门、窗及电缆沟等进入室内的设施；通风窗的面积，根据变压器的容量、进风温度及变压器中心标高至出风窗中心标高的距离等因素确定；通风窗应采用非燃烧材料。变压器室一般采用自然通风，夏季的排风温度不宜高于 45℃，进风和排风的温差不宜大于 15℃。

变压器室的布置方式按变压器推进方式，分为宽面推进式和窄面推进式两种。

变压器室的地坪按通风要求，分为地坪抬高和不抬高两种形式。变压器室的地坪抬高时，通风散热更好，但建筑费用较高。变压器容量在 630kV·A 及以下的变压器室地坪，一般不抬高。

设计变压器室的结构布置时，可参考 GB 50053—2013《20kV 及以下变电所设计规范》、GB 50059—2011《35kV～110kV 变电所设计规范》、《电力变压器室布置》和《附设式电力变压器室布置》。

② 室外变压器台的结构。露天或半露天变电所的变压器四周，应设不低于 1.7m 高的固定围栏（或墙）；变压器外廓与围栏（墙）的净距不应小于 0.8m，变压器底部距地面不应小于 0.3m，相邻变压器外廓之间的净距不应小于 1.5m。当露天或半露天变压器供给一级负荷用电时，相邻的可燃油油浸式变压器的防火净距不应小于 5m，若小于 5m，应设置防火墙，防火墙应高出油枕顶部，且墙两端应高于挡油设施两侧各 0.5m。

设计室外变电所时，应参考上述的 GB 50053—2013 和 GB 50059—2011 以及《落地式变压器台》标准图集。图 3-6 是一个露天变电所的变压器台结构图。该变电所为一路架空进线，高压侧设 RW10-10F 型跌开式熔断器和避雷器，避雷器和变压器低压侧的中性点及变压器外壳一起接地。

(2) 高、低压配电室的结构

高、低压配电室的结构形式，主要取决于高、低压开关柜（屏）的形式、尺寸和数量，同时要考虑运行、维护的方便和安全，留有足够的操作维护通道，并兼顾今后的发展，留有适当数量的备用开关柜（屏）的位置，但占地面积不宜过大，建筑费用不宜过高。为了布线

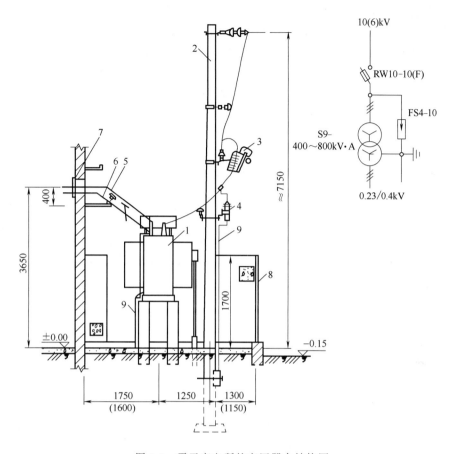

图 3-6 露天变电所的变压器台结构图

1—变压器（6～10/0.4kV）；2—电杆；3—跌开式熔断器；4—避雷器；5—低压母线；6—中性母线；

7—穿墙隔板；8—围墙或栅栏；9—接地线（注：括号内的尺寸适合容量为 630kV·A 及以下的变压器）

和检修的需要，高压开关柜下面设有电缆沟。

高压配电室内各种通道的最小宽度，按 GB 50053—2013 规定，见表 3-2。

表 3-2　高压配电室内各种通道的最小宽度　　　　　　　　　　　　　单位：mm

开关柜布置方法	柜后维护通道	柜前操作通道	
		固定柜式	手车柜式
单列布置	800	1500	单手车长度+1200
双列面对面布置	800	2000	双手车长度+900
双列背对背布置	1000	1500	单手车长度+1200

低压配电室内成列布置的配电屏，其屏前、屏后的通道最小宽度规定见表 3-3。

表 3-3　低压配电室内屏前、屏后通道最小宽度　　　　　　　　　　　单位：mm

配电柜形式	配电柜布置形式	屏前通道	屏后通道
固定式	单列布置	1500	1000
	双列面对面布置	2000	1000
	双列背对背布置	1500	1000
抽屉式	单列布置	1800	1000
	双列面对面布置	2300	1000
	双列背对背布置	1800	1000

低压配电室的高度，应与变压器室综合考虑，以便于变压器低压出线；当配电室与抬高地坪的变压器室相邻时，配电室高度不应小于4m；当配电室与不抬高地坪的变压器相邻时，配电室高度不应小于3.5m；为了布线需要，低压配电屏下面也设有电缆沟。

高压配电室的耐火等级不应低于二级，低压配电室的耐火等级不应低于三级。高压配电室宜设不能开启的自然采光窗，低压配电室可设能开启的自然采光窗，配电室临街的一面不宜开窗。配电室应设置防止雨、雪的设施以及防止小动物从采光窗、通风窗、门、电缆沟等进入室内的设施。长度大于7m的配电室应设两个出口，并宜设在配电室的两端；长度大于60m时，宜再增加一个出口。

图3-7和图3-8分别为手车式和固定式高压开关柜的布置示意图。

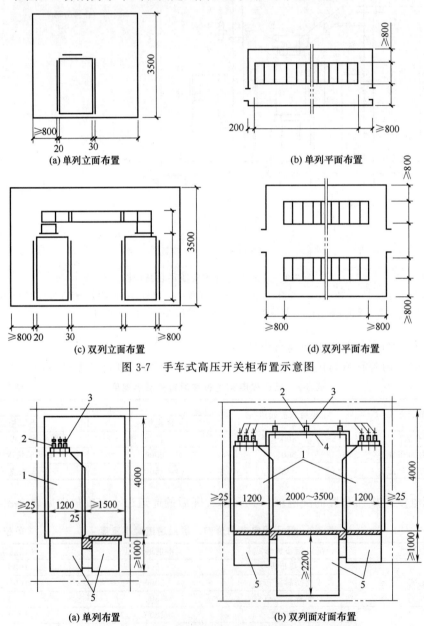

(a) 单列立面布置 (b) 单列平面布置

(c) 双列立面布置 (d) 双列平面布置

图3-7 手车式高压开关柜布置示意图

(a) 单列布置 (b) 双列面对面布置

图3-8 GG-1A固定式高压开关柜高压配电室布置方案

1—高压开关柜；2—高压支柱绝缘子及母线夹具；3—高压母线；4—母线桥；5—电缆沟

低压配电室的布置方案如图 3-19 所示。

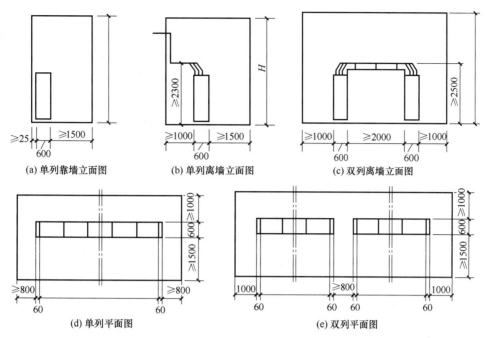

(a) 单列靠墙立面图　　(b) 单列离墙立面图　　(c) 双列离墙立面图

(d) 单列平面图　　　　(e) 双列平面图

图 3-9　低压配电室布置图

（3）高、低压电容器室的结构

高、低压电容器室采用的电容器柜通常为成套的。按 GB 50053—2013 规定，成套电容器柜单列布置时，柜正面和墙面距离不应小于 1.5m；双列布置时，柜面之间距离不小于 2.0m。图 3-10 所示是高压电容器室的单列布置图。

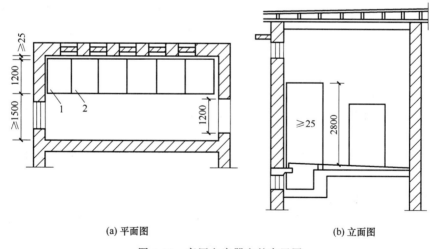

(a) 平面图　　　　　　(b) 立面图

图 3-10　高压电容器室的布置图

1—电压互感器柜；2—电容器柜

高压电容器室的耐火等级不得低于二级，低压电容器室的耐火等级不得低于三极。

电容器室应有良好的自然通风，当自然通风不能满足要求时，可增设机械排风。电容器室应设温度指示器。电容器室应设置防止雨、雪的设施以及防止小动物从采光窗、通风窗、门、电缆沟等进入室内的设施。

(4) 值班室的结构

值班室的结构形式要根据整个变配电所的总体布置和值班制度来确定，以便于变配电所的运行维护。如值班室应有良好的自然采光；在采暖地区，值班室的采暖装置应采用排管焊接；值班室通往外面的门应朝外开。

3.2 变配电所的主接线方案

3.2.1 概述

变配电所是供配电系统的枢纽，占有非常重要的作用。其中，变电所根据变压等级和规模大小的不同，又分为总降压变电站［把 35kV 及以上的电压降为 10（6）kV 电压］和车间变电所［把 10（6）kV 的电压降为 220/380V 电压］；配电所根据配电电压的不同分为高压配电所和低压配电所。

(1) 主接线图的作用和类型

变配电所的主接线是供配电系统中为实现电能输送和分配的一种电气接线，对应的接线图叫主接线图，或主电路图，又称一次电路图、一次接线图。虽然电力系统是三相系统，但通常电气主接线图采用单线来表示三相系统，使之更简单、清楚和直观。

主接线图根据其作用的不同，有两种形式：系统式主接线图和装置式主接线图。

其中，按照电能输送和分配的顺序，用规定的电气符号和文字说明来表示和安排其主要电气设备相互连接关系的主接线图为系统式主接线图。这种图能全面系统地反映主接线中电力电能的传输过程，即相对电气连接关系，但不能反映电路中各电气设备和成套设备之间的相互排列位置即实际位置；它一般在运行和教材中使用，如变配电所运行值班用的模拟电路盘上就用它模拟演示供配电系统的运行状况，或用来分析、计算和选择电气设备等。

而装置式主接线图是按照高、低压成套配电装置之间的相互连接和排列位置绘制的主接线图。在装置式主接线图中，各成套配电装置的内部设备和接线及各成套配电装置之间的相互连接和排列位置一目了然，因此这种图多用作施工图，便于配电装置的采购和安装施工。

图 3-11 和图 3-12 分别表示同一个户外成套变电所的系统式主接线图和装置式主接线图。

(2) 对电气主接线的基本要求

主接线方案的确定应综合考虑安全性、可靠性、灵活性和经济性等方面的要求。

① 安全。主接线的设计应符合国家标准有关技术规范的要求，充分保证人身和设备的安全。如高、低压断路器的电源侧和可能反馈电能的另一侧需装设隔离开关；变配电所的高压母线和架空线路的末端需装设避雷器。

② 可靠。主接线应根据负荷的等级，满足不同等级负荷对供电可靠性的不同要求。如对一级负荷，应考虑两个电源供电；二级负荷，应采用双回路供电。

③ 灵活。主接线能适应各种不同的运行方式，并能灵活地进行不同运行方式间的转换，

使之能做到便于操作、检修，又能适应负荷的发展，有扩充、改建的可能。

④ 经济。在满足以上要求的前提下，应力求主接线的设计简单、投资少、运行管理费用低，并能节约电能和有色金属消耗量。如尽可能采用技术先进、经济实用的节能产品；尽量采用开关设备少的主接线方案；在优先提高自然功率因数的基础上，采用人工补偿无功功率的措施，使无功功率达到规定的要求。

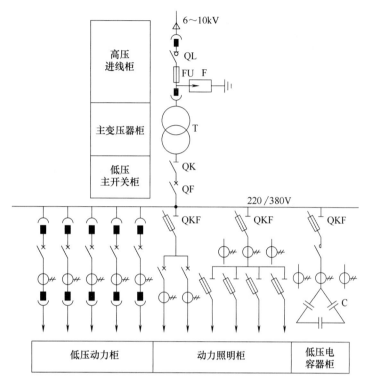

图 3-11 变电所系统式主接线图

T—主变压器；QL—负荷开关；FU—熔断器；F—阀式避雷器；

QK—低压刀开关；QF—断路器；QKF—刀熔开关

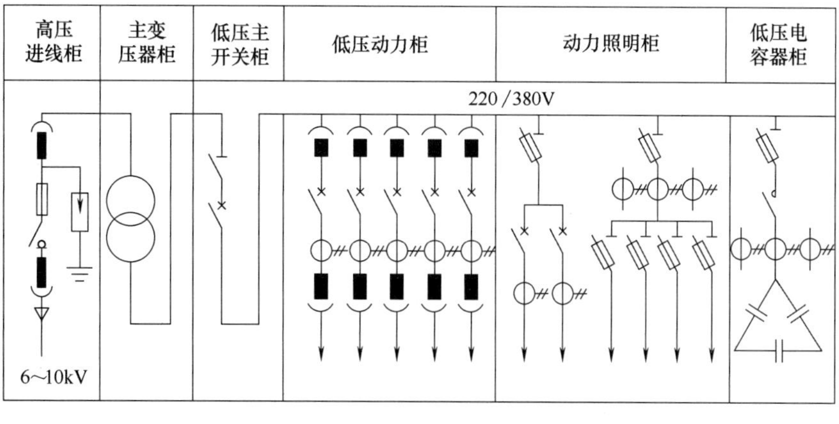

图 3-12 变电所装置式主接线图

主接线图中常用电气设备和导线的图形符号和文字符号见表 3-4。

表 3-4　常用电气设备和导线的图形符号和文字符号

电气设备名称	文字符号	图形符号	电气设备名称	文字符号	图形符号
刀开关	QK		母线（汇流排）	W 或 WB	
熔断器式刀开关	QKF		导线、线路	W 或 WL	
断路器（自动开关）	QF		电缆及其终端头	—	
隔离开关	QS		交流发电机	G	
负荷开关	QL		交流电动机	M	
熔断器	FU		单相变压器	T	
熔断器式隔离开关	FD		电压互感器	TV	
熔断器式负荷开关	FDL		三绕组变压器	T	
避雷器	F		三绕组电压互感器	TV	
三相变压器	T		电抗器	L	
电流互感器（具有一个二次绕组）	T		电容器	C	
电流互感器（具有两个铁心和两个二次绕组）	TA		三相导线	—	

3.2.2 变配电所常用主接线类型和特点

变配电所常用主接线按其基本形式可分为四种类型：线路-变压器组单元接线、单母线接线、双母线接线和桥式接线。下面分别就其接线形式和特点进行介绍。

(1) 线路-变压器组单元接线

在变配电所中，当只有一路电源进线和一台变压器时，可采用线路-变压器组单元接线，如图 3-13 所示。

根据变压器高压侧情况的不同，也可以装设图中右侧三种不同的开关电器组合。当电源侧继电保护装置能保护变压器且灵敏度满足要求时，变压器高压侧可只装设隔离开关；当变压器高压侧短路容量不超过高压熔断器的断流容量，而又允许采用高压熔断器保护变压器时，变压器高压侧可装设跌开式熔断器或熔断器式负荷开关。在一般情况下，在变压器高压侧装设隔离开关和断路器。

当高压侧装设负荷开关时，变压器容量不得大于 1250 kV·A，高压侧装设隔离开关或跌开式熔断器时，变压器容量一般不得大于 630kV·A。

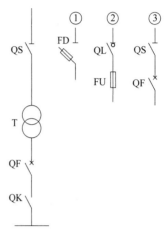

图 3-13 线路-变压器组单元接线方案

这种接线的优点是接线简单，所用电气设备少，配电装置简单，节约了建设投资。缺点为该线路中任一设备发生故障或检修时，变电所全部停电，供电可靠性不高。它适用于小容量三级负荷、小型工厂或非生产性用户。

(2) 单母线接线

母线又称汇流排，是用来汇集、分配电能的硬导线，文字符号为 W 或 WB。设置母线可方便地把多路电源进线和出线通过电气开关连接在一起，提高供电的可靠性和灵活性。

单母线接线又可分为单母线不分段接线、单母线分段接线和单母线带旁路接线三种类型。

① 单母线不分段接线。当只有一路电源进线时，常用这种接线方式，如图 3-14（a）所示。其每路进线和出线中都配有一组开关电器。断路器用于通断正常的负荷电流，并能切断短路电流。隔离开关有两种作用：靠近母线侧的称母线隔离开关，用于隔离母线电源和检修断路器；靠近线路侧的称线路侧隔离开关，用于防止在检修断路器时从用户侧反向送电和防止雷电过电压沿线路侵入，保证维修人员安全。

这种接线的优点是接线简单清晰，使用设备少，投资低，比较经济，发生误操作的可能性较小。缺点是可靠性和灵活性差，当母线或母线侧隔离开关发生故障或进行检修时，必须断开所有回路及供电电源，从而造成全部用户供电中断。

这种接线适用于对供电可靠性和连续性要求不高的中、小型三级负荷用户，或有备用电源的二级负荷用户。

② 单母线分段接线。当有双电源供电时，常采用高压侧单母线分段接线，如图 3-14（b）、图 3-14（c）所示。

分段开关可采用隔离开关或断路器；母线可分段运行，也可不分段运行。

当采用隔离开关分段时［图 3-14（b）］，如需对母线或母线隔离开关检修，可将分段隔离开关断开后分段进行检修。当母线发生故障时，经短时间倒闸操作将故障段切除，非故障

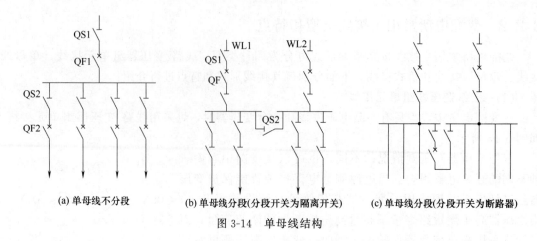

(a) 单母线不分段　　　　(b) 单母线分段(分段开关为隔离开关)　　(c) 单母线分段(分段开关为断路器)

图 3-14　单母线结构

段仍可继续运行，只有故障段所接用户停电。该接线方式的供电可靠性和灵活性较高，可给二、三级负荷供电。

若用断路器分段［图 3-14（c）］，除仍可分段检修母线或母线隔离开关外，还可在母线或母线隔离开关发生故障时，母线分段断路器和进线断路器同时自动断开，保证非故障部分连续供电。这种接线方式的供电可靠性高，运行方式灵活。除母线故障或检修外，可对用户连续供电。但接线复杂，使用设备多，投资大。它适用于有两路电源进线、装设了备用电源自动投入装置，分段断路器可自动投入及出线回路数较多的变配电所，可供电给一、二级负荷。

③ 单母线带旁路的接线。单母线带旁路接线方式如图 3-15 所示，增加了一条母线和一组联络用开关电器，增加了多个线路侧隔离开关。

这种接线适用于配电线路较多、负载性质较重要的主变电所或高压配电所。该接线运行方式灵活，检修设备时可以利用旁路母线供电，可减少停电次数，提高了供电的可靠性。

(3) 双母线接线

双母线接线方式如图 3-16 所示。其中的两段母线可互为备用，运行可靠性和灵活性都得到很大提高，但开关设备的数量大大增加，从而其投资较大。因此双母线接线在中、小型变配电所中很少采用，主要用于负荷大且重要的枢纽变电站等场所。

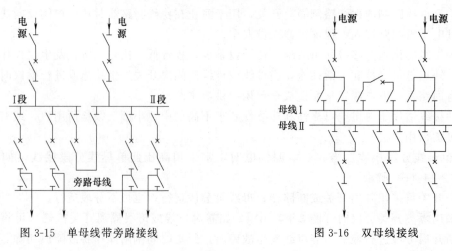

图 3-15　单母线带旁路接线　　　　　　图 3-16　双母线接线

（4）桥式接线

所谓桥式接线是指在两路电源进线之间跨接一个断路器，犹如一座桥，有内桥式接线和外桥式接线两种。断路器跨接在进线断路器的内侧，靠近变压器，称为内桥式接线，如图 3-17（a）所示；若断路器跨在进线断路器的外侧，靠近电源侧，称为外桥式接线，如图 3-17（b）所示。

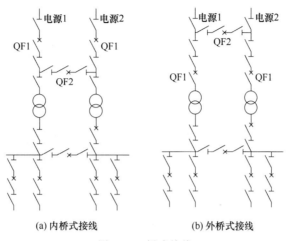

图 3-17　桥式接线

桥式接线的特点：

① 接线简单。高压侧无母线，没有多余设备；

② 经济。由于不需设母线，4 个回路只用了 3 只断路器，省去了 1～2 台断路器，节约了投资；

③ 可靠性高。无论哪条回路故障或检修，均可通过倒闸操作迅速切除该回路，不致使二次侧母线长时间停电；

④ 安全。每台断路器两侧均装有隔离开关，可形成明显的断开点，以保证设备安全检修；

⑤ 灵活。操作灵活，能适应多种运行方式。

例如，将 QF2 和二次侧的分段断路器（图 3-17 中未画）闭合，可使两台变压器并列运行。将 QF2 和二次侧分段断路器都断开，则两台变压器就独立工作，并互为备用。

因此桥式接线既能适应单电源双回路供电方式，又能适应双电源的两端供电方式。因此，桥式接线的供电可靠性高，运行灵活性好，适用于一、二级负荷。其中内桥式接线多用于电源线路较长因而发生故障和检修的可能性较多，但变电所的变压器不需要经常切换的 35kV 及以上总降压变电所；而外桥式接线适用于电源线路较短而变电所的变压器需经常进行切换操作以适应昼夜负荷变化大，需经济运行的总降压变电所；当一次电源线路采用环形接线时也宜采用此接线。

3.2.3　高压配电所主接线方案的介绍

高压配电所的任务是从电力系统接受高压电能，并向各车间变电所及高压用电设备进行配电。下面以一个典型的 10kV 高压配电所的主接线（图 3-18）为例来分析其主接线的组成和特点。

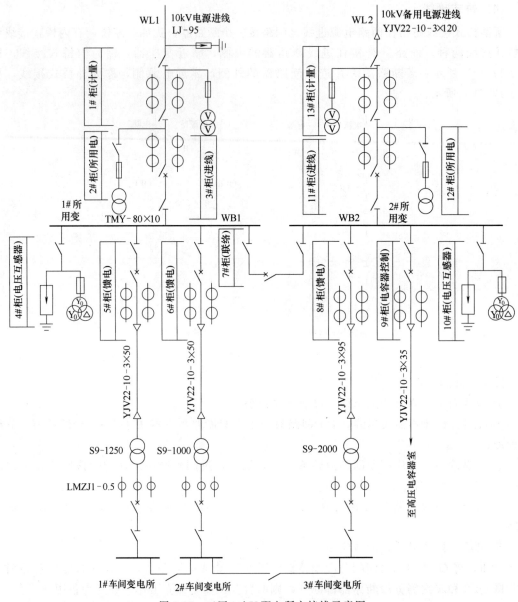

图 3-18　工厂 10kV 配电所主接线示意图

(1) 电源进线

该配电所有两路 10kV 的电源进线，最常见的进线方案为：一路是架空进线（1WL），作为主工作电源，另一路采用电缆进线（2WL），来自邻近单位的高压联络线，作备用电源。架空线采用铝绞线（型号 LJ-95 表示截面积 95mm² 的铝绞线），经穿墙套管进入高压配电室，也可经一段短电缆进入高压配电室；电缆线采用 YJV22-10-3×120 三芯交联聚乙烯绝缘电力电缆，截面为 120mm²，额定电压 10kV。

1#柜和 13#柜为电能计量专用柜，电力工业部 1996 年颁布的《供电营业规则》规定："对 10kV 及以下电压供电的用户，应配置专用的电能计量柜（箱）；对 35kV 及以上电压供电的用户，应有专用的电流互感器二次线圈和专用的电压互感器二次连接线，并不得与保护、测量回路共用。"通常，计量柜内的电流互感器和电压互感器二次侧的精确度不低于

0.2 或 0.5 级。为了方便控制电源进线，也可在计量柜前加一个控制柜。

2#柜和 12#柜为所（配电所）用电柜（也可以接在电源进线上），主要供电给配电所内部二次系统的操作电源，常用户内变压器。

3#柜和 11#柜为进线开关柜，除馈电控制用，还可以作母线过电流保护和电流、功率及电能测量用。进线断路器两侧均设隔离开关，主要是考虑断路器在检修时会两端受电，打开两侧隔离开关可保证断路器检修时的安全。如果断路器只有一端受电，则只需在受电侧设置隔离开关即可。

(2) 母线

室外母线一般用软导线如铝绞线或钢芯铝绞线，室内采用硬母线，置于开关柜顶部。另外开关柜内和室内开关柜至穿墙套管之间也用汇流排（母线），汇流排一般采用硬铝排、硬铜排。高压变配电所的母线常采用单（段）母线制，当进线电源为两路时，则采用单母线分段制。分段开关一般装在分段柜或联络柜中（如 7#柜）。图 3-18 所示的高压配电所采用一路电源工作，一路电源备用的运行方式，所以其母线分段开关通常是合上的；当两路电源进线同时作工作电源时，分段开关一般是断开的。

在每段母线上都要设置电压互感器和避雷器，它们装在一个高压柜内（4#、10#柜），并共用一组高压隔离开关，主要用于电压测量、监视和过电压保护。

(3) 高压配电出线

按照负荷大小，每段母线分配的负荷一般大致均衡。

出线柜又称馈电柜，图 3-19 采用的高压开关柜（5#、6#、8#、9#柜）的主要电气设备是隔离开关、断路器、电流互感器的组合。由于出线开关柜只有一端受电，故只采用一个隔离开关即可，且安装在母线侧，用来保证高压断路器和出线的安全检修。高压电流互感器均有两个二次绕组，一个二次绕组接测量仪表，用于电流、功率的测量，另一个二次绕组用作继电保护。当出线采用电缆时，一般经开关柜下面的电缆沟出线，如采用架空出线，则经汇流排（母线）翻到开关柜后上部，再经穿墙套管出线。

高压电容器柜（图中未画出）对高压并联补偿电容器组进行控制和保护，高压并联电容器组用于对整个高压配电所的无功功率进行补偿。

3.2.4 10 (6) /0.4kV 变电所（车间变电所）主接线方案介绍

车间变电所和小型工厂变电所是将 6～10kV 的配电电压降为 220/380V 的低压用电，再直接供电给用电设备的一种终端变电所。从其电源接线情况的不同，可分为两类：有总降压变电所或高压配电所的非独立式变电所和无总降压变电所或高压配电所的独立式变电所。下面就这两类的主接线特点分别进行分析。

(1) 非独立式车间变电所的主接线方案

当工厂内有总降压变电所（35kV）或高压配电所（6～10kV）时，车间变电所高压侧的主接线通常很简单，因为高压侧的开关电器、保护装置和测量仪表一般都装在高压配电线路的首端，即安装在总降压变电所或高压配电所的高压配电室内，而车间变电所的进线处大多可不装设高压开关（如图 3-18 所示的三个变电所），或只简单地装设高压隔离开关、熔断器（室外则装设跌开式熔断器）、避雷器等，如图 3-19 和图 3-20 所示，分别为电缆进线和架空进线的非独立式车间变电所单台变压器的主接线图。从主接线图中可以看到采用电缆进线时高压侧不装设避雷器；而采用架空进线时，无论是户内式还是户外式变电所，都须装设避雷器以防止雷电波沿架空线侵入变电所，且避雷器的接地线应与变压器的低压绕组中性点及外壳相连后接地。当车间变压器高压侧采用跌开式熔断器或只装设隔离开关时，变压器容量不宜超过 630 kV·A，其他接线方案的变压器容量可达 1250 kV·A。此类变电所一般不设高压配电室，只有变压器室（户外为变压器台）和低压配电室。当变压器低压侧不需带负荷操作时，低压主开关可采用低压刀开关。

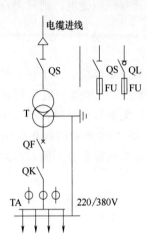

图 3-19　电缆进线的非独立式车间变电所高压侧主接线

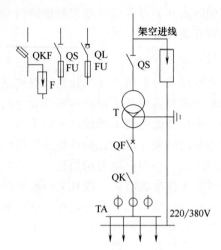

图 3-20　架空进线的非独立式车间变电所高压侧主接线

（2）独立式变电所的主接线方案

独立式变电所的主接线方案通常根据两种情况来进行分类：只装设一台变压器的变电所和装设两台变压器的变电所。

① 装设一台变压器的 6～10kV 独立式变电所主接线。当变电所只有一台变压器时，高压侧可不设母线，这种接线就是"线路-变压器组单元"接线方式。根据高压侧采用的控制开关不同，有下面几种主接线形式。

a. 高压侧采用隔离开关-熔断器或跌开式熔断器的变电所主接线方案，如图 3-21 所示。该接线结构简单、投资少，但供电可靠性不高，且不宜频繁操作，一般只用于 500 kV·A 及以下容量变电所，对不重要的三级负荷供电。这种接线的低压侧应采用低压断路器以便带负荷进行停、送电操作。

b. 高压侧采用负荷开关-熔断器的变电所主接线方案，如图 3-22 所示。由于负荷开关能带负荷操作，使变电所的停、送电操作比图 3-21 的方案要简便、灵活，但仍用熔断器进行短路保护，其供电可靠性依然不高，一般也用于不重要的三级负荷的小型变电所。该接线的低压侧的主开关既可用低压断路器，也可采用低压刀开关。

c. 高压侧采用隔离开关-断路器的变电所主接线方案，如图 3-23 所示。该方案由于采用了断路器，其停、送电操作十分方便灵活，而且高压断路器都配有继电保护装置，因此短路保护和过负荷保护的性能好，恢复供电的时间短，供电可靠性较前两种接线方案高，但由于只有一路电源进线、一个回路，一般也只能用于三级负荷，但供电容量较大。当不需带负荷操作时，变压器的低压侧可采用刀开关作主开关。

图 3-24 为有两路电源进线的主接线，其供电可靠性较图 3-23 大大提高，可供电给二级

负荷，如果低压侧还有来自其他变配电所的公共备用线，或有备用电源，还可供电给少量的一级负荷。

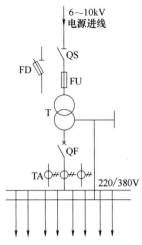

图 3-21　高压侧采用隔离开关-熔断器
或跌开式熔断器的变电所主接线图

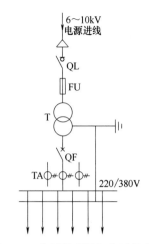

图 3-22　高压侧采用负荷开关-熔断
器的变电所主接线图

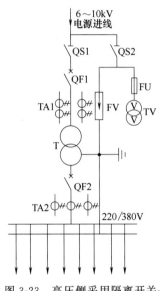

图 3-23　高压侧采用隔离开关-
断路器的变电所主接线图

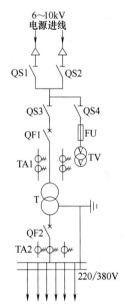

图 3-24　双电源进线、一台变压器的
变电所的主接线图

② 装设两台变压器的 6～10kV 独立式变电所主接线方案。

a. 高压侧无母线、低压侧单母线分段、两台变压器的变电所主接线，如图 3-25 所示。该接线方案的高压断路器的两侧均装设高压隔离开关，低压侧断路器的母线侧必须装设刀开关以保证安全检修。低压母线的分段开关如无自动切换要求，可采用刀开关。这种接线的供电可靠性高、操作灵活方便，适用于有两路电源，负荷是一、二级的重要变电所。

b. 高压侧单母线、低压单母线分段的两台变压器变电所的主接线，如图 3-26 所示。

该接线采用高压侧两端受电、双干线供电的树干式接线。这种接线适用于有两个电源、

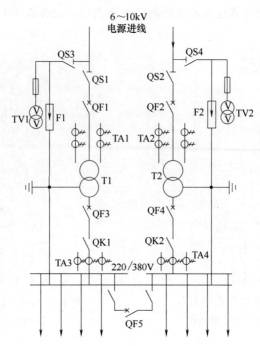

图 3-25 两路进线、高压侧无母线、低压侧单母线分段的两台变压器变电所主接线图

两台或两台以上变压器或需多路高压出线的变电所。其供电可靠性也较高，但当电源进线或高压母线发生故障或需停电检修时，整个变电所都要停电，因此只能供电给二、三级负荷，如有高压或低压联络线时，可供电给一、二级负荷用。

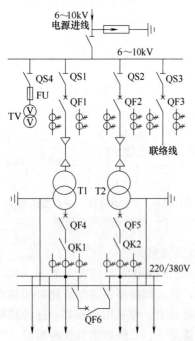

图 3-26 一路进线、高压侧单母线、低压单母线分段的两台变压器变电所主接线图

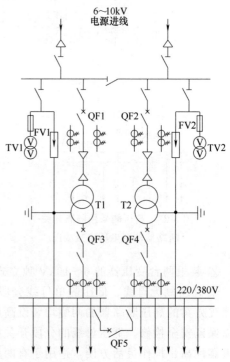

图 3-27 高低压侧均采用单母线分段的两台变压器变电所的主接线图

c. 高低压侧均采用单母线分段的两台变压器变电所的主接线，如图 3-27 所示，高压侧采用双回路电源进线单母线分段，再加上低压母线的分段，使其供电可靠性相当高，且操作灵活方便，可供电给一、二级负荷，有两个电源的重要变电所。

供配电系统的变电所除上述介绍的 10 (6)/0.4kV 变电所（车间变电所）外，还有电压为 35kV 及以上的总降压变电所，其接线方式常采用本节前述的桥式接线和双母线接线，也有采用线路-变压器组单元接线的，根据总降压变电所的负荷性质和负荷大小来确定，不再赘述。

3.2.5 变配电所主要电气设备的配置

(1) 变压器的配置

根据防火和安全要求，楼层内的变压器不容许装设油浸式电力变压器，应选用干式变压器；对电压要求高的场所，应选用有载调压变压器。

(2) 高压母线的受电开关配置

① 专用电源线路的开关，由干线分支供电的、自动装置有要求的、出线回路数较多的线路的开关宜采用高压断路器；

② 变压器容量在 630 kV·A 及以下的，供电给二、三级负荷的小型变电所的开关一般可用高压隔离开关，也可选用高压负荷开关；

(3) 高、低压母线的分段开关配置

自动装置有要求的、回路数较多的、有自动切换要求的情况，应装设高、低压断路器。除此之外，供二、三级负荷的中、小型变配电所的母线分段开关一般采用高压隔离开关或低压刀开关。

(4) 高压配电出线的开关配置

在下列情况下，一般应选用高压断路器作主开关：配电给一级负荷；配电给下一级母线；树干式配电线路的总开关；配电给容量 450kvar 及以上的并联电容器组；配电给高压用电设备；自动装置或远动有要求的；联络线回路；配电给容量 630 kV·A 及以上的变压器等。

除上述条件外，一般可采用带熔断器的高压负荷开关。

(5) 变压器二次侧开关的配置

一般情况下，可采用隔离开关或刀开关；但当出线回路数较多、有并列运行要求、需要自动切换电源、需带负荷操作（一次侧的断路器或负荷开关不在本变电所内）、配电方式为变压器-干线式时，宜采用断路器。

3.3 箱式变电站

箱式变电站又称成套变电站，也称作组合式变电站，它是 20 世纪 60 年代至 70 年代西方发达国家推出的一种新型变电设备。它是一种把高压开关设备、配电变压器和低压配电装置按一定接线方案在工厂预制成型的户内、户外紧凑式配电设备，具有成套性强、体积小、占地少、能深入负荷中心、提高供电质量、减少损耗、送电周期短、选址灵活、对环境适应

性强、安装方便、运行安全可靠及投资少、见效快等一系列优点。

这种箱式变电站分户内式和户外式两种。户内式主要用于高层建筑和民用建筑的供电,户外式则更多用于工矿企业、公共建筑和住宅小区的供电。箱式变电站用在市区,可装在人行道旁、绿化区、道路交叉口、生活小区、生产厂区、高层建筑等处。这种变电站已在欧美普遍使用,在我国也被越来越多的用户接受和使用。

(1) 箱式变电站的特点

箱式变电站主要由多回路高压开关系统、铠装母线、变电站综合自动化系统、通信、远动、补偿及直流电源等电气单元组合而成,安装在一个防潮、防锈、防尘、防鼠、防火、防盗、封闭、可移动的钢结构箱体内,机电一体化,全封闭运行,主要有以下特点:

① 技术先进安全可靠。箱体部分采用国内领先技术及工艺,外壳一般采用镀铝锌钢板或复合式水泥板,框架采用标准集装箱材料,有良好的防腐性能,保证 20 年不锈蚀;内封板采用铝合金扣板,夹层采用防火保温材料,内装空调及除湿装置,设备运行不受自然气候环境及外界污染影响,可保证在 $-40\sim+40$℃的环境中正常运行。

箱体内一次设备采用全封闭高压开关柜(如:XGN 型)、干式变压器、干式互感器、真空断路器、旋转隔离开关等国内技术领先设备,产品无裸露带电部分,为全封闭、全绝缘结构,全站可实现无油化运行,安全可靠性高。

② 自动化程度高。全站采用智能化设计,保护系统采用变电站微机综合自动化装置,分散安装的每个单元均具有独立运行功能,继电保护功能齐全,箱体内湿度、温度可进行控制和远方烟雾报警,满足无人值班的要求。

③ 工厂预制化。设计时,只要设计人员根据变电站的实际要求,设计出主接线图和箱内设备,就可根据厂家提供的箱式变电站规格和型号,所有设备在工厂一次安装、调试合格,大大缩短了建设工期。

④ 组合方式灵活。箱式变电站由于结构比较紧凑,每个箱体均构成一个独立系统,这就使得组合方式灵活多变。可以全部采用箱式,也就是说,35kV 及 10kV 设备全部箱内安装,组成全箱式变电站;也可采用开关箱,35kV 设备室外安装,10kV 设备及控保系统箱内安装。对于后一种组合方式,特别适用于旧站改造,即原有 35kV 设备不动,仅安装一个10kV 开关箱即可达到无人值守的要求。总电站没有固定的组合模式,使用单位可根据实际情况自由组合一些模式,以满足安全运行的要求。

⑤ 投资省见效快。箱式变电站较同规模常规变电所减少投资 40%~50%。在箱式变电站中,由于先进设备的选用,特别是无油设备的运行,从根本上彻底解决了电站中的设备渗漏问题,减少维护工作量,节约运行维护费用,整体经济效益十分可观。

⑥ 占地面积小。同容量箱式变电站的占地面积仅为土建站所占面积的 1/5~1/10。

⑦ 外形美观,易与环境协调。

(2) 箱式变电站的总体结构

箱式变电站的总体结构是指作为箱式变电站的三个主要部分——高压开关设备、变压器、配电装置的布置方式。从国内外看,箱式变电站的总体布置主要有两种形式:组合式和一体式。所谓组合式,是指这三部分各为一室而组成"目"字形或"品"字形布置;一体式是指以变压器为主体,熔断器及负荷开关等装在变压器箱体内,构成一体式布置。我国的箱式站一般为组合式布置。

组合式箱式变电站中,高压开关设备所在的室一般称为高压室,变压器所在的室称为变压器室，低压配电装置所在的室称为低压室。其中的每个部分都有生产厂家按一定的接线方案生产和成套供应，再现场组装在一个箱体内。这种箱式变电站不必专门建造变压器室、高低压配电室等，因而大大减少了土建投资，简化了供配电系统。

3.4　电力线路的结构与敷设

3.4.1　架空线路的结构与敷设

架空线路在供电区域之外的电源引入线路及部分供电区域内（例如一般工厂）得到广泛应用，因为相对电缆线路而言，架空线路的成本低、投资少、安装容易、维护和检修比较方便、容易发现和排除故障；但它易受环境（如气温、大气质量和雨雪大风、雷电等）影响，一旦发生断线或倒杆事故，将可能引发次生灾害；而且，架空线路要占用一定的地面和空间，有碍观瞻、交通和整体美化，因此其使用受到一定的限制。目前，现代化的城市和工厂有减少架空线路、采用电缆线路的趋势。

（1）架空线路的结构

架空线路由导线、电杆、绝缘子和线路金具等主要元件组成，如图3-28所示。为了防止雷击的侵害，有的架空线路上还架设避雷线（架空地线）。为了加强电杆的稳固性，有的电杆还安装拉线（图3-31）或板桩。

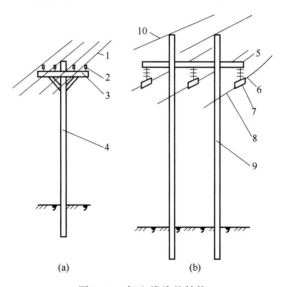

图3-28　架空线路的结构
1—低压导线；2—针式绝缘子；3,5—横担；4—低压电杆；6—高压悬式绝缘子；
7—线夹；8—高压导线；9—高压电杆；10—避雷线

① 架空线路的导线。导线是架空线路的主体，担负着输送电能的任务。它架设在电杆上，须承受自重和各种外力作用，并受到环境中各有害物质的侵蚀。因此，导线必须考虑导电性能、截面、绝缘、防腐性、机械强度等要求；此外，还要求质量轻、投资省、施工方便、使用寿命长。

架空导线按电压分，有低压导线和高压导线两类。常用低压架空导线电压为220/380V，高压架空导线大多为 10kV 及以上。

按导线材料分，有铜、铝和钢三种。铜线的导电性能好、机械强度高、耐腐蚀，但价格贵。我国铜资源缺乏，应尽量节约。铝导线的导电性能、机械强度和耐腐蚀性虽比铜导线差，但它质轻价廉，因此在可以以铝代铜的场合，应优先采用。钢的机械强度很高且价廉，但导电性差、功率损耗大，并且易生锈，所以，钢线一般只用作避雷线，而且必须镀锌，其最小使用截面不得小于 25mm^2。

按导线结构分，有裸导线和绝缘导线。高压架空导线一般采用裸导线，低压架空导线大多采用绝缘导线。裸导线又有单股线和多股绞线两种。架空导线一般采用多股绞线，有铜绞线（TJ）、铝绞线（LJ）和钢芯铝绞线（LGJ）。架空线路的导线一般采用铝绞线，但机械强度要求较高和 35kV 及以上的架空线路上宜采用钢芯铝绞线（外层为铝线，作为载流部分；内层线芯是钢线，以增强机械强度）。在有盐雾或化学腐蚀气体存在的地区，宜采用防腐钢芯铝绞线（LGJF）或铜绞线。对工厂、城市 10kV 及以下的架空线路，如安全距离不能满足要求，或者靠近高层建筑、繁华街道及人口密集区，还有空气严重污染和建筑施工场所，按 GB 50061—2010《66kV 及以下架空电力线路设计规范》规定，可采用架空绝缘导线。

② 电杆、横担和拉线。电杆是支持导线及其附属的横担、绝缘子等的支柱，是架空线路最基本的元件之一。它应有足够的机械强度，尽可能经久耐用，价廉，且便于搬运和安装。电杆按材料分，有水泥杆、木杆和金属杆。目前以水泥杆应用最为普遍，它使用年限长、机械强度高、维护简单、成本低，但质量大，搬运安装不便。金属杆分钢管杆、型钢杆和铁塔，它机械强度大、维修量小、使用年限长，但维修费用高、价格贵，因此，主要用于 110kV 以上的高压架空线路上；35kV 及以上线路和 10kV 线路的终端杆一般用铁塔。木杆虽便于加工和运输，但寿命短，又浪费木材，现已基本淘汰。

按电杆在架空线路中的地位和功能分，有直线杆（中间杆）、分段杆（耐张杆）、分支杆、转角杆、终端杆、跨越杆等形式。图 3-29 是各类型电杆在低压架空线路上的应用。

横担安装在电杆的上部，用于安装绝缘子以固定导线。常用的有铁横担、木横担和瓷横担。从保护环境和经久耐用看，现在普遍采用的是铁横担和瓷横担，一般不用木横担。瓷横担具有良好的电气绝缘性能，兼有横担和绝缘子的双重功能，可节约木材和钢材，而且一旦发生断线故障时它能作相应的转动，以避免事故的扩大；而且瓷横担结构简单，安装方便，能加快施工进度，又便于维护，因此，在 10kV 及以下的高压架空线路中仍有应用。但瓷横担脆而易碎，在运输和安装中要注意。图 3-30 为高压电杆上安装的瓷横担。

拉线用于平衡电杆所受到的不平衡作用力，并可抵抗风压防止电杆倾倒，如图 3-31 所示。在受力不平衡的转角杆、分段杆、终端杆上需装设拉线。拉线必须具有足够的机械强度并要保证拉紧。为了保证其绝缘性能，其上把、腰把和底把用钢绞线制作，且均

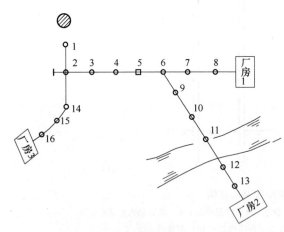

图 3-29 架空线路的杆型及应用

1,8,13,16—终端杆；2,6—分支杆；14—转角杆；

3,4,5,7,9,10,15—直线杆（中间杆）；11,12—跨越杆

须安装拉线绝缘子进行电气绝缘。

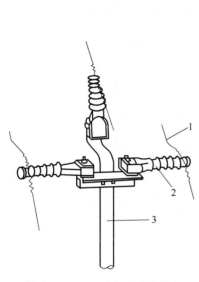

图 3-30   10kV 电杆上的瓷横担
1— 高压导线；2—磁横担；3—电杆

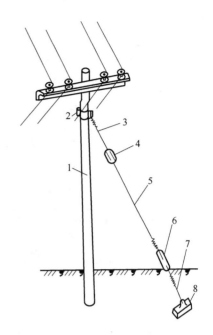

图 3-31   拉线的结构
1—电杆；2—抱箍；3—上把；4—拉线；5—腰把；
6—花篮螺钉；7—底把；8—地盘

③ 绝缘子和金具。绝缘子又称瓷瓶，用于固定导线并使导线和电杆绝缘。因此绝缘子应有足够的电气绝缘强度和机械强度。线路绝缘子有高压和低压两类。

图 3-32 为高压线路绝缘子的外形结构。针式绝缘子按针脚长短分有长脚绝缘子和短脚绝缘子。长脚绝缘子用在木横担上，短脚绝缘子用在铁横担上。蝴蝶式绝缘子用在耐张杆、转角杆和终端杆上。拉线绝缘子用在拉线上，使拉线上下两段互相绝缘。

金具是用于安装和固定导线、横担、绝缘子、拉线等的金属附件。

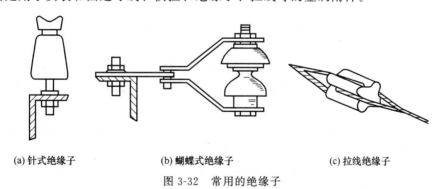

(a) 针式绝缘子   (b) 蝴蝶式绝缘子   (c) 拉线绝缘子
图 3-32   常用的绝缘子

常用的金具如图 3-33 所示。圆形抱箍把拉线固定在电杆上；花篮螺钉可调节拉线的松紧度；用横担垫铁和横担抱箍把横担固定在电杆上；支撑扁铁从下面支撑横担，防止横担歪斜，而支撑扁铁需用带凸抱箍进行固定；穿心螺栓用来把木横担固定在木电杆上。

（2）架空线路的敷设

① 敷设要求。敷设架空线路必须严格遵守有关技术规程和操作规程，自始至终重视安

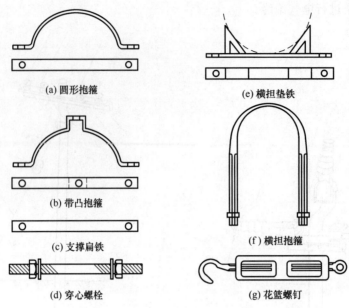

图 3-33　常用的金具

(a) 圆形抱箍　(e) 横担垫铁　(b) 带凸抱箍　(c) 支撑扁铁　(f) 横担抱箍　(d) 穿心螺栓　(g) 花篮螺钉

全教育，采取安全保障措施，防止发生事故，并严格保证工程质量，竣工后必须严格按规定的手续和项目进行检查验收，才能投入使用。

② 路径和杆位的选择。架空线路的路径和杆位应符合下列要求。

a. 应综合考虑运行、施工、交通条件和路径长度等因素。路径要短，转角要少，要运输方便，施工容易、利于巡视和维修。

b. 宜沿道路平行架设，避免通过行人、车辆、起重机械等频繁活动的地区及露天堆放场而导致交通与人行困难。

c. 宜尽可能减少与其他设施的交叉或跨越建筑物，并与建筑物保持一定的距离。

d. 避免低洼积水、多尘、有腐蚀性化学气体的场所及有爆炸物和可燃液（气）体的生产厂房、仓库、贮罐等场所。

e. 应与工厂及城镇规划、环境美化、网络改造等协调配合，并适当考虑今后的发展。

③ 导线的排列。三相四线制低压架空线路的导线一般采用水平排列，如图 3-34（a）所示。其中，因中性线的截面较小、机械强度较差，一般架设在中间靠近电杆的位置。如线路沿建筑物架设，应靠近建筑物。中性线的位置不应高于同一回路的相线，同一地区内中性线的排列应统一。

三相三线制架空线可采用三角形排列，如图 3-34（b）、图 3-34（c）所示，也有水平排列如图 3-34（f）所示。

多回路导线同杆架设时，可混合排列或垂直排列，如图 3-34（d）、图 3-34（e）所示。但对同一级负荷供电的双电源线路不得同杆架设。而且不同电压的线路同杆架设时，电压较高的导线在上方，电压较低的导线在下方。动力线与照明线同杆架设时，动力线在上，照明线在下。仅有低压线路时，广播通信线在最下方。

架空线路的排列相序应符合下述规定：

a. 高压线路：面向负荷从左至右为 L1、L2、L3；

b. 低压线路：面向负荷从左至右为 L1、N、L2、L3。

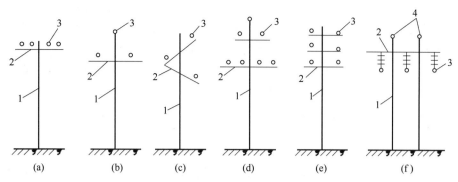

图 3-34　导线在电杆上的排列方式

1—电杆；2—横担；3—导线；4—避雷线

④ 架空线路的档距、弧垂和其他距离。架空线路的档距（跨距）是指同一线路上相邻两根电杆之间的水平距离，如图 3-35 所示。

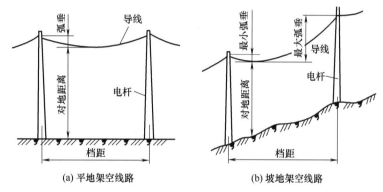

图 3-35　架空导线的档距和弧垂

架空线路导线的弧垂，又称弛垂，是指架空线路一个档距内导线最低点与两端电杆上导线固定点间的垂直距离，如图 3-35 所示。导线的弧垂不宜过小，也不宜过大。因为弧垂过小会使导线所受的内应力增大，遇大风时易吹断，而天冷时又容易收缩崩断；如果弧垂过大，则不但浪费导线材料，而且导线摆动时容易导致相间短路。

此外，架空线路的线间距离，导线对地面和水面的距离，架空线和各种设施接近、交叉的距离以及上述的档距、弧垂等，在 GB 50061—2010 等的技术规程中都有规定，设计和安装时须严格遵守。

（3）架空绝缘线路

架空绝缘导线在国际上已有近 30 年的历史，而且很多国家都有各自的标准，我国近几年来在该方面也有所发展。

架空绝缘导线和架空裸导线相比较，耐压水平高，尤其是当发生断线故障时，仅在两个断头上有电，减少了对周围的危害范围和程度；而且，采用绝缘线可缩小线间距离，降低线路上的电压降；同时，绝缘线受环境影响小，因此使用寿命比裸导线要长；其载流量比同截面的裸绞线的载流量大，而且截面愈大，超过的也愈大。

绝缘线可以吊在钢索上成束架设，也可以采用传统的裸导线方式架设，甚至可以将绝缘线紧密接触进行平行架设。

我国现已能生产10kV的架空绝缘导线，并在供电部门得到使用，且效果良好。10kV绝缘导线主要采用交联聚乙烯绝缘导线，有两种型号：铜芯交联聚乙烯绝缘导线和铝芯交联聚乙烯绝缘导线。我国生产的低压塑料绝缘导线有以下几种：JV型（铜芯聚氯乙烯绝缘线）、JLV型（铝芯聚氯乙烯绝缘线）、JY型（铜芯聚乙烯绝缘线）、JLY型（铝芯聚乙烯绝缘线）以及JLYJ型（铜芯交联聚乙烯绝缘导线）等。

3.4.2 电缆线路的结构与敷设

电缆线路和架空线路一样，主要用于传输和分配电能。不过和架空线路相比，电缆线路的成本高、投资大、查找故障困难、工艺复杂、施工困难，但它受外界因素（雷电、风害等）的影响小、供电可靠性高、不占路面、不碍观瞻，且发生事故不易影响人身安全，因此在建筑或人口稠密的地方，特别是有腐蚀性气体和易燃、易爆的场所，不方便架设架空线路时，宜采用电缆线路。在现代化工厂和城市中，电缆线路已得到日益广泛的应用。

(1) 电缆的类型和结构

① 电缆的类型。电缆的种类很多，根据电压、用途、绝缘材料、线芯数和结构等特点分有以下类型：

a. 按电压可分为高压电缆和低压电缆。

b. 按线芯数可分为单芯、双芯、三芯、四芯和五芯等。单芯电缆一般用于工作电流较大的电路、水下敷设的电路和直流电路；双芯电缆用于低压 TN-C、TT、IT 系统的单相电路；三芯电缆用于高压三相电路、低压 IT 系统的三相电路和 TN-C 系统的两相三线电路、TN-S 系统的单相电路；四芯电缆用于低压 TN-C 系统和 TT 系统的三相四线电路；五芯电缆用于低压 TN-S 系统的电路。

c. 按线芯材料可分为铜芯和铝芯两类。其中，控制电缆应采用铜芯，以及需耐高温、耐火，有易燃、易爆危险和剧烈震动的场合等也须选择铜芯电缆。其他情况下，一般可选用铝芯电缆。

d. 按绝缘材料可分为油浸纸绝缘电缆、塑料绝缘电缆和橡胶绝缘电缆等，还有正在发展的低温电缆和超导电缆。油浸纸绝缘电缆耐压强度高，耐热性能好，使用寿命长，且易于安装和维护；但因为其内部的浸渍油会流动，因此不宜用在高度差较大的场所。我国生产的塑料绝缘电缆有聚氯乙烯绝缘及护套电缆和交联聚乙烯绝缘、聚氯乙烯护套电缆。塑料绝缘电缆结构简单、成本低、制造加工方便、稳定性高、质量轻、敷设安装方便，且不受敷设高度差的限制及抗腐蚀性好，特别是交联聚乙烯绝缘电缆，它的电气性能更好，耐热性好，载流量大，适宜高落差甚至垂直敷设，因此其应用日益广泛。但塑料受热易老化变形。橡胶绝缘电缆弹性好、性能稳定、防水防潮，一般用作低压电缆。

② 电缆的基本结构。电缆是一种特殊结构的导线，它由线芯、绝缘层和保护层三部分组成，还包括电缆头。电缆结构的剖面示意图如图 3-36 所示。

线芯导体要有好的导电性，以减少输电时线路上电能的损失。

绝缘层的作用是将线芯导体和保护层相隔离，因此必须具有良好的绝缘性能和耐热性能。油浸纸绝缘电缆以油浸纸作为绝缘层，塑料电缆以聚氯乙烯或交联聚乙烯作为绝缘层。

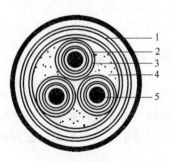

图 3-36 电缆的剖面图
1—铅皮；2—缠带绝缘；3—线芯绝缘；4—填充物；5—线芯导体

保护层又可分为内护层和外护层两部分。内护层直接用来保护绝缘层，常用的材料有铅、铝和塑料等。外护层用以防止内护层受到机械损伤和腐蚀，通常为钢丝或钢带构成的钢铠，外覆沥青、麻被或塑料护套。

油浸纸绝缘电缆和交联聚乙烯绝缘电缆的结构图如图 3-37 和图 3-38 所示。

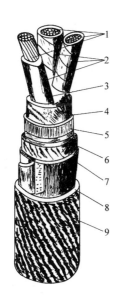

图 3-37　油浸纸绝缘电缆

1—缆芯（铜芯或铝芯）；2—油浸纸绝缘层；3—麻筋（填料）；
4—油浸纸（统包绝缘）；5—铅包；6—涂沥青的纸带（内护层）；
7—浸沥青的麻被（内护层）；8—钢铠（外护层）；
9—麻被（外护层）

图 3-38　交联聚乙烯绝缘电缆

1—缆芯（铜芯或铝芯）；2—交联聚乙烯绝缘层；
3—聚氯乙烯护套（内护层）；4—钢铠或铝
铠（外护层）；5—聚氯乙烯外套（外护层）

电缆头指的是两条电缆的中间接头和电缆终端的封端头。电缆头是电缆线路的薄弱环节，是大部分电缆线路故障的发生处。因此，电缆头的安装和密封非常重要，在施工和运行中要由专业人员进行操作。

③ 电缆的型号。每一个电缆的型号表示这种电缆的结构，同时也表明这种电缆的使用场合、绝缘种类和某些特征。电缆型号的表示顺序如下：

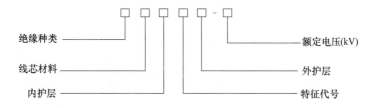

电缆型号中每个字母的含义见表 3-5。

（2）电缆的敷设

① 电缆的敷设方法。电缆敷设的基本方法有直接埋地敷设（图 3-39）、采用电缆隧道敷设（图 3-40）、电缆排管敷设（图 3-41）、利用电缆沟敷设（图 3-42）和电缆桥架敷设（图 3-43）等。

最常用、最经济的方法是将电缆直接埋地，如图 3-39 所示。但当电缆数量较多（不超过 12 根）或容易受到外界损伤时，为了避免损坏和减少对地下其他管道的影响，可利用电缆沟平行敷设许多电缆，如图 3-42 所示。该方法多应用于高层建筑和工厂的电源引入线。当电缆数量超过 18 根时，宜采用电缆隧道敷设，如图 3-40 所示。

表 3-5　电力电缆型号中各字母和数字的含义

项目	型号	含义	项目	型号	含义
绝缘种类	Z	油浸纸绝缘	外护套	01	聚氯乙烯套
	V	聚氯乙烯绝缘		03	聚乙烯套
	YJ	交联聚乙烯绝缘		20	裸铜带铠装
	X	橡胶绝缘		(21)	钢带铠装纤维外被
线芯材料	L	铝芯		22	钢带铠装聚氯乙烯套
	T	铜芯(一般不注)		23	钢带铠装聚乙烯套
内护层	Q	铅包		30	裸细钢丝铠装
	L	铝包		(31)	细圆钢丝铠装纤维外被
	V	聚氯乙烯护套		32	细圆钢丝铠装聚氯乙烯套
特征代号	P	滴干式		33	细圆钢丝铠装聚乙烯套
	D	不滴流式		(40)	裸粗圆钢丝铠装
	F	分相铅包式		41	粗圆钢丝铠装纤维外被
				(42)	粗圆钢丝铠装聚氯乙烯套
				(43)	粗圆钢丝铠装聚乙烯套
				441	双粗圆钢丝铠装纤维外被

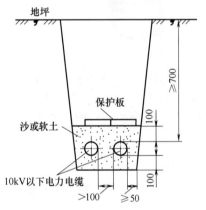

图 3-39　电缆直接埋地敷设

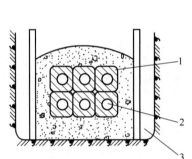

图 3-40　电缆隧道敷设
1—水泥排管；2—电缆孔；
（穿电缆用）；3—电缆沟

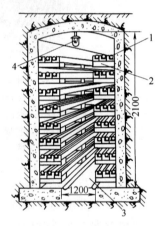

图 3-41　电缆排管
1—电缆；2—支架；
3—维护走廊；4—照明灯具

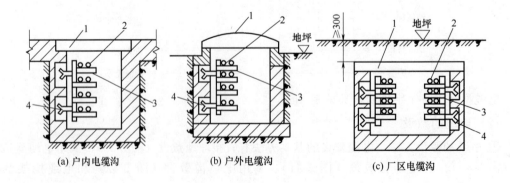

(a) 户内电缆沟　　(b) 户外电缆沟　　(c) 厂区电缆沟

图 3-42　电缆在电缆沟内敷设
1—盖板；2—电力电缆；3—电缆支架；4—预埋铁件

对于工厂配电所、车间、大型商厦和科研单位等场所，因其电缆数量较多或较集中，且设备分散或经常变动，一般采用电缆桥架的方式敷设电缆线路，电缆桥架的结构如图 3-43 所示。电缆桥架使电缆的敷设更标准、更通用，且结构简单、安装灵活，可任意走向，并具有绝缘和防腐蚀功能，适用于各种类型的工作环境，使配电线路的敷设成本大大降低。

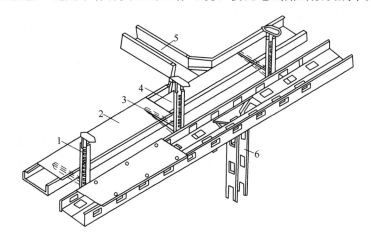

图 3-43　电缆桥架的结构

1—支架；2—盖板；3—支臂；4—线槽；5—水平分支线槽；6—垂直分支线槽

② 电缆的敷设要求。电缆敷设要严格遵守技术规程和设计要求；竣工后，要按规定的手续和要求检查和验收，以保证电缆线路的质量。具体的规定和要求可查阅 GB 50217—2007《电力工程电缆设计规范》。

③ 电缆敷设路径的选择。电缆敷设路径的选择应符合以下要求：

a. 避免电缆遭受机械性外力、过热和腐蚀等的危害；

b. 在满足安全条件下尽可能缩短电缆敷设长度；

c. 便于运行维护；

d. 避免将要挖掘施工的场所。

3.4.3　车间线路的结构和敷设

车间线路，包括室内配电线路和室外配电线路。室内（厂房内）配电线路大多采用绝缘导线，但配电干线则多采用裸导线（母线），少数采用电缆。室外配电线路指沿车间外墙或屋檐敷设的低压配电线路，也包括车间之间用绝缘导线敷设的短距离的低压架空线路，都采用绝缘导线。

（1）车间线路的导线种类和结构

① 绝缘导线。按线芯材料分，有铜芯和铝芯两种。重要线路如办公楼、实验室、图书馆和住宅等的导线以及高温、剧烈振动和有腐蚀性气体的场所，应采用铜芯绝缘导线。

绝缘导线按绝缘材料分，有橡皮绝缘导线和塑料绝缘导线两种。塑料绝缘导线的绝缘性能好，耐油和酸碱腐蚀，且价格较低，又可节约大量橡胶和棉纱，因此在室内明敷和穿管敷设中应优先选用塑料绝缘导线；但塑料在低温下易变硬变脆，高温时又易软化老化，因此室外敷设应优先选用橡皮绝缘导线。

常用的绝缘导线型号有：BX（铜芯橡皮绝缘导线）、BLX（铝芯橡皮绝缘导线）、BV

（铜芯塑料绝缘导线）、BLV（铝芯塑料绝缘导线）。

② 裸导线。车间内的配电裸导线大多采用硬母线的结构，其截面形状有圆形、管形和矩形等，其材质有铜、铝和钢。常用的有矩形的硬铝母线（LMY）和硬铜母线（TMY）。

为了识别裸导线（裸母线）的相序，现在的方法是在导线上刷贴不同颜色的油漆来代表其相序。如：三相交流系统中的 L1、L2、L3 分别用黄、绿、红表示；PEN 和 N 线用淡蓝表示；PE 线用黄绿双色表示。在直流系统中，正极用褐色，负极用蓝色。

（2）车间线路的敷设

① 绝缘导线的敷设。

a. 绝缘导线的敷设方式。绝缘导线的敷设方式分明敷和暗敷两种。

在明敷情况下，导线每隔一定距离，固定在夹持件上，或者穿过硬塑料管、钢管、线槽等保护体内，再直接固定在建筑物的墙壁上、顶棚的表面或支架上。这种敷设方式广泛用于潮湿的房间、地下室和过道内。

而暗敷是导线直接或者穿在保护它的管子、线槽内，敷设在墙壁、顶棚、地坪、楼板等的内部或水泥板孔内。

按照绝缘导线在敷设时是否穿管或线槽又有以下几种方式：

塑料护套绝缘导线的直敷布线（建筑物顶棚内不得采用）；绝缘导线穿金属管（钢管）、电线管的明敷和暗敷（不宜用在有严重腐蚀的场所）；绝缘导线穿塑料管的明敷、暗敷（不宜用在易受机械损伤的场所），穿金属线槽的明敷（适用于无严重腐蚀的室内）和地面内暗装金属线槽布线（适用于大空间且隔断变化多、用电设备移动多或同时敷设有多种功能线路的室内，一般暗敷在水泥地面、楼板或楼板垫层内）。

b. 绝缘导线的敷设要求，应符合有关规程的规定，其中有几点要特别提出：

Ⅰ. 线槽布线和穿管布线的导线，在中间不许直接接头，接头必须经专门的接线盒；

Ⅱ. 穿金属管和穿金属线槽的交流线路，应将同一回路的所有相线和中性线（如有中性线时）穿于同一管、槽内；如果只穿部分导线，则由于线路电流不平衡而产生交变磁场作用于金属管、槽，导致涡流损耗的产生，对钢管还将产生磁滞损耗，使管、槽发热，而导致其中的绝缘导线过热甚至可能烧毁；

Ⅲ. 导线管槽与热水管、蒸汽管同侧敷设时，应敷设在水、汽管的下方；有困难时，可敷设在其上方，但相互间的距离应适当增大，或采取隔热措施。

② 裸导线的敷设方式。在现代化的生产车间内，裸导线大多采用封闭式母线（又称母线槽）布线。封闭式母线安全、灵活、美观、容量大，但耗用金属材料多、投资大。图 3-44 所示为封闭式母线在机械加工车间内的应用。

封闭式母线适用于干燥和无腐蚀性气体的场所。

封闭式母线水平敷设时，至地面的距离不应小于 2.2m。垂直敷设时，距地面 1.8m 以下部分应采取防止机械损伤的措施。但敷设在电气专用房间内如配电室、电机室时除外。

封闭式母线槽常采用插接式母线槽。其特点为容量大、绝缘性能好、通用性强、拆装方便、安全可靠、使用寿命长等，并且可通过增加母线槽的数量来延伸线路。图 3-45 是插接式母线槽在高层建筑内的敷设方法。图 3-46 为其在车间内的敷设形式。

③ 竖井内布线。该方式适用于多层和高层建筑物内垂直配电干线的敷设，可采用金属管、金属线槽、电缆、电缆桥架、封闭式母线等敷设方式。

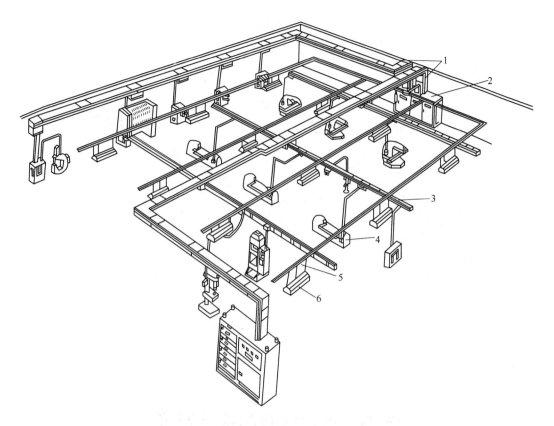

图 3-44　封闭式母线在机械加工车间内的应用

1—馈电母线槽；2—配电装置；3—插接式母线槽；4—机床；5—照明母线槽；6—灯具

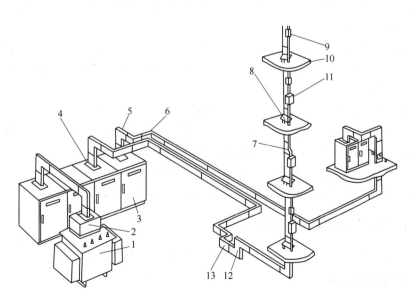

图 3-45　插接式母线槽在高层建筑内的敷设方式

1—变压器；2—进线箱；3—配电箱；4—接线节；5—垂直 L 形弯头；6—水平 L 形弯头；

7—变容节；8—地面支架；9—出线口；10—楼层；11—分线箱；

12—垂直 Z 形弯头；13—水平 Z 形弯头

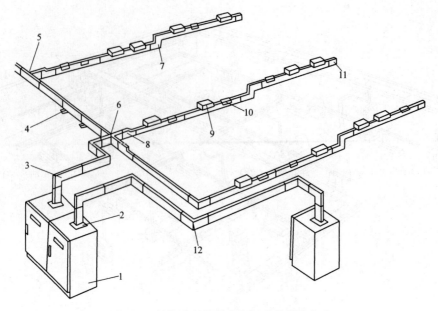

图 3-46 插接式母线槽在车间内的敷设方式

1—配电盘；2—接线节；3—垂直 L 形弯头；4—吊装支架；5—水平 T 形弯头；6—水平十字弯头；
7—垂直 Z 形接头；8—变容节；9—分线箱；10—出线口；11—端封；12—水平 L 形弯头

3.5 电力线路的接线方式

电力线路是电力系统的重要组成部分，担负着输送和分配电能的重要任务，所以在整个供配电系统中起着重要的作用。

在选择电力线路的接线方式时，不仅要考虑供配电系统的安全可靠，操作方便、灵活，运行经济并有利于发展，还要考虑电源的数量、位置，供配电对象的负荷性质和大小以及建筑布局等各方面因素。

电力线路按电压高低分，有 1kV 以上的高压线路和 1kV 及以下的低压线路。也有将 1kV 以上到 10kV 或 35kV 的电力线路称为中压线路，220kV 或 330kV 及以上的电力线路称为超高压线路。在本书中把 1kV 以上的线路统称为高压线路。

电力线路按结构形式分，有架空线路、电缆线路及室内（车间）线路等。

本节按高压线路和低压线路两种类型来讨论它们的接线方案和特点。

3.5.1 高压电力线路的接线方式

高压供配电线路常用的接线方式有放射式、树干式和环形三种。

(1) 高压放射式接线

高压放射式接线是指电能在高压母线汇集后向各高压配电线路输送，每个高压配电回路直接向一个用户供电，沿线不分接其他负荷。

如图 3-47（a）所示为高压单回路放射式接线。这种接线方式的优点是接线清晰、操作维护方便、各供电线路互不影响、供电可靠性较高，还便于装设自动装置，保护装置也较简单，但高压开关设备用得较多，投资高，而且某一线路发生故障或需检修时，该线路供电的全部负荷都要停电。因此单回路放射式接线只能用于二、三级负荷或容量较大及较重要的专用设备。

对二级负荷供电时，为提高供电的可靠性，可根据具体情况增加公共备用线路，如图 3-47（b）所示，是采用公共备用干线的放射式接线。该接线方式的供电可靠性得到了提高，但开关设备的数量和导线材料的消耗量也有所增加，一般用于供电给二级负荷。如果备用干线采用独立电源供电且分支较少，则可用于一级负荷。

图 3-47（c）为双回路放射式接线。该接线方式采用两路电源进线，然后经分段母线用双回路对用户进行交叉供电。其供电可靠性高，可供电给一、二级的重要负荷，但投资相对较大。

图 3-47（d）所示为采用低压联络线路作备用干线的放射式接线。该方式比较经济、灵活，除了可提高供电可靠性以外，还可实现变压器的经济运行。

(a) 单回路放射式接线　(b) 有公共备用干线的放射式接线

(c) 双回路放射式接线　(d) 用低压联络线作备用干线的放射式接线

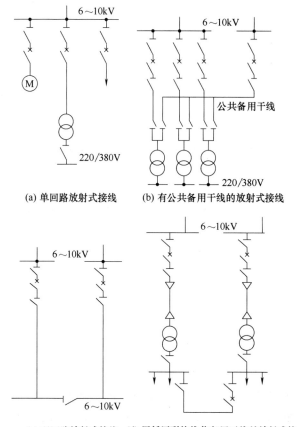

图 3-47　高压放射式接线

(2) 高压树干式接线

高压树干式接线是指由变配电所高压母线上引出的每路高压配电干线上均沿线连接了数个负荷点的接线方式。如图 3-48 所示。

图 3-48（a）为单回路树干式接线。该接线方式较之单回路放射式，变配电所的出线大

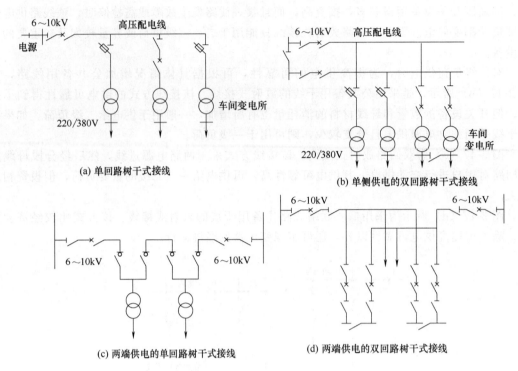

(a) 单回路树干式接线

(b) 单侧供电的双回路树干式接线

(c) 两端供电的单回路树干式接线

(d) 两端供电的双回路树干式接线

图 3-48　高压树干式接线

大减少,高压开关柜数量也相应减少,同时可节约有色金属的消耗量。但因多个用户采用一条公用干线供电,各用户之间互相影响,当某条干线发生故障或需检修时,将引起干线上的全部用户停电,所以供电可靠性差,且不容易实现自动化控制。一般用于对三级负荷配电,而且干线上连接的变压器不得超过 5 台,总容量不应大于 2300kV·A。这种接线在城镇街道应用较多。

为提高供电可靠性,可采用如图 3-48(b)所示的单侧供电的双回路树干式接线方式。该接线方式可供电给二、三级负荷,但投资也相应有所增加。

图 3-48(c)为两端供电的单回路树干式接线。若一侧干线发生故障,可采用另一侧干线供电,因此供电可靠性也较高,和单侧供电的双回路树干式相当。正常运行时,由一侧供电或在线路的负荷分界处断开,发生故障时要手动切换,但寻查故障时也需中断供电。所以,只可用于对二、三级负荷供电。

图 3-48(d)是两端供电的双回路树干式接线。它的供电可靠性比单侧供电的双回路树干式有所提高,主要用于对二级负荷供电;当供电电源足够可靠时,亦可用于一级负荷。而且其投资不比单侧供电的双回路树干式增加很多,关键是要有双电源供电的条件。

(3)高压环形接线

高压环形接线实际上是两端供电的树干式接线,如图 3-49 所示,两路树干式接线连接起来就构成了环形接线。这种接线运行灵活,供电可靠性高。线路检修时可切换电源;故障时可切除故障线段,缩短停电时间。可供二、三级负荷,在现代化城市电网中应用较广泛。

由于闭环运行时继电保护整定较复杂,同时也为避免环形线路上发生故障时影响整个电网,因此,为了限制系统短路容量,简化继电保护,大多数环形线路采用"开环"运行方式,即环形线路中有一处开关是断开的。通常采用以负荷开关为主开关的高压环网柜作为配电设备。

实际供配电系统的高压接线往往是几种接线方式的组合。究竟采用什么接线方式，应根据具体情况，考虑对供电可靠性的要求，经技术经济综合比较后才能确定。一般来说，对大中型工厂、高压配电系统宜优先考虑采用放射式接线，因为放射式接线的供电可靠性较高，便于运行管理。但放射式的投资较大，对于供电可靠性要求不高的辅助生产区和生活住宅区，可考虑采用树干式或环形配电。

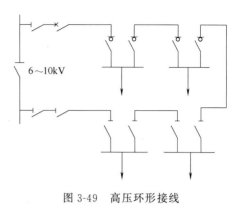

图 3-49 高压环形接线

3.5.2 低压电力线路的接线方式

低压配电线路基本接线方式也分为放射式、树干式和环形三种。

(1) 低压放射式接线

低压放射式接线如图 3-50 所示，由变配电所低压母线将电能分配出去经各个配电干线（配电屏）再供电给配电箱或低压用电设备。

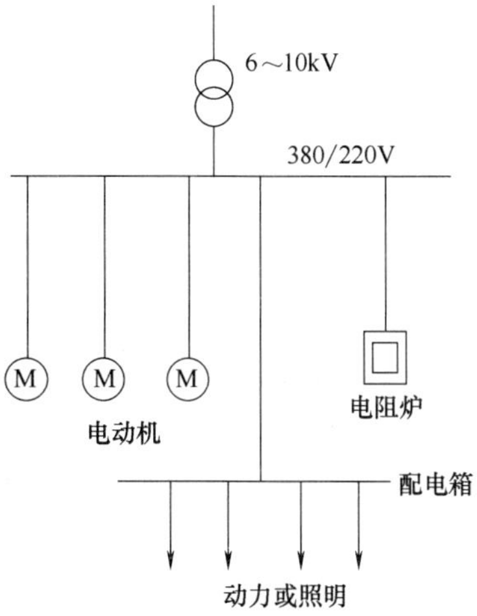

这种接线方式的各低压配电出线互不影响，供电可靠性较高。但所用配电设备及导线材料较多，且运行不够灵活。该接线多用于用电设备容量大、负荷集中或性质重要的负荷，以及需要集中联锁启动、停车的用电设备和有爆炸危险的场所。对于特别重要的负荷，可采用由不同母线段或不同电源供电的双回路放射式接线。

图 3-50 低压放射式接线

(2) 低压树干式接线

低压树干式接线引出配电干线较少，采用的开关设备较少，金属消耗量也少，但干线发生故障时，停电的范围大，因此，和放射式相比，供电的可靠性较低。

图 3-51（a）所示为低压树干式接线。这种接线多采用成套的封闭式母线槽，运行灵活方便，也比较安全，适宜于用电容量较小而分布均匀的场所，如机械加工车间、工具车间和机修车间的中小型机床设备以及照明配电。

图 3-51（b）为"变压器-干线组"接线，该接线方式省去了变电所低压侧的整套低压配电装置，简化了变电所的结构，大大减少了投资。为了提高母干线的供电可靠性，该接线方式一般接出的分支回路数不宜超过 10 条，而且不适用于需频繁启动、容量较大的冲击性负荷和对电压质量要求高的设备。

图 3-52 是变形的树干式接线叫链式接线，该接线适用于用电设备彼此距离近、容量都较小的情况。链式连接的用电设备台数不能超过 5 台、配电箱不能超过 3 台，且总容量不宜超过 10kW。

(3) 低压环形接线

在一些车间变电所的低压侧，可以通过低压联络线相互联结起来构成环形接线，如

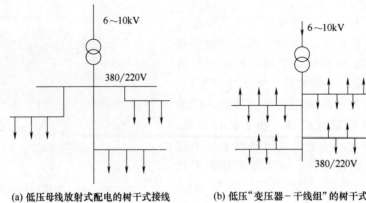

(a) 低压母线放射式配电的树干式接线　　(b) 低压"变压器－干线组"的树干式接线

图 3-51　低压树干式接线

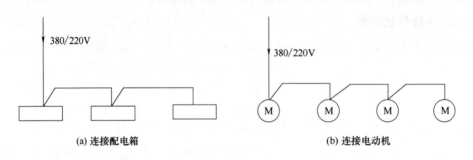

(a) 连接配电箱　　　　　　　　　　(b) 连接电动机

图 3-52　低压链式接线

图 3-53 所示。这种接线方式供电可靠性较高，任一段线路发生故障或需要检修，一般可不中断供电，或只是短时停电，经切换操作后即可恢复供电；而且可使电能损耗和电压损耗减少。但环形接线的保护装置及其整定配合比较复杂，如果整定配合不当，容易发生误动作，反而扩大故障停电范围，所以低压环形线路通常多采用"开环"方式运行。

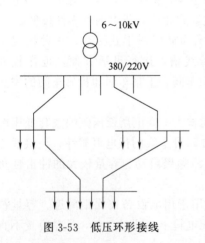

图 3-53　低压环形接线

实际工厂低压配电系统的接线，往往是上述几种接线的综合。

一般在正常环境的车间或建筑内，当大部分用电设备容量不大而且无特殊要求时，宜采用树干式配电。一方面是因为树干式比放射式经济，另一方面是因为我国大多数技术人员对树干式接线的运行和管理较有经验。

总之，电力线路的接线应力求简单、有效。运行经验证明，供配电系统的接线不宜太过复杂，且层次不宜过多，否则不但会造成投资的浪费，而且还会增加故障出现的概率，延长停电时间。GB 50052—2009《供配电系统设计规范》中规定："供配电系统应简单可靠，同一电压供电系统的配电级数不宜多于两级。"此外，高低压配电线路应尽量深入负荷中心，以减少线路的电能损耗和金属的消耗量，并提高电压的质量。

1. 试比较架空线路和电缆线路的优缺点，并说明它们分别适用于什么场合。
2. 一般箱式变电站有哪几部分组成？
3. 箱式变电站适用于什么场合？有什么特点？
4. 变配电所选址应考虑哪些条件？变电所靠近负荷中心有什么好处？

■■■■■■■■■■■■ 习　题 ■■■■■■■■■■■■

1. 架空线路的结构主要有哪些部分组成，电力电缆的基本结构有哪些？
2. 电力电缆有哪些敷设方式？各适用于什么场合？
3. 裸导线如何识别相位？
4. 对工厂变配电所主接线有哪些要求？变电所高压侧采用隔离开关-熔断器的接线与采用隔离开关-断路器的接线，各有何优缺点？各适用于什么场合？
5. 什么叫内桥式接线和外桥式接线？各有什么特点？各适用于什么场合？

第4章

供配电系统的负荷计算

本章预期学习结果

　　了解负荷曲线的基本概念、类别及有关物理量，理解用电设备容量的确定方法，掌握负荷计算方法、工厂功率损耗和电能损耗，掌握全厂负荷计算步骤，掌握功率因数对供配电系统的影响及无功功率补偿。

　　本章首先介绍中小型工厂电力负荷的分级及有关概念，然后重点讲述常用的计算负荷确定方法，最后介绍尖峰电流的计算。学会如何计算或估算工厂电力负荷的大小是很重要的，负荷计算是正确选择供配电系统中导线、电缆、开关电器、变压器等的基础，也是保障供配电系统安全可靠运行必不可少的环节。所以本章内容是分析供配电系统和进行供配电设计计算的基础。

4.1　电力负荷和负荷曲线

4.1.1　计算负荷的目的和意义

　　"电力负荷"在不同的场合可以有不同的含义，它可以指用电设备或用电单位，也可以指用电设备或用电单位的功率或电流的大小。掌握工厂电力负荷的基本概念，准确地确定工厂的计算负荷是设计供配电系统的基础。

　　供配电系统进行电力设计的基本原始资料是用户提供的用电设备安装容量，这种原始资料首先要变成设计所需要的计算负荷（计算负荷是根据已知用电设备安装容量确定的、预期不变的最大假想负荷），然后根据计算负荷选择校验供配电系统的电气设备、导线型号，确定变压器的容量，制定改善功率因数的措施，选择及整定保护设备等。因此，计算负荷是供配电设计计算的基本依据。计算负荷的确定是否合理，将直接影响到电气设备和导线电缆的选择是否经济合理。计算负荷估算过高，将增加供配电设备的容量，造成投资和有色金属的浪费；计算负荷估算过低，设计出的供配电系统的线路和电气设备承受不了实际的负荷电流，使电能损耗增大，使用寿命降低，影响到系统正常可靠的运行。

4.1.2 用电设备容量的确定

用电设备的铭牌上都有一个"额定功率"，但是由于各用电设备的额定工作条件不同，例如有的是长期工作制，有的是短时工作制，因此这些铭牌上规定的额定功率不能直接相加来作为全厂的电力负荷，而必须首先换算成同一工作制下的额定功率，然后才能相加。经过换算至统一规定的工作制下的"额定功率"称为设备容量，用 P_e 表示。

(1) 用电设备的工作制

用电设备按照工作制可分为三类，长期（连续）工作制、短时工作制和断续周期工作制（反复短时工作制）。

① 长期工作制设备。能长期连续运行，每次连续工作时间超过 8h，而且运行时负荷比较稳定，如通风机、水泵、空压机、电热设备、照明设备、电镀设备、运输机等，都是典型的长期工作制设备。机床电动机的负荷虽然变动较大，但也属于长期工作制设备。

② 短时工作制设备。工作时间较短，而间歇时间相对较长，如有些机床上的辅助电动机。

③ 断续周期工作制设备。工作具有周期性，时而工作、时而停歇、反复运行，如吊车用电动机、电焊设备、电梯等。通常这类设备的工作特点用负荷持续率来表征，即一个工作周期内的工作时间与整个工作周期的百分比值。

(2) 设备容量的确定

① 长期工作制和短时工作制的设备容量就是设备的铭牌额定功率，即：

$$P_e = P_N \tag{4-1}$$

② 断续周期工作制的设备容量是将某负荷持续率（ε）下的铭牌额定功率换算到统一的负荷持续率下的功率。常用设备的换算方法如下：

a. 电焊设备。要求统一换算到 ε＝100% 时的功率，即：

$$P_e = \sqrt{\frac{\varepsilon_N}{\varepsilon_{100\%}}} P_N = \sqrt{\varepsilon_N} S_N \cos\varphi_N \tag{4-2}$$

式中，P_N 为电焊机的铭牌额定有功功率；S_N 为铭牌额定视在功率；ε_N 为与铭牌额定容量对应的负荷持续率（计算中用小数）；$\varepsilon_{100\%}$ 为其值是 100% 的负荷持续率（计算中用1）；$\cos\varphi_N$ 为铭牌规定的功率因数。

b. 起重机（吊车电动机）。要求统一换算到 ε＝25% 时的额定功率，即：

$$P_e = \sqrt{\frac{\varepsilon_N}{\varepsilon_{25\%}}} P_N = 2\sqrt{\varepsilon_N} P_N \tag{4-3}$$

式中，P_N 为铭牌额定容量；$\varepsilon_{25\%}$ 为其值是 25% 的负荷持续率（用 0.25 计算）。

c. 电炉变压器组。设备容量是指在额定功率下的有功功率，即：

$$P_e = S_N \cos\varphi_N \tag{4-4}$$

式中，S_N 为电炉变压器的额定容量；$\cos\varphi_N$ 为电炉变压器的额定功率因数。

d. 照明设备。

Ⅰ. 不用镇流器的照明设备（如白炽灯、碘钨灯），其设备容量指灯头的额定功率，即：

$$P_e = P_N \tag{4-5}$$

Ⅱ. 用镇流器的照明设备（如荧光灯、高压水银灯、金属卤化物灯），其设备容量要包括镇流器中的功率损失。

荧光灯： $P_e = 1.2P_N$ (4-6)

高压水银灯、金属卤化物灯： $P_e = 1.1P_N$ (4-7)

Ⅲ. 照明设备的设备容量还可按建筑物的单位面积容量法估算：

$$P_e = \omega S/1000 \quad\quad\quad\quad (4\text{-}8)$$

式中，ω 为建筑物单位面积的照明容量，W/m^2；S 为建筑物的面积，m^2。

4.1.3 负荷曲线

(1) 负荷曲线的绘制

负荷曲线是表征电力负荷随时间变动情况的一种图形，可以直观地反映用户用电的特点和规律。负荷曲线绘制在直角坐标上，纵坐标表示负荷大小（有功功率、无功功率），横坐标表示对应的时间。

负荷曲线按负荷的功率性质不同，分为有功负荷曲线和无功负荷曲线；按时间单位的不同，分为日负荷曲线和年负荷曲线；按负荷对象不同，分为全厂的、车间的或某类设备的负荷曲线；按绘制方式，可分为依点连成的负荷曲线和阶梯形负荷曲线。

① 日有功负荷曲线。代表负荷在一昼夜间（0~24h）的变化情况，如图 4-1 所示。

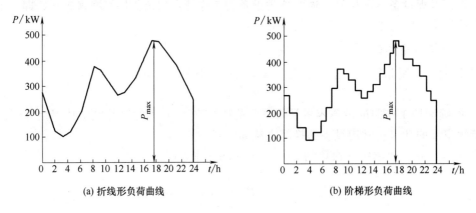

(a) 折线形负荷曲线   (b) 阶梯形负荷曲线

图 4-1　日有功负荷曲线

日有功负荷曲线可用测量的方法绘制。绘制的方法是：通过接在供电线路上的有功功率表，每隔一定的时间间隔（一般为半小时）将仪表读数的平均值记录下来；再依次将这些点描绘在坐标上。这些点连成折线形状的是折线形，如图 4-1（a）所示；连成阶梯状的是阶梯形，如图 4-1（b）所示。为计算方便，负荷曲线多绘成阶梯形。其时间间隔取的愈短，曲线愈能反映负荷的实际变化情况。日负荷曲线与横坐标所包围的面积代表全日所消耗的电能量。

② 年负荷曲线。反映负荷全年（8760h）的变动情况，如图 4-2 所示。

年负荷曲线又分为年运行负荷曲线和年持续负荷曲线。年运行负荷曲线可根据全年日负荷曲线间接绘制；年持续负荷曲线的绘制，要借助一年中有代表性的冬季日负荷曲线和夏季日负荷曲线来绘制。通常用年持续负荷曲线来表示年负荷曲线，绘制方法如图 4-2 所示。其中夏季和冬季在全年中占的天数视地理位置和气温情况而定。一般在北方，近似认为冬季 200 天，夏季 165 天；在南方，近似认为冬季 165 天，夏季 200 天。图 4-2 是南方某厂的年负荷曲线，图中 P_1 在年负荷曲线上所占的时间计算为 $T_1 = 200t_1 + 165t_2$。

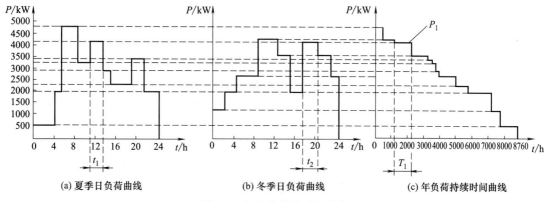

(a) 夏季日负荷曲线　　　　(b) 冬季日负荷曲线　　　　(c) 年负荷持续时间曲线

图 4-2　年负荷持续时间曲线

(2) 与负荷曲线有关的参数

分析负荷曲线可以了解负荷变动的规律，对供配电设计人员来说，可从中获得一些对设计、运行有用的资料；对工厂运行来说，可合理地、有计划地安排车间、班次或大容量设备的用电时间，降低负荷高峰，填补负荷低谷，这种"削峰填谷"的办法可使负荷曲线比较平坦，从而达到节电效果。

从负荷曲线上可求得以下一些参数。

① 年最大负荷 P_{max}。年最大负荷是指全年中负荷最大的工作班内（为防偶然性，这样的工作班至少要在负荷最大的月份出现 2～3 次）30min 平均功率的最大值，因此年最大负荷有时也称为 30min 最大负荷 P_{30}。

② 年最大负荷利用小时 T_{max}。年最大负荷利用小时是指负荷以年最大负荷持续运行一段时间后，消耗的电能恰好等于该电力负荷全年实际消耗的电能，这段时间就是年最大负荷利用小时，如图 4-3 所示，阴影部分即为全年实际消耗的电能。如果以 W_a 表示全年实际消耗的电能，则有：

$$T_{max} = W_a / P_{max} \qquad (4-9)$$

T_{max} 是反映工厂负荷是否均匀的一个重要参数。该值越大，则负荷越平稳。如果年最大负荷利用小时数为 8760h，说明负荷常年不变（实际不太可能）。T_{max} 与工厂的生产班制也有较大关系，例如一班制工厂，T_{max} 约为 1800～3000h；两班制工厂，T_{max} 约为 3500～4800h；三班制工厂，T_{max} 约为 5000～7000h。

③ 平均负荷 P_{av} 和年平均负荷。平均负荷就是指电力负荷在一定时间内消耗的功率的平均值。如在 t 这段时间内消耗的电能为 W_t，则 t 时间的平均负荷：

$$P_{av} = W_t / t \qquad (4-10)$$

年平均负荷是指电力负荷在一年内消耗的功率的平均值。如用 W_a 表示全年实际消耗的电能，则年平均负荷为：

$$P_{av} = W_a / 8760 \qquad (4-11)$$

图 4-4 用以说明年平均负荷，阴影部分表示全年实际消耗的电能 W_a，而年平均负荷 P_{av} 的横线与两

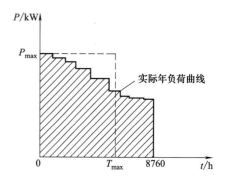

图 4-3　年最大负荷和
年最大负荷利用小时

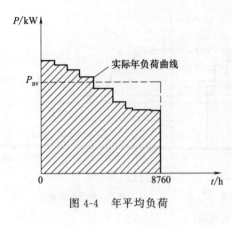

图 4-4 年平均负荷

坐标轴所包围的矩形面积恰好与之相等。

④ 负荷系数。负荷系数是指平均负荷与最大负荷的比值，即：

$$K_L = P_{av}/P_{max} \tag{4-12}$$

负荷系数又称负荷率或负荷填充系数，用来表征负荷曲线不平坦的程度。负荷系数越接近 1，负荷越平坦。所以对工厂来说，应尽量提高负荷系数，从而充分发挥供电设备的供电能力、提高供电效率。有时也用 α 表示有功负荷系数，用 β 表示无功负荷系数。一般工厂 $\alpha = 0.7 \sim 0.75$，$\beta = 0.76 \sim 0.82$。

对于单个用电设备或用电设备组，负荷系数是指设备的输出功率 P 和设备额定容量 P_N 之比值，即：

$$K_L = P/P_N \tag{4-13}$$

其表征该设备或设备组的容量是否被充分利用。

4.2 计算负荷的确定

计算负荷是指导体中通过一个等效负荷时，导体的最高温升正好与通过实际变动负荷时其产生的最高温升相等，该等效负荷就称为计算负荷。

导体通过电流达到稳定温升的时间大约为 $(3 \sim 4)\tau$，τ 为发热时间常数。对中小截面（$35m^2$ 以下）的导体，其 τ 约为 10min，故载流导体约经 30min 后可达到稳定温升值。由此可见，计算负荷实际上与负荷曲线上查到的半小时最大负荷 P_{30}（亦即年最大负荷）基本是相当的。所以，计算负荷也可以认为就是半小时最大负荷。本书用半小时最大负荷 P_{30} 来表示有功计算负荷，用 Q_{30}、S_{30} 和 I_{30} 分别表示无功计算负荷、视在计算负荷和计算电流。

4.2.1 单个用电设备的负荷计算

对单台电动机，供电线路在 30min 内出现的最大平均负荷即计算负荷：

$$P_{30} = P_{NM}/\eta_N \approx P_{N \cdot M} \tag{4-14}$$

式中，P_{NM} 为电动机的额定功率；η_N 为电动机在额定负荷下的效率。

对单个白炽灯、单台电热设备、电炉变压器等设备，额定容量就作为其计算负荷，即：

$$P_{30} = P_N \tag{4-15}$$

对单台反复短时工作制的设备，其设备容量均作为计算负荷。不过对于吊车类和电焊类设备，则应进行相应的换算。

4.2.2 用电设备组的负荷计算

求用电设备组计算负荷的常用方法有需要系数法和二项式法。

(1) 需要系数法

在所计算的范围内（如一条干线、一段母线或一台变压器），将用电设备按其设备性质不同分成若干组，对每一组选用合适的需要系数，算出每组用电设备的计算负荷，然后由各组计算负荷求总的计算负荷，这种方法称为需要系数法。需要系数法一般用来求多台三相用电设备的计算负荷。

用电设备的额定容量是指输出容量，它与输入容量之间有一个平均效率 η_e；用电设备不一定满负荷运行，因此引入负荷系数 K_L；用电设备本身以及配电线路有功率损耗，所以引入一个线路平均效率 η_{WL}；用电设备组的所有设备不一定同时运行，故引入一个同时系数 K_Σ。用电设备组的有功负荷计算应为：

$$P_{30} = [K_\Sigma K_L / (\eta_e \eta_{WL})] P_e \tag{4-16}$$

式中，P_e 为设备容量。

令 $K_\Sigma K_L / (\eta_e \eta_{WL}) = K_d$，$K_d$ 就称为需要系数。实际上，需要系数还与操作人员的技能及生产等多种因素有关。

下面结合例题讲解如何按需要系数法确定三相用电设备组的计算负荷。

① 单组用电设备组的计算负荷确定。

$$P_{30} = K_d P_e \tag{4-17}$$

$$Q_{30} = P_{30} \operatorname{tg} \varphi \tag{4-18}$$

$$S_{30} = P_{30} / \cos \varphi \tag{4-19}$$

$$I_{30} = S_{30} / (\sqrt{3} U_N) \tag{4-20}$$

【例 4-1】 已知某机修车间的金属切削机床组，有电压为 380V 的电动机 30 台，其总的设备容量为 120kW。试求其计算负荷。

解： 查需要系数和二相项式系数的"小批生产的金属冷加工机床电动机"项，可得 $K_d = 0.16 \sim 0.2$（取 0.2 计算），$\cos \varphi = 0.5$，$\operatorname{tg} \varphi = 1.73$。

$$P_{30} = K_d P_e = 0.2 \times 120 \text{kW} = 24 \text{kW}$$

$$Q_{30} = P_{30} \operatorname{tg} \varphi = 24 \text{kW} \times 1.73 = 41.52 \text{kvar}$$

$$S_{30} = P_{30} / \cos \varphi = 24 \text{kW} / 0.5 = 48 \text{kV} \cdot \text{A}$$

$$I_{30} = S_{30} / (\sqrt{3} U_N) = 48 \text{kV} \cdot \text{A} / (\sqrt{3} \times 0.38) = 72.93 \text{A}$$

② 多组用电设备组的计算负荷确定。在计算多组用电设备的计算负荷时，应先分别求出各组用电设备的计算负荷，并且要考虑各用电设备组的最大负荷不一定同时出现的因素，计入一个同时系数 K_Σ，该系数的取值见表 4-1。

总的有功计算负荷为：

$$P_{30} = K_{\Sigma p} \sum_{i=1}^{n} P_{30.i} \tag{4-21}$$

总的无功计算负荷为：

$$Q_{30} = K_{\Sigma q} \sum_{i=1}^{n} Q_{30.i} \tag{4-22}$$

总的视在计算负荷为：

$$S_{30} = \sqrt{P_{30}^2 + Q_{30}^2} \tag{4-23}$$

总的计算电流为：

$$I_{30} = S_{30} / (\sqrt{3} U_N) \tag{4-24}$$

式中，i 为用电设备组的组数；K_Σ 为同时系数，见表 4-1。

表 4-1 同时系数 K_{Σ}

应用范围		$K_{\Sigma p}$	$K_{\Sigma q}$
车间干线		0.85～0.95	0.90～0.97
低压母线	由用电设备组 P_{30} 直接相加	0.80～0.90	0.85～0.95
	由车间干线 P_{30} 直接相加	0.90～0.95	0.93～0.97

【例 4-2】 一机修车间的 380V 线路上，接有金属切削机床电动机 20 台共 50kW，其中较大容量电动机有 7.5kW 2 台，4kW 2 台，2.2kW 8 台；另接通风机 2 台共 2.4kW；电阻炉 1 台 2kW。试求计算负荷（设同时系数为 0.9）。

解：

a. 冷加工电动机。查需要系数和二相项式系数，取 $K_{d1} = 0.2$，$\cos\varphi_1 = 0.5$，$\mathrm{tg}\varphi_1 = 1.73$ ，则：

$$P_{30.1} = K_{d1} P_{e1} = 0.2 \times 50\mathrm{kW} = 10\mathrm{kW}$$

$$Q_{30.1} = P_{30.1} \mathrm{tg}\varphi_1 = 10\mathrm{kW} \times 1.73 = 17.3\mathrm{kvar}$$

b. 通风机。查需要系数和二相项式系数，取 $K_{d2} = 0.8$，$\cos\varphi_2 = 0.8$，$\mathrm{tg}\varphi_2 = 0.75$，则：

$$P_{30.2} = K_{d2} P_{e2} = 0.8\mathrm{kW} \times 2.4 = 1.92\mathrm{kW}$$

$$Q_{30.2} = P_{30.2} \mathrm{tg}\varphi_2 = 1.92\mathrm{kW} \times 0.75 = 1.44\mathrm{kvar}$$

c. 电阻炉。查需要系数和二相项式系数，取 $K_{d3} = 0.7$，$\cos\varphi_3 = 1.0$，$\mathrm{tg}\varphi_3 = 0$，则：

$$P_{30.3} = K_{d3} P_{e3} = 0.7 \times 2\mathrm{kW} = 1.4\mathrm{kW}$$

$$Q_{30.3} = 0$$

因此总计算负荷为：

$$P_{30} = K_{\Sigma p} \sum_{i=1}^{n} P_{30.i} = 0.9 \times (10 + 1.92 + 1.4)\mathrm{kW} \approx 12\mathrm{kW}$$

$$Q_{30} = K_{\Sigma q} \sum_{i=1}^{n} Q_{30.i} = 0.9 \times (17.3 + 1.44 + 0)\mathrm{kvar} \approx 16.9\mathrm{kvar}$$

$$S_{30} = \sqrt{P_{30}^2 + Q_{30}^2} = \sqrt{(12\mathrm{kW})^2 + (16.9\mathrm{kvar})^2} \approx 20.73\mathrm{kV \cdot A}$$

$$I_{30} = S_{30}/(\sqrt{3} U_N) = 20.73\mathrm{kV \cdot A}/(\sqrt{3} \times 0.38\mathrm{kV}) \approx 31.5\mathrm{A}$$

需要系数值与用电设备的类别和工作状态有关，计算时一定要正确判断，否则会造成错误。如机修车间的金属切削机床电动机属于小批生产的冷加工机床电动机；压缩机、拉丝机和锻造等应属热加工机床；起重机、行车或电葫芦等都属吊车。

用需要系数法来求计算负荷，其特点是简单方便，计算结果比较符合实际，而且长期以来已积累了各种设备的需要系数，因此是世界各国均普遍采用的求计算负荷的基本方法。但是，把需要系数看作与一组设备中设备的多少，以及设备容量是否相差悬殊等都无关的固定值，就考虑不全面了。实际上只有当设备台数较多、总容量足够大、没有特大型用电设备时，需要系数表中的需要系数值才较符合实际。所以，需要系数法普遍应用于求全厂和大型车间变电所的计算负荷。而在确定设备台数较少，且容量差别悬殊的分支干线的计算负荷时，我们将采用另一种方法——二项式法。

(2) 二项式法

用二项式法进行负荷计算时，既考虑了用电设备组的设备总容量，又考虑几台最大用电设备引起的大于平均负荷的附加负荷。下面根据不同情况分别介绍其计算公式。

① 单组用电设备组的计算负荷：

$$P_{30} = bP_{e\Sigma} + cP_x \tag{4-25}$$

式中，b、c 为二项式系数；$bP_{e\Sigma}$ 为用电设备组的平均功率，其中 $P_{e\Sigma}$ 是该用电设备组的设备总容量；cP_x 为每组用电设备组中 x 台容量较大的设备投入运行时增加的附加负荷，其中 P_x 是 x 台容量最大设备的总容量（b、c、x 的值可查需要系数和二相项式系数）。

② 多组用电设备组的计算负荷。同样要考虑各组用电设备的最大负荷不同时出现的因素，因此在确定总计算负荷时，只能在各组用电设备中取一组最大的附加负荷，再加上各组用电设备的平均负荷，即：

$$P_{30} = \sum (bP_{e\Sigma})_i + (cP_x)_{\max} \tag{4-26}$$

$$Q_{30} = \sum (bP_{e\Sigma}\mathrm{tg}\varphi)_i + (cP_x)_{\max}\mathrm{tg}\varphi_{\max} \tag{4-27}$$

式中，$(cP_x)_{\max}$ 为附加负荷最大的一组设备的附加负荷；$\mathrm{tg}\varphi_{\max}$ 为最大附加负荷设备组的平均功率因数角的正切值（可查需要系数和二相项式系数）。

【例 4-3】 试用二项式法来确定例 4-2 中的计算负荷。

解：先分别求出各组的平均功率 bP_e 和附加负荷 cP_x：

a. 金属切削机床电动机组。查需要系数和二相项式系数，取 $b=0.14$，$c=0.4$，$x=5$，$\cos\varphi=0.5$，$\mathrm{tg}\varphi=1.73$，则：

$$(bP_{e\Sigma})_1 = 0.14 \times 50\mathrm{kW} = 7\mathrm{kW}$$

$$(cP_x)_1 = 0.4 \times (7.5\mathrm{kW} \times 2 + 4\mathrm{kW} \times 2 + 2.2\mathrm{kW} \times 8) = 16.24\mathrm{kW}$$

b. 通风机组。查需要系数和二相项式系数，取 $b=0.65$，$c=0.25$，$x=2$，$\cos\varphi=0.8$，$\mathrm{tg}\varphi=0.75$，则：

$$(bP_{e\Sigma})_2 = 0.65 \times 2.4\mathrm{kW} = 1.56\mathrm{kW}$$

$$(cP_x)_2 = 0.25 \times 2.4\mathrm{kW} = 0.6\mathrm{kW}$$

c. 电阻炉。查需要系数和二相项式系数，取 $b=0.7$，$c=0$，$x=1$，$\cos\varphi=1$，$\mathrm{tg}\varphi=0$，则：

$$(bP_{e\Sigma})_3 = 0.7 \times 2\mathrm{kW} = 1.4\mathrm{kW}$$

$$(cP_x)_3 = 0$$

显然，三组用电设备中，第一组的附加负荷 $(cP_x)_1$ 最大，因此总计算负荷为：

$$P_{30} = \sum (bP_{e\Sigma})_i + (cP_x)_1 = (7 + 1.56 + 1.4)\mathrm{kW} + 16.24\mathrm{kW} = 26.2\mathrm{kW}$$

$$\begin{aligned} Q_{30} &= \sum (bP_{e\Sigma}\mathrm{tg}\varphi)_i + (cP_x)_1\mathrm{tg}\varphi_1 \\ &= (7\mathrm{kW} \times 1.73 + 1.56\mathrm{kW} \times 0.75 + 0) + 16.24\mathrm{kW} \times 1.73 \\ &\approx 41.38\mathrm{kvar} \end{aligned}$$

$$S_{30} = \sqrt{P_{30}^2 + Q_{30}^2} = \sqrt{(26.2\mathrm{kW})^2 + (41.38\mathrm{kvar})^2} \approx 48.98\mathrm{kV \cdot A}$$

$$I_{30} = S_{30}/(\sqrt{3}U_N) = 48.98\mathrm{kV \cdot A}/(\sqrt{3} \times 0.38\mathrm{kV}) \approx 63.78\mathrm{A}$$

从例 4-2 和例 4-3 的计算结果可以看出，由于二项式系数法考虑了用电设备中几台功率较大的设备工作时对负荷影响的附加功率，计算的结果比按需要系数法计算的结果偏大，所以一般适用于低压配电支干线和配电箱的负荷计算。而需要系数法比较简单，该系数是按照车间及以上的负荷情况来确定的，适用于变配电所的负荷计算。

4.2.3 单项用电设备计算负荷的确定

单相设备接于三相线路中，应尽可能地均衡分配，使三相负荷尽可能平衡。如果三相线路中单相设备的总容量不超过三相设备总容量的 15%，可将单相设备总容量等效为三相负荷平衡进行负荷计算。如果超过 15%，则应将单项设备容量换算为等效三相设备容量，再进行负荷计算。

(1) 单相设备接于相电压时

等效三相设备容量 P_e 按最大负荷相所接的单相设备容量 $P_{em\varphi}$ 的 3 倍计算，即：

$$P_e = 3P_{em\varphi} \tag{4-28}$$

而等效三相负荷可按上述的需要系数法计算。

(2) 单相设备接于线电压时

容量为 $P_{e\varphi}$ 的单相设备接于线电压时，其等效三相设备容量 P_e 为：

$$P_e = \sqrt{3}P_{e\varphi} \tag{4-29}$$

等效三相负荷可按上述需要系数法计算。

4.3 变配电所总计算负荷的确定

4.3.1 供配电系统的功率损耗

供配电系统的功率损耗主要包括线路功率损耗和变压器的功率损耗两部分。下面分别介绍这两部分功率损耗及计算方法。

(1) 线路功率损耗的计算

由于供配电线路存在电阻和电抗，所以线路上会产生有功功率损耗和无功功率损耗。其值分别按下式计算。

有功功率损耗：

$$\Delta P_{WL} = 3I_{30}^2 R_{WL} \tag{4-30}$$

无功功率损耗：

$$\Delta Q_{WL} = 3I_{30}^2 X_{WL} \tag{4-31}$$

式中，I_{30} 为线路的计算电流；R_{WL} 为线路每相的电阻，$R_{WL} = R_0 l$，R_0 为线路单位长度的电阻值，l 为线路长度；X_{WL} 为线路每相的电抗，$X_{WL} = X_0 l$，X_0 为线路单位长度的电抗值，可查相关手册或产品样本。

线间几何均距是指三相线路各导线之间距离的几何平均值。其值按下式计算：

$$a_{av} = \sqrt[3]{a_1 a_2 a_3} \tag{4-32}$$

如果导线为等边三角形排列，则 $a_{av} = a$；如果导线为水平等距离排列，则 $a_{av} = \sqrt[3]{2a} = 1.26a$。

(2) 变压器功率损耗的计算

变压器功率损耗包括有功和无功两大部分。

① 变压器的有功功率损耗。变压器的有功功率损耗由两部分组成：

a. 铁芯中的有功功率损耗，即铁损 ΔP_{Fe}。铁损在变压器一次绕组的外施电压和频率不变的条件下，是固定不变的，与负荷无关。铁损可由变压器空载实验测定。变压器的空载损耗 ΔP_0 可认为就是铁损，因为变压器的空载电流 I_0 很小，在一次绕组中产生的有功损耗可略去不计。

b. 有负荷时一、二次绕组中的有功功率损耗，即铜损 ΔP_{Cu}。铜损与负荷电流（或功率）的平方成正比。铜损可由变压器短路实验测定。变压器的短路损耗 ΔP_K 可认为就是铜损，因为变压器短路时一次侧短路电压 U_K 很小，在铁芯中产生的有功功率损耗可略去不计。

因此，变压器的有功功率损耗的计算为：

$$\Delta P_T \approx \Delta P_0 + \Delta P_K \left(\frac{S_{30}}{S_N}\right)^2 \tag{4-33}$$

式中，ΔP_0 为变压器的空载损耗；ΔP_K 为变压器的短路损耗；S_{30} 为变压器的计算负荷；S_N 为变压器的额定容量。

② 变压器的无功功率损耗。变压器的无功功率损耗也由两部分组成：

a. 用来产生主磁通即产生励磁电流的一部分无功功率，用 ΔQ_0 表示。它只与绕组电压有关，与负荷无关。它与励磁电流（或近似地与空载电流）成正比。

b. 消耗在变压器一、二次绕组电抗上的无功功率。额定负荷下的这部分无功损耗用 ΔQ_N 表示。由于变压器绕组的电抗远大于电阻，因此 ΔQ_N 近似地与短路电压（即阻抗电压）成正比。

因此，变压器的无功功率损耗的计算为：

$$\Delta Q_T \approx S_N \left[\frac{I_0\%}{100} + \frac{U_K\%}{100}\left(\frac{S_{30}}{S_N}\right)^2\right] \tag{4-34}$$

式中，$I_0\%$ 为变压器空载电流占额定电流的百分值；$U_K\%$ 为变压器短路电压占额定电压的百分值。

在负荷计算中，SL7、S7、S9 型的低损耗电力变压器的功率损耗可按下列简化公式近似计算。

有功损耗： $\Delta P_T = 0.015 S_{30}$ （4-35）

无功损耗： $\Delta Q_T = 0.06 S_{30}$ （4-36）

4.3.2 车间或全厂计算负荷的确定

(1) 按逐级计算法确定工厂计算负荷

如图 4-5 所示，工厂的计算负荷（这里以有功负荷为例）$P_{30.1}$，应该是高压母线上所有高压配电线计算负荷之和，再乘上一个同时系数。高压配电线的计算负荷 $P_{30.2}$，应该是该线所供车间变电所低压侧的计算负荷 $P_{30.3}$，加上变压器的功率损耗 ΔP_T 和高压配电线的功率损耗 ΔP_{WL1}……如此逐级计算。但对一般工厂供电系统来说，由于线路一般不很长，因此在确定计算负荷时往往略去不计。

计算工厂及变电所低压侧总的计算负荷 P_{30}、Q_{30}、S_{30} 和 I_{30} 时，其中 $K_{\Sigma p} = 0.8 \sim 0.95$，$K_{\Sigma q} = 0.85 \sim 0.97$。

(2) 按需要系数法确定工厂计算负荷

将全厂用电设备的总容量 P_e（不含备用设备容量）乘上一个需要系数 K_d，即得到全厂的有功计算负荷，即：

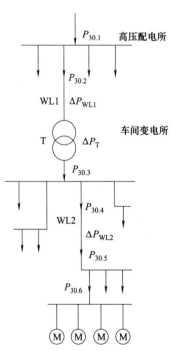

图 4-5 供电系统中各部分的
负荷计算和有功功率损耗

$$P_{30} = K_d P_e \qquad (4-37)$$

可以参考部分工厂的全厂需要系数、功率因数及年最大有功负荷利用小时。

全厂的无功计算负荷、视在计算负荷和计算电流按式（4-21）~式（4-24）计算。

4.3.3 无功功率补偿

(1) 工厂的功率因数

① 瞬时功率因数。瞬时功率因数可由功率因数表（相位表）直接测量，亦可由功率表、电流表和电压表的读数按下式求出（间接测量）：

$$\cos\varphi = P/(\sqrt{3}\,IU) \qquad (4-38)$$

式中，P 为功率表测出的三相功率读数，kW；I 为电流表测出的线电流读数，A；U 为电压表测出的线电压读数，kV。

瞬时功率因数用来了解和分析工厂或设备在生产过程中无功功率的变化情况，以便采取适当的补偿措施。

② 平均功率因数。平均功率因数亦称加权平均功率因数，按下式计算：

$$\cos\varphi = W_p/\sqrt{W_p^2 + W_q^2} = 1/\sqrt{1 + (W_q/W_p)^2} \qquad (4-39)$$

式中，W_p 为某一时间内消耗的有功电能，由有功电度表读出；W_q 为某一时间内消耗的无功电能，由无功电度表读出。

我国电业部门每月向工业用户收取电费，就规定电费要按月平均功率因数的高低来调整。

③ 最大负荷时的功率因数。最大负荷时功率因数指在年最大负荷（即计算负荷）时的功率因数，按下式计算：

$$\cos\varphi = P_{30}/S_{30} \qquad (4-40)$$

我国电力工业部于 1996 年制定的《供电营业规则》规定："无功电力应就地平衡。用户应在提高用电自然功率因数的基础上，按有关标准设计和安装无功补偿设备，并做到随其负荷和电压变动及时投入或切除，防止无功电力倒送。除电网有特殊要求的用户外，用户在当地供电企业规定的电网高峰负荷时的功率因数，应达到下列规定：100kV·A 及以上高压供电的用户功率因数为 0.90 以上，其他电力用户和大、中型电力排灌站、趸购转售电企业，功率因数为 0.85 以上，农业用电，功率因数为 0.80 及以上。"这里所指的功率因数，即为最大负荷时功率因数。

(2) 无功功率补偿

电力系统在运行过程中，无论是公用还是民用，都存在大量感性负载，如工厂中的感应电动机、电焊机等，致使电网无功功率增加，对电网的安全经济运行及电气设备的正常工作产生一系列危害，使负载功率因数降低，供配电设备使用效能得不到充分发挥，设备的附加功耗增加。

如在充分发挥设备潜力、改善设备运行性能、提高其自然功率因数的情况下，尚达不到规定的功率因数要求时，则需考虑人工无功功率补偿。

从图 4-6 可以看出功率因数提高与无功功率和视在功率变化的关系。假设功率因数由 $\cos\varphi_1$ 提高到 $\cos\varphi_2$，这时在有功功率 P_{30} 不变的条件下，无功功率将由 $Q_{30.1}$ 减小到 $Q_{30.2}$，视在功率将由 $S_{30.1}$ 减小到 $S_{30.2}$，从而负荷电流 I_{30} 也得以减小，这将使系统的电能损耗和电压损耗相应降低，既节约了电能，又提高了电压质量，而且可选较小容量的供电设备和导线电缆，因此提高功率因数对电力系统大有好处。

由图 4-6 可知，要使功率因数由 $\cos\varphi_1$ 提高到 $\cos\varphi_2$，所需的无功补偿装置容量：

$$Q_C = Q_{30.1} - Q_{30.2} = P_{30}(\tan\varphi_1 - \tan\varphi_2) = \Delta q_C P_{30} \tag{4-41}$$

式中，Δq_C 为无功补偿率（比补偿容量），是表示要使 1kW 的有功功率由 $\cos\varphi_1$ 提高到 $\cos\varphi_2$ 所需要的无功补偿容量值，可利用补偿前后的功率因数直接在并联电容器的无功补偿率中查出。

在确定了总的补偿容量后，可根据所选并联电容器的单个容量 q_C 来确定所需的补偿电容器个数：

$$n = Q_C / q_C \tag{4-42}$$

部分电容器的主要技术数据可参见 BW 型并联电容器的技术数据。

由式（4-42）计算出的电容器个数 n，对于单相电容器，应取 3 的倍数，以便三相均衡分配。

（3）无功补偿后的总计算负荷确定

供配电系统在装设了无功补偿装置后，在确定补偿装置装设地点的总计算负荷时，应先扣除无功补偿的容量，即补偿后的总的无功计算负荷为：

$$Q'_{30} = Q_{30} - Q_C \tag{4-43}$$

补偿后的总的视在计算负荷应为：

$$S'_{30} = \sqrt{P_{30}^2 + (Q_{30} - Q_C)^2} \tag{4-44}$$

由上式可以看出，在变电所低压侧装设了无功补

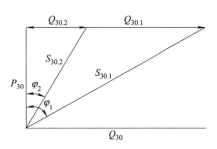

图 4-6　无功功率补偿原理图

偿装置以后，由于低压侧总的视在计算负荷减小，从而可使变电所主变压器的容量选得小一些。这不仅降低了变电所的初投资，而且可减少用户的电费开支。

对于低压配电网的无功补偿，通常采用负荷侧集中补偿方式，即在低压系统侧（如变压器的低压侧）利用自动功率因数调整装置，随着负荷的变化，自动地投入或切除电容器的部分或全部容量。

【例 4-4】 某厂拟建一降压变电所，装设一台主变压器。已知变电所低压侧有功计算负荷为 650kW，无功计算负荷为 800kvar。为了使工厂（变电所高压侧）的功率因数不低于 0.9，如在低压侧装设并联电容器进行补偿时，需装设多少补偿容量？补偿前后工厂变电所所选主变压器的容量有何变化？

解： ①补偿前的变压器容量和功率因数。

变电所低压侧的视在计算负荷为：

$$S_{30.2} = \sqrt{650^2 + 800^2} \approx 1031 \text{kV} \cdot \text{A}$$

因此未考虑无功补偿时，主变压器的容量应选择为 1250kV·A（参见 S9 系列 6～10kV 级铜绕组低损耗电力变压器的技术数据）。

变电所低压侧的功率因数为：

$$\cos\varphi_2 = P_{30.2} / S_{30.2} = 650/1031 \approx 0.63$$

② 无功补偿容量。按相关规定，补偿后变电所高压侧的功率因数不应低于 0.9，即 $\cos\varphi_1 \geqslant 0.9$。在变压器低压侧进行补偿时，因为考虑到变压器的无功功率损耗远大于有功功率损耗，所以低压侧补偿后的低压侧功率因数应略高于 0.9。这里取补偿后低压侧功率因数 $\cos\varphi'_2 = 0.92$。

因此，低压侧需要装设的并联电容器容量为：

$$Q_C = 650 \times [\tan(\arccos 0.63) - \tan(\arccos 0.92)] \text{kvar}$$
$$\approx 525 \text{kvar}$$

取 $Q_C = 530 \text{kvar}$。

③ 补偿后重新选择变压器容量。变电所低压侧的视在计算负荷为：

$$S'_{30.2} = \sqrt{650^2 + (800 - 530)^2} \text{kV} \cdot \text{A} \approx 704 \text{kV} \cdot \text{A}$$

因此无功功率补偿后的主变压器容量可选为 800kV·A（参见 S9 系列 6～10kV 级铜绕组低损耗电力变压器的技术数据）。

④ 补偿后的工厂功率因数。补偿后变压器的功率损耗为：

$$\Delta P_T \approx 0.015 S'_{30.2} = 0.015 \times 704 \text{kV} \cdot \text{A} \approx 10.6 \text{kW}$$
$$\Delta Q_T \approx 0.06 S'_{30.2} = 0.06 \times 704 \text{kV} \cdot \text{A} \approx 42.2 \text{kvar}$$

变电所高压侧的计算负荷为：

$$P'_{30.1} = 650 \text{kW} + 10.6 \text{kW} \approx 661 \text{kW}$$
$$Q'_{30.1} = (800 - 530) \text{kvar} + 42.2 \text{kvar} \approx 312 \text{kvar}$$
$$S'_{30.1} = \sqrt{661^2 + 312^2} \text{kV} \cdot \text{A} \approx 731 \text{kV} \cdot \text{A}$$

补偿后工厂的功率因数为：

$$\cos\varphi' = 661/731 \approx 0.904 > 0.9$$

满足相关规定的要求。

⑤ 无功补偿前后的比较。

$$S'_{NT} - S_{NT} = 1250 \text{kV} \cdot \text{A} - 800 \text{kV} \cdot \text{A} = 450 \text{kV} \cdot \text{A}$$

由此可见，补偿后主变压器的容量减少了 450kV·A，不仅减少了投资，而且减少电费的支出，提高了功率因数。

4.4 尖峰电流的计算

4.4.1 概述

尖峰电流是指持续时间 1～2s 的短时最大负荷电流。

尖峰电流主要用来选择熔断器和低压断路器、整定继电保护装置及检验电动机自启动条件等。

4.4.2 单台用电设备尖峰电流的计算

单台用电设备的尖峰电流就是其启动电流，因此尖峰电流为：

$$I_{pk} = I_{st} = K_{st} I_N \tag{4-45}$$

式中，I_N 为用电设备的额定电流；I_{st} 为用电设备的启动电流；K_{st} 为用电设备的启动电流倍数，笼型电动机为 5～7，绕线型电动机为 2～3，直流电动机为 1.7，电焊变压器为 3 或稍大。

4.4.3 多台用电设备尖峰电流的计算

引至多台用电设备的线路上的尖峰电流按下式计算：

$$I_{pk} = K_\Sigma \sum_{i=1}^{n-1} I_{Ni} + I_{stmax} \tag{4-46}$$

$$I_{pk} = I_{30} + (I_{st} - I_N)_{max} \tag{4-47}$$

式中，I_{stmax} 为用电设备中启动电流与额定电流之差最大的那台设备的启动电流；$(I_{st} - I_N)_{max}$ 为用电设备中启动电流与额定电流之差最大的那台设备的启动电流与额定电流之差；$\sum_{i=1}^{n-1} I_{Ni}$ 为将启动电流与额定电流之差最大的那台设备除外的其他 $n-1$ 台设备的额定电流之和；K_Σ 为上述 $n-1$ 台的同时系数，按台数多少选取，一般为 $0.7 \sim 1$；I_{30} 为全部投入运行时线路的计算电流。

【例 4-5】 有一 380V 三相线路，供电给表 4-2 所示 4 台电动机。试计算该线路的尖峰电流。

表 4-2　例 4-5 的负荷资料

参数	电动机			
	M1	M2	M3	M4
额定电流 I_N/A	5.8	5	35.8	27.6
启动电流 I_{st}/A	40.6	35	197	193.2

解：由表 4-2 可知，电动机 M4 的 $I_{st} - I_N = 193.2A - 27.6A = 165.6A$ 为最大。取 $K_\Sigma = 0.9$，该线路的尖峰电流为：

$$I_{pk} = 0.9 \times (5.8 + 5 + 35.8)A + 193.2A \approx 235A$$

思考题

1. 电力负荷的含义是什么？
2. 什么叫负荷持续率？
3. 什么叫年最大负荷利用小时？什么叫年最大负荷和年平均负荷？什么叫负荷系数？
4. 什么叫尖峰电流？尖峰电流的计算有什么用处？

习　题

1. 什么叫计算负荷？为什么计算负荷通常采用半小时最大负荷？正确确定计算负荷有何意义？
2. 确定计算负荷的需要系数法和二项式法各有什么特点？各适用哪些场合？
3. 在确定多组用电设备总的视在计算负荷和计算电流时，可否将各组的视在计算负荷和计算电流分别直接相加？为什么？应该如何正确计算？
4. 线路的电阻和电抗各如何计算？
5. 什么叫平均功率因数和最大负荷时功率因数？各如何计算？各有何用途？
6. 无功功率补偿、提高功率因数有什么意义？如何确定无功补偿容量？

第5章
短路电流计算

本章预期学习结果

　　理解电力系统短路故障的基本知识、短路原因、短路后果及短路的各种形式，理解无限大容量电力系统概念，掌握无限大容量系统采用标幺制法和短路功率法进行短路计算，掌握三相短路电流和两相短路电流的计算，掌握短路电流的动稳定性和热稳定性及校验。

　　本章介绍电力系统短路故障的基本知识，着重阐述在无限大容量系统中采用标幺法和短路功率法进行短路计算的方法。这些内容是后续内容（例如电气设备及继电保护装置的选择和校验）的重要基础。

5.1　短路概述

　　电力系统运行有三种状态：正常运行状态、非正常运行状态和短路故障。在电气设计和运行中，不仅要考虑系统正常运行状态，而且要考虑系统非正常运行状态，最严重的非正常运行状态就是短路故障。

　　短路就是指不同电位导电部分之间的不正常短接。如电力系统中相与相间或中性点直接接地系统中相与地之间的短接都是短路。

5.1.1　短路原因及后果

(1) 短路原因

短路造成的原因通常有以下方面：

① 要原因是电气设备载流部分的绝缘损坏。产生绝缘损坏的原因有：过负荷、绝缘自然老化或被过电压（内部过电压和雷电）击穿，以及设计、安装和运行不当或设备本身不合格等。

② 误操作及误接。由于工作人员不遵守安全操作规程造成的误操作或误接，可能导致短路。根据国外的资料显示，每个人都具有违反规程操作的潜意识。

③ 飞禽跨接裸导体。鸟类或爬行动物如蛇等跨接裸导体，都可能导致短路。

④ 其他原因。如输电线断线、倒杆、碰线，或人为盗窃、破坏等原因都可能导致短路。

(2) 短路后果

电力系统发生短路，导致网络总阻抗减小，短路电流可能超过正常工作电流的十几倍甚至几十倍，数值可达几万安到几十万安。而且，系统网络电压会降低，从而对电力系统产生极大的危害，主要表现在以下方面：

① 短路时，短路电流产生很大的热量、很高的温度，从而使故障元件和其他元件损坏。

② 短路时，短路电流可产生很大的电动力，使导体弯曲变形，甚至使设备本身或其支架受到损坏。

③ 短路时，电压骤降，严重影响电气设备正常运行。电压降到额定值的80％时，电磁开关可能断开；降到额定值的30％～40％时，持续1s以上，电动机可能停转。

④ 短路可造成停电，越靠近电源，停电范围越大。

⑤ 严重短路还会影响电力系统运行的稳定性，造成系统瘫痪。如2003年8月14日，在美国和加拿大发生的大面积停电事故，造成了极大的影响和严重的破坏。

⑥ 单相短路时，电流将产生较强的不平衡交变磁场，对附近通信线路、电子设备产生干扰，影响正常工作，甚至发生误动作。

另外，短路造成的后果，与短路故障的地点、种类及持续时间等因素都有关。

为了保证电气设备安全可靠运行，除了必须尽力消除可能引起短路的一切因素之外，同时还需要计算短路电流，以保证当发生可能的短路时，不致损坏设备。而且，一旦发生短路，应尽快切除故障部分，使系统在最短时间内恢复正常。

5.1.2　短路种类

在三相供电系统中，可能发生短路的形式有：

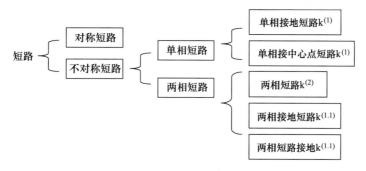

三相系统中的短路基本类型有：三相短路、两相短路、单相短路和两相接地短路，如图5-1所示。

三相短路，用文字符号 $k^{(3)}$ 表示；两相短路，用文字符号 $k^{(2)}$ 表示；单相短路用文字符号 $k^{(1)}$ 表示；两相接地短路，用文字符号 $k^{(1.1)}$ 表示，是指中性点不接地系统中两个不同相均发生单相接地而形成的两相短路。[注：一般为了区别不同类型的短路电流，在短路电流符号的右上角分别加注 (1)、(2) 和 (3) 来表示单相、两相和三相短路电流，两相接地短路电流用 (1.1) 表示。在本书中，三相短路电流的各量不加注 (3)。]

上述的短路类型中，三相短路属对称短路，其他形式的短路，均属不对称短路。

电力系统中，发生单相短路的可能性最大，而发生三相短路的可能性最小。但一般三相短路的短路电流最大，造成的危害也最严重。为了使电力系统中的电气设备在最严重的短路状态下也能可靠工作，作为选择、检验电气设备用的短路计算值，以三相短路计算值为主，只有在校验继电器保护装置灵敏度时才需要用到两相短路电流。

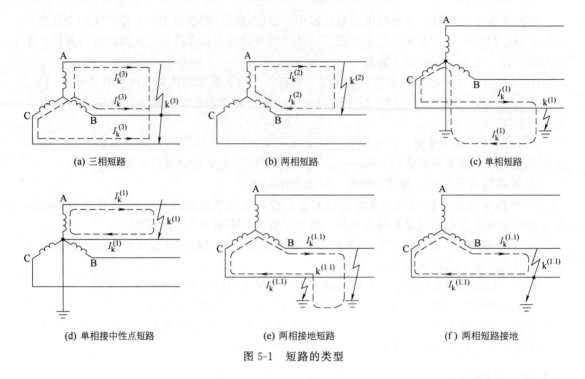

(a) 三相短路   (b) 两相短路   (c) 单相短路

(d) 单相接中性点短路   (e) 两相接地短路   (f) 两相短路接地

图 5-1　短路的类型

5.2　无限大容量电力系统及其三相短路分析

5.2.1　无限大容量电力系统概念

　　无限大容量电力系统是指容量相对于用户供电系统容量大得多的电力系统，当用户供电系统发生短路时，电力系统变电所馈电母线上的电压基本不变，可将该电力系统视为无限大容量电力系统。但是，实际电力系统中，它的容量和阻抗都有一定数值，因此，当用户供电系统发生短路时，电力系统变电所馈电母线上的电压相应地有所变动。但一般的供电系统，由于它是在小容量线路上发生短路，电力系统变电所馈电母线上的电压基本不变，因此，电力系统可视为无限大容量电力系统。

　　无限大容量电力系统中研究三相短路电流的变化规律可以只分析一相的情况，这是因为三相短路电流是对称的。

5.2.2　无限大容量电力系统发生三相短路时的物理过程

（1）发生三相短路时的物理过程

　　图 5-2（a）是一个无限大容量电力系统发生三相短路时的电路图，其单相等值电路如图 5-2（b）所示。图中 R_{WL}、R_L、X_{WL}、X_L 为短路前的总电阻和电抗，R_Σ、X_Σ 为短路发生后的总电阻和电抗。

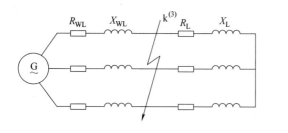
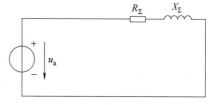

(a) 三相等值电路图　　　　　　　　　　　　(b) 等效单相电路图

图 5-2　三相短路时的单相等值电路

① 按 KVL 写出短路瞬间回路电压方程。

$$U = U_m \sin(\omega t + \varphi) = R_\Sigma i_k + X_\Sigma \frac{\mathrm{d}i_k}{\mathrm{d}t} \tag{5-1}$$

② 整理成非齐次一阶线性微分方程 $\frac{\mathrm{d}y}{\mathrm{d}x} + P(x)y = Q(x)$ 的形式。

$$\frac{\mathrm{d}i_k}{\mathrm{d}t} + \frac{R_\Sigma}{X_\Sigma} i_k = \frac{U_m}{X_\Sigma} \sin(\omega t + \varphi) \tag{5-2}$$

③ 方程式中的自变量为 t，未知数为 i_k，由高等数学可知该微分方程的全解，是由特解和通解两部分组成；或者说，此方程的全解由周期分量和非周期分量两部分组成，周期分量就是特解，非周期分量就是通解。

$$i_k = i_特 + i_通 = i_p + i_{np} = I_{km} \sin(\omega t - \varphi_k) + (I_{km} \sin\varphi_k - I_m \sin\varphi) e^{-\frac{t}{x}} \tag{5-3}$$

式中，i_p 为短路电流周期分量；i_{np} 为短路电流非周期分量。当 $t \to \infty$ 时，$i_{np} \to 0$，这时：

$$i_k = i_{k(\infty)} = i_p \tag{5-4}$$

$$i_k = i_{k(\infty)} = \sqrt{2} I_\infty \sin(\omega t - \varphi) \tag{5-5}$$

(2) 发生三相短路前后电流、电压的变动曲线

图 5-3 表示无限大容量电力系统发生三相短路前后电流、电压的变动曲线。

① 正常运行状态。系统在正常运行状态时，电压、电流按正弦规律变化，因电路一般是电感性负载，电流在相位上滞后电压一定角度。

② 短路暂态过程。短路电流在到达稳定值之前，要经过一个暂态过程。即短路电流周

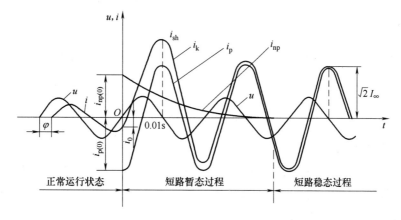

图 5-3　最严重情况时短路全电流的波形曲线图

期分量和非周期分量都存在的时间。从物理上说，短路电流周期分量是因短路后，电路阻抗突然小很多倍，电流突然大很多倍造成的；短路电流非周期分量则是因电路中有感抗，短路电流不能突变而产生的。当线路空载和电压过零时发生短路，则出现最大的短路电流。图 5-3 画出最严重时短路全电流的波形曲线。

③ 短路稳态过程：一般经过一个周期约 0.2s 后非周期分量消亡，短路进入稳态过程。

5.2.3 有关的物理量

(1) 短路电流周期分量

短路电流周期分量相当于方程式的特解。最严重的是电压过零时，由于短路电路的电抗远大于电阻，所以周期分量 i_p 差不多滞后电压 90°，因此，短路瞬间 i_p 增大到幅值，其值为：

$$i_{p(0)} = -I_{km} = -\sqrt{2}\,I''$$ (5-6)

式中，I'' 是短路次暂态电流的有效值，它是短路后第一个周期的短路电流周期分量 i_p 的有效值。

(2) 短路电流非周期分量

短路电流非周期分量相当于方程式的通解，非周期分量的初始绝对值为：

$$i_{np(0)} = I_{km} = \sqrt{2}\,I''$$ (5-7)

(3) 短路全电流

短路全电流为周期分量与非周期分量之和；或者说是通解与特解之和：

$$i_k = i_p + i_{np}$$ (5-8)

(4) 短路冲击电流

短路电流瞬时值达到最大值（一般短路后经过半个周期，约 0.01s）时的瞬时电流称为短路冲击电流瞬时值，用 i_{sh} 表示。短路冲击电流有效值是指短路全电流最大有效值，是短路后第一个周期的短路电流的有效值，用 I_{sh} 表示。

在高压电路中（一般指大于 1000V 的电压）发生三相短路时，可取：

$$i_{sh} = 2.55 I''$$ (5-9)

$$I_{sh} = 1.51 I''$$ (5-10)

在低压电路中（一般指小于 1000V 的电压）发生三相短路时，可取：

$$i_{sh} = 1.84 I''$$ (5-11)

$$I_{sh} = 1.09 I''$$ (5-12)

(5) 短路稳态电流

短路电流非周期分量一般经过十个周期后衰减完毕，短路电流达到稳定状态。这时的短路电流称为稳态电流。用 I_∞ 表示。在无限大容量电力系统中，短路电流周期分量有效值 I_k 在短路全过程中是恒定的。因此有：

$$I'' = I_\infty = I_k$$ (5-13)

5.3 短路电流计算

5.3.1 短路电流计算方法

为了预防短路及其产生的破坏，需要对供电系统中可能产生的短路电流数值预先进行计算，计算结果可作为选择电气设备及供配电设计的依据。一般短路电流的计算方法有：

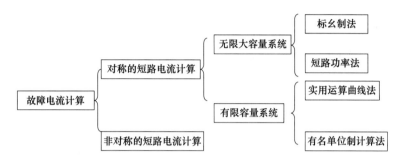

5.3.2 采用标幺制法计算短路电流

(1) 标幺制法概念

任意一个有名值的物理量与同单位的基准值之比，称为标幺值。它是个相对值，无单位的纯数，可用小数或百分数表示。基准值是可以任意选择的，选择以运算方便、简单为目的。通常标幺值用 A_d^* 表示，参考值用 A_d 表示，实际值用 A 表示，因此：

$$A_d^* = A/A_d \tag{5-14}$$

按标幺制法进行短路计算时，一般先选定基准容量 S_d 和基准电压 U_d。

在工程计算中，为计算方便，基准容量一般取 $S_d = 100\text{MV·A}$ 或 $S_d = 1000\text{MV·A}$；基准电压通常取元件所在处的短路计算电压，即 $U_d = U_c$。

选定了基准容量 S_d 和基准电压 U_d 后，基准电流 I_d 按下式计算：

$$I_d = \frac{S_d}{\sqrt{3}U_d} = \frac{S_d}{\sqrt{3}U_c} \tag{5-15}$$

基准电抗 X_d 按下式计算：

$$X_d = \frac{U_d}{\sqrt{3}I_d} = \frac{U_c^2}{S_d} \tag{5-16}$$

(2) 电力系统中各主要元件电抗标幺值的计算方式（注：$U_d = U_c$）

① 电力系统的电抗标幺值：

$$X_s^* = \frac{X_s}{X_d} = \left(\frac{U_c^2}{S_{oc}}\right)\bigg/\left(\frac{U_d^2}{S_d}\right) = \frac{S_d U_c^2}{S_{oc}U_d^2} = \frac{S_d}{S_{oc}} \tag{5-17}$$

式中，X_s 为电力系统的电抗值；S_{oc} 为电力系统的容量。

② 电力变压器的电抗标幺值：

$$X_T^* = \frac{X_T}{X_d} = \left(\frac{U_k\% U_c^2}{100 S_N}\right)\bigg/\left(\frac{U_d^2}{S_d}\right) = \frac{U_k\% S_d U_c^2}{100 S_N U_d^2} = \frac{U_k\% S_d}{100 S_N} \tag{5-18}$$

式中，$U_k \%$ 为变压器短路电压百分比；X_T 为变压器的电抗；S_N 为电力变压器的额定容量。

③ 电力线路的电抗标幺值：

$$X_{WL}^* = \frac{W_{WL}}{X_d} = X_0 l \bigg/ \left(\frac{U_d^2}{S_d}\right) = X_0 l \frac{S_d}{U_c^2} \tag{5-19}$$

式中，X_{WL} 为线路的电抗；X_0 为导线单位长度的电抗；l 为导线的长度。

④ 无限大容量电力系统三相短路电流周期分量有效值的标幺值：

$$I_k^{(3)*} = \frac{I_k^{(3)}}{I_d} = \left(\frac{U_c}{\sqrt{3}X_\Sigma}\right) \bigg/ \left(\frac{S_d}{\sqrt{3}U_d}\right) = \frac{U_c^2}{S_d X_\Sigma} = \frac{1}{X_\Sigma^*} \tag{5-20}$$

由此可得三相短路电流周期分量有效值：

$$I_k^{(3)} = I_k^{(3)*} I_d = \frac{I_d}{X_\Sigma^*} \tag{5-21}$$

然后，即可用前面的公式分别求出 I''、I_∞、I_{sh} 和 i_{sh} 等。

三相短路容量的计算公式为：

$$S_k = \sqrt{3} U_c I_k = \sqrt{3} U_c \frac{I_d}{X_\Sigma^*} = \frac{S_d}{X_\Sigma^*} \tag{5-22}$$

(3) 标幺制法计算步骤

① 画出计算电路图，并标明各元件的参数（与计算无关的原始数据一概除去）；

② 画出相应的等值电路图（采用电抗的形式），并注明短路计算点，对各元件进行编号$\left(\text{采用分数符号：}\frac{\text{元件编号}}{\text{标幺电抗}}\right)$；

③ 选取基准容量，一般取 $S_d = 100 \text{MV} \cdot \text{A}$，$U_d = U_c$；

④ 计算各元件的电抗标幺值 X^*，并标于等值电路图上；

⑤ 从电源到短路点，简化等值电路，依次求出各短路点的总电抗标幺值 X_Σ^*；

⑥ 根据题目要求，计算各短路点所需的短路参数，如：I_k，$I_k^{(2)}$，I_∞，$I_\infty^{(2)}$，S_k，i_{sh}，I_{sh}，I'' 等；

⑦ 将计算结果列成表格形式表示。

【例 5-1】 某供电系统如图 5-4 所示，已知电力系统出口断路器的断开容量为 500MV·A，试求变电所高压 10kV 母线上 k-1 点短路和低压 0.38kV 母线上 k-2 点短路的三相短路电流和短路容量。

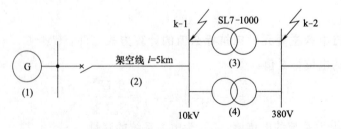

图 5-4 例 5-1 的短路计算电路图

解： ① 画出相应的等效电路，如图 5-5 所示。

② 选取基准容量，一般取 $S_d = 100 \text{MV} \cdot \text{A}$，由 $U_d = U_c$ 得：$U_{c1} = 10.5 \text{kV}$，$U_{c2} =$

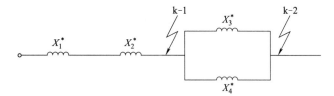

图 5-5　例 5-1 的短路等效电路图

0.4kV，得：

$$I_{d1}=\frac{S_d}{\sqrt{3}U_{c1}}=\frac{100\mathrm{MV\cdot A}}{\sqrt{3}\times10.5\mathrm{kV}}=5.50\mathrm{kA}$$

$$I_{d2}=\frac{S_d}{\sqrt{3}U_{c2}}=\frac{100\mathrm{MV\cdot A}}{\sqrt{3}\times0.4\mathrm{kV}}=144\mathrm{kA}$$

③ 计算各元件的电抗标幺值。

a. 电力系统的电抗标幺值：

$$X_s^*=\frac{S_d}{S_{oc}}=\frac{100\mathrm{MV\cdot A}}{500\mathrm{MV\cdot A}}=0.2$$

b. 电力线路的电抗标幺值：

$$X_{WL}^*=X_0l\frac{S_d}{U_c^2}=0.35\times5\times\frac{100}{(10.5)^2}=1.59$$

c. 电力变压器的电抗标幺值：

$$X_T^*=\frac{U_k\%S_d}{100S_N}=\frac{4.5\times100\times1000}{100\times1000}=4.5$$

④ 求 k-1 点的总电抗标幺值和短路电流和短路容量。

a. 总电抗标幺值：
$$X_{\Sigma(k-1)}^*=X_1^*+X_2^*=0.2+1.59=1.79$$

b. 三相短路电流周期分量有效值：

$$I_{k-1}=\frac{I_{d1}}{X_{\Sigma(k-1)}^*}=\frac{5.5}{1.79}\mathrm{kA}=3.07\mathrm{kA}$$

c. 各三相短路电流：

$$I''=I_\infty=I_{k-1}=3.07\mathrm{kA}$$
$$I_{sh}=1.51\times3.07\mathrm{kA}=4.64\mathrm{kA}$$
$$i_{sh}=2.55\times3.07\mathrm{kA}=7.83\mathrm{kA}$$

d. 三相短路容量：

$$S_{k-1}^{(3)}=\frac{S_d}{X_{\Sigma(k-1)}^*}=\frac{100}{1.79}=55.87\mathrm{MV\cdot A}$$

⑤ 求 k-2 点的总电抗标幺值和短路电流和短路容量。

a. 总电抗标幺值：

$$X_{\Sigma(k-2)}^*=X_1^*+X_2^*+X_3^*/X_4^*=0.2+1.59+\frac{4.5}{2}=4.04$$

b. 三相短路电流周期分量有效值：

$$I_{\text{k-2}} = \frac{I_{\text{d2}}}{X_{\Sigma(\text{k-2})}^*} = \frac{144}{4.04} \text{kA} = 35.64 \text{kA}$$

c. 各三相短路电流：

$$I'' = I_\infty = I_{\text{k-2}} = 35.64 \text{kA}$$
$$I_{\text{sh}} = 1.09 \times 35.64 \text{kA} = 38.8 \text{kA}$$
$$I_{\text{sh}} = 1.84 \times 35.64 \text{kA} = 65.6 \text{kA}$$

d. 三相短路容量：

$$S_{\text{k-2}}^{(3)} = \frac{S_{\text{d}}}{X_{\Sigma(\text{k-2})}^*} = \frac{100}{4.04} = 24.75 \text{MV} \cdot \text{A}$$

⑥ 将计算结果列成表格形式见表 5-1。

表 5-1　例 5-1 的短路计算结果

短路计算点	三相短路电流/kA					三相短路容量/(MV·A)
	I_{k}	I''	I_∞	I_{sh}	i_{sh}	S_{k}
k-1 点	3.07	3.07	3.07	4.64	7.83	55.87
k-2 点	35.64	35.64	35.64	38.8	65.6	24.75

5.3.3　采用短路功率法计算短路电流

(1) 短路功率法的概念

短路功率法，即短路容量法，它是由于在短路计算中以元件的短路功率 M_{k} 来代替元件阻抗而得名。所谓短路功率 M_{k} 的具体计算如下：

$$M_{\text{k}} = \sqrt{3} U_{\text{c}} I_{\text{k}} = \frac{U_{\text{c}}^2}{Z} = U_{\text{c}}^2 Y \tag{5-23}$$

$$Y = \frac{1}{Z} \tag{5-24}$$

式中，M_{k} 为元件的短路功率，MV·A；U_{c} 为元件所在线路的平均额定电压，kV；Z 为元件一相的阻抗，Ω；Y 为元件的导纳。

(2) 供电系统中各主要元件的短路功率计算。

① 电力系统的短路功率：

$$M_{\text{k}} = S_{\text{oc}} \tag{5-25}$$

式中，M_{k} 为电力系统的短路功率；S_{oc} 为电力系统出口断路器的断流容量。

② 电力变压器的短路功率：

$$M_{\text{k}} = \frac{U_{\text{c}}^2}{Z} = \frac{S_{\text{N}}}{U_{\text{k}}\%} \times 100 = \frac{100 S_{\text{N}}}{U_{\text{k}}\%} \tag{5-26}$$

式中，M_{k} 为电力变压器的短路功率；$U_{\text{k}}\%$ 为变压器短路电压百分比；S_{N} 为电力变压器的额定容量。

③ 电力线路的短路功率：

$$M_{\text{k}} = \frac{U_{\text{c}}^2}{Z} = \frac{U_{\text{c}}^2}{X_{\text{L}}} = \frac{U_{\text{c}}^2}{x_0 l} \tag{5-27}$$

式中，M_{k} 电力线路短路功率；U_{c} 为线路所在处的平均额定电压；x_0、l 分别为线路单位长度电抗及线路长度。

(3) 短路电路的简化

以元件的短路功率表示的短路电路的简化，和以元件的导纳值表示的电路简化相似。如几个元件串联时，按阻抗并联的公式求 $M_{k\Sigma}$；如几个元件并联时，按阻抗串联的公式求 $M_{k\Sigma}$。即：

① 元件并联时求总的等效短路功率（//表示并联）：

$$M_{k\Sigma}=M_{k1}//M_{k2}//M_{k3}//\cdots//M_{kn}=M_{k1}+M_{k2}+M_{k3}+\cdots+M_{kn} \qquad (5\text{-}28)$$

② 元件串联求总的等效短路功率（＋表示串联）：

$$M_{k\Sigma}=M_{k1}+M_{k2}+M_{k3}\cdots+M_{kn}=\cfrac{1}{\cfrac{1}{M_{k1}}+\cfrac{1}{M_{k2}}+\cfrac{1}{M_{k3}}+\cdots+\cfrac{1}{M_{kn}}} \qquad (5\text{-}29)$$

③ 如图 5-6 所示，由两个电源支路 M_{k1} 及 M_{k2} 经元件 M_{k3} 到短路点时，求各个电源支路的等效短路功率 M'_{k1} 及 M'_{k2}，及分配系数 C'_1 和 C'_2 的计算方法如下：

$$M_{k1}=C'_1 M_{k\Sigma} \qquad (5\text{-}30)$$

$$M_{k2}=C'_2 M_{k\Sigma} \qquad (5\text{-}31)$$

$$M_{k\Sigma}=(M_{k1}//M_{k2})+M_{k3}=M'_{k1}//M'_{k2} \qquad (5\text{-}32)$$

$$C'_1=\frac{M_{k1}}{M_{k1}+M_{k2}} \qquad (5\text{-}33)$$

$$C'_2=\frac{M_{k2}}{M_{k1}+M_{k2}} \qquad (5\text{-}34)$$

短路功率法特别适用于在已知系统短路容量情况下，按无限容量系统法计算短路电流。如遇系统短路容量为无限大，则只需将等效短路电路图中代表系统的方框图去掉即可。例如，假设无限大容量系统到 1 号元件短路点，则其等效短路功率即为 M_{k1}。证明如下：

$$M_{k\Sigma}=M_{k1}+M_{kxi}=\cfrac{1}{\cfrac{1}{M_{kxi}}+\cfrac{1}{M_{k1}}}=\cfrac{1}{\cfrac{1}{\infty}+\cfrac{1}{M_{k1}}}=M_{k1} \qquad (5\text{-}35)$$

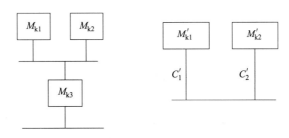

图 5-6　电源等效支路简化

(4) 短路功率法计算短路电流的步骤

① 画出计算电路图，并标明各元件的参数（与计算无关的原始数据一概除去）；

② 画出相应的等效电路图（采用方框的形式），并注明短路计算点；

③ 对各元件进行编号，并分别独立计算各元件的短路功率 M_k，将结果填写于方框中；

④ 依次按短路点简化等效电路，求出电源至短路点的总短路功率 $M_{k\Sigma}$；

⑤ 求出各计算点的短路容量 $S_k=M_{k\Sigma}$，短路电流 $I_k=\dfrac{S_k}{\sqrt{3}U_c}$；

⑥ 根据题目要求，计算各短路点所需的短路参数值，如：I_k，$I_k^{(2)}$，I_∞，$I_\infty^{(2)}$，S_k，i_{sh}，I_{sh}，I''等；

⑦ 将计算结果列成表格形式表示。

【例 5-2】 试用短路功率法重做例 5-1。

解：① 画出相应的等效电路图，如图 5-7 所示。

② 计算各元件的短路功率 M_k：

查表 5-2 可得：$M_{k1} = S_{oc} = 500 (MV \cdot A)$

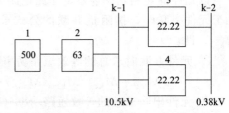

图 5-7 短路等效电路图（短路功率法）

$$M_{k2} = \frac{U_c^2}{Z} = \frac{U_c^2}{X_0 l} = \frac{10.5^2}{0.35 \times 5} = 63 (MV \cdot A)$$

$$M_k = \frac{U_c^2}{Z} = \frac{S_N}{U_k\%} \times 100 = \frac{100 S_N}{U_k\%} = \frac{100 \times 1000}{4.5} \approx 22222 (kV \cdot A) \approx 22.2 (MV \cdot A)$$

③ 求 k-1 点的总短路功率（简化等效电路时应先并联后串联）及短路电流值：

$$M_{k\Sigma 1} = M_{k1} + M_{k2} = \frac{63 \times 500}{63 + 500} = 55.95 (MV \cdot A)$$

$$S_{k1} = M_{k\Sigma 1} = 55.95 MV \cdot A$$

$$I_{k1} = I_{\infty 1} = \frac{S_{k1}}{\sqrt{3} U_c} = \frac{55.95}{\sqrt{3} \times 10.5} = 3.076 (kA)$$

$$I_{sh1} = 1.51 \times 3.076 = 4.64 (kA)$$

$$i_{sh1} = 2.55 \times 3.076 = 7.84 (kA)$$

④ 求 k-2 点的总短路功率及短路电流值：

$$M_{k\Sigma 2} = M_{k1} + M_{k2} + M_{k3}//M_{k4} = \frac{55.95 \times 44.44}{55.95 + 44.44} = 24.77 (MV \cdot A)$$

$$S_{k2} = M_{k\Sigma 2} = 24.77 (MV \cdot A)$$

$$I_{k2} = I_{\infty 2} = \frac{S_{k2}}{\sqrt{3} U_c} = \frac{24.77}{\sqrt{3} \times 0.4} = 35.75 (kA)$$

$$I_{sh2} = 1.51 \times 35.76 = 53.98 (kA)$$

$$i_{sh2} = 2.55 \times 35.75 = 91.16 (kA)$$

⑤ 将计算结果列表（略）。

表 5-2 电力线路每相的单位长度电抗值

线路类型		U_c/kV	X_0/(Ω/km)	$S_d = 100 MV \cdot A$ 时的电抗标幺值
电缆线路	6kV	6.3	0.07	0.176
	10kV	10.5	0.08	0.073
架空线路	6kV	6.3	0.35	0.882
	10kV	10.5	0.35	0.317
	35kV	37.0	0.40	0.029
	110kV	115.0	0.40	0.003

5.3.4 两相短路电流计算

在无限大电力系统中发生两相短路时（如图 5-8 所示）可得：

$$I_k^{(2)} = \frac{U_c}{2 Z_\Sigma} \tag{5-36}$$

式中，U_c 为短路点计算电压；由于是同一地点两相短路，Z_Σ 主要为电抗，因此，上式也可写成：

$$I_k^{(2)} = \frac{U_c}{2X_\Sigma} \qquad (5\text{-}37)$$

而三相短路电流可由下列公式求得：

$$I_k^{(3)} = \frac{U_c}{\sqrt{3}Z_\Sigma} \qquad (5\text{-}38)$$

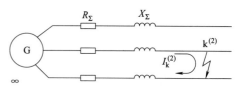

图 5-8　无限大容量系统发生两相短路

所以

$$\frac{I_k^{(2)}}{I_k^{(3)}} = \frac{\sqrt{3}}{2} \approx 0.866 \qquad (5\text{-}39)$$

或

$$I_k^{(2)} = \frac{\sqrt{3}}{2}I_k^{(3)} = 0.866 I_k^{(3)} \qquad (5\text{-}40)$$

上式说明，无限大容量电力系统中，同一地点的两相短路电流为三相短路电流的 0.866 倍，因此在求出三相短路电流后，可利用上式直接求得两相短路电流。

注意：三相短路电流一般不仅比两相短路电流大，而且也比单相短路电流大；但两相短路电流可能比单相短路电流大，也可能比单相短路电流小，这要看具体短路情况而定。因此为了方便，在计算校验继电保护时，把两相短路电流作为最小的短路电流来进行校验。

思考题

1. 什么叫短路？短路故障产生的原因是什么？短路对电力系统有哪些危害？
2. 短路有哪些形式？哪种形式短路发生的可能性最大？哪种形式短路的危害最严重？
3. 什么叫无限大电力系统？它有什么特点？

习　题

1. 短路电流的周期分量和非周期分量是如何产生的？
2. 什么叫短路计算电压？它与线路额定电压有什么关系？
3. 在无限大电力系统中，三相短路电流、两相短路电流、单相短路电流各有什么关系？
4. 什么叫短路计算的标幺制法？什么叫短路计算的短路功率法？各有什么特点？
5. 为什么要对电气设备和导体进行动稳定度和热稳定度校验？
6. 短路计算的目的是什么？
7. 采用标幺制法计算短路电流的一般步骤有哪些？
8. 采用短路功率法计算短路电流的一般步骤有哪些？
9. 有一地区变电所通过一条长 4km 的 10kV 电缆线路供电给某厂一个装有两台并列运行的 SL7-800 型变压器的变电所，地区变电所出口断路器断流容量为 300MV·A。试用标幺法求该厂变电所 10kV 高压侧短路电流，并列出短路计算表。

第6章

供配电设备及导线的选择校验

本章预期学习结果

掌握高压隔离开关、高压负荷开关、高压断路器、低压刀开关、电流互感器、电压互感器、电力变压器和高低压成套设备的选择及校验，掌握电力变压器台数选择及容量计算，掌握导线截面的选择与校验。

供配电系统中的导线及电气设备，包括电力变压器、高低压开关电器、互感器等，均需依据正常工作条件、环境条件及安装条件进行选择，部分设备还需依据故障情况进行短路电流的动、热稳定度校验，在保障供配电系统安全可靠工作的前提下，力争做到运行维护方便、技术先进、投资经济合理。

6.1 电气设备选择及检验的一般原则

供配电系统中的电气设备按正常工作条件进行选择，就是要考虑电气设备装设的环境条件和电气要求：环境条件是指电气设备所处的位置（户内或户外）、环境温度、海拔高度以及有无防尘、防腐、防火、防爆等要求；电气要求是指电气设备对电压、电流、频率等方面的要求；对开关电器及保护用设备，如开关、熔断器等，还应考虑其断流能力。

电气设备按短路故障情况进行校验，就是要按最大可能的短路故障（通常为三相短路故障）时的动、热稳定度进行校验。但熔断器和有熔断器保护的电器和导体（如电压互感器等），以及架空线路，一般不必考虑动、热稳定度的校验，对电缆，也不必进行动稳定度的校验。

在供配电系统中尽管各种电气设备的作用不一样，但选择的要求和条件有诸多是相同的。为保证设备安全、可靠的运行，各种设备均应按正常工作条件下的额定电压和额定电流选择，并按短路故障条件校验其动稳定度和热稳定度。

(1) **按工作环境要求选择电气设备的型号**

如户内、户外、海拔高度、环境温度、矿山（井）、防尘、防爆等。

(2) **按工作电压选择电气设备的额定电压**

一般电气设备和导线的额定电压 U_N 应不低于设备安装地点电网的电压（额定电压）

U_{WN}，即：

$$U_N \geq U_{WN} \tag{6-1}$$

例如在 10kV 线路中，应选择额定电压为 10kV 的电气设备；380V 系统中应选择额定电压为 380V（0.4kV）或 500V 的电气设备。

（3）按最大负荷电流选择电气设备的额定电流

导体和电气设备的额定电流是指在额定环境温度下长期允许通过的电流，以 I_N 表示，该电流应不小于通过设备的最大负荷电流（计算电流）I_{30}，即：

$$I_N \geq I_{30} \tag{6-2}$$

（4）对开关类电气设备还应考虑其断流能力

设备的最大开断电流 I_∞（或容量 S_∞）应不小于安装地点的最大三相短路电流 $I_k^{(3)}$（或短路容量 $S_k^{(3)}$），即：

$$I_\infty \geq I_k^{(3)} \tag{6-3}$$

或

$$S_\infty \geq S_k^{(3)} \tag{6-4}$$

（5）按短路条件校验电气设备的动稳定度和热稳定度

电气设备在短路故障条件下必须具有足够的动稳定度和热稳定度，以保证电气设备在短路故障时不致损坏。

① 热稳定度校验。通过短路电流时，导体和电器各部件的发热温度不应超过短时发热最高允许温度值，即：

$$I_t^2 t \geq I_\infty^{(3)2} t_{ima} \tag{6-5}$$

其中：

$$t_{ima} = t_k + 0.05(\text{s}) \tag{6-6}$$

当 $t_k > 1\text{s}$ 时，

$$t_{ima} = t_k \tag{6-7}$$

式中，$I_\infty^{(3)}$ 为设备安装地点的三相短路稳态电流，kA；t_{ima} 为短路发热假想时间（又称短路发热等值时间），s；t_k 为实际短路时间；I_t 为 t 秒内允许通过的短路电流值或称 t 秒热稳定电流，kA；t 为设备生产厂家给出的设备热稳定计算时间，一般为 4s、5s、1s 等。I_t 和 t 可查相关的产品手册或产品样书。

② 动稳定度校验。动稳定（电动力稳定）是指导体和电器承受短路电流机械效应的能力。满足动稳定度的校验条件是：

$$i_{max} \geq i_{sh}^{(3)} \tag{6-8}$$

或

$$I_{max} \geq I_{sh}^{(3)} \tag{6-9}$$

式中，$i_{sh}^{(3)}$ 为设备安装地点的三相短路冲击电流峰值，kA；$I_{sh}^{(3)}$ 为设备安装地点的三相短路冲击电流有效值，kA；i_{max} 为设备的极限通过电流（或称动稳定电流）峰值，kA；I_{max} 为设备的极限通过电流（或称动稳定电流）有效值，kA。i_{max} 和 I_{max} 均可由相关产品的手册或样本中查到。

6.2　电力变压器的选择

电力变压器的类型及各自的特点、应用场合在第 2 章的 2.3 节已有详细介绍，不再赘述。

表 6-1 为各种类型的电力变压器的不同性能和应用场合的比较。

表 6-1　各种变压器性能和应用场合比较

项目类型	矿物油变压器	硅油变压器	六氟化硫变压器	干式变压器	环氧树脂浇注变压器
价格	低	中	高	高	较高
安装面积	中	中	中	大	小
体积	中	中	中	大	小
爆炸性	有可能	可能性小	不爆	不爆	不爆
燃烧性	可燃	难燃	难燃	难燃	难燃
噪声	低	低	低	高	低
耐湿性	良好	良好	良好	弱(无电压时)	优
防尘性	良好	良好	良好	弱	良好
损耗	大	大	稍小	大	小
绝缘等级	A	A 或 H	E	B 或 H	B 或 F
质量	重	较重	重	重	轻
一般工厂	普遍使用	一般不用	一般不用	一般不用	很少使用
高层建筑的地下室	一般不用	可使用	宜使用	不宜使用	推荐使用

6.2.1　电力变压器实际容量的计算

电力变压器的实际容量是指变压器在实际使用条件（包括实际输出的最大负荷和安装地点的环境温度）下，在不影响变压器的规定使用年限（一般为 20 年）时所能连续输出的最大视在功率 S_T，单位是 $kV \cdot A$。

一般规定，如果变压器安装地点的年平均温度 θ_{0av} 不等于 20℃，则年平均温度每升高 1℃，变压器的容量相应减少 1%。因此，对于户外安装的变压器，其实际容量为：

$$S_T = \left(1 - \frac{\theta_{0av} - 20}{100}\right) \times S_{NT} \tag{6-10}$$

对于户内变压器，由于散热条件较差，从而使其户内的环境温度比户外的温度大约要高 8℃，因此户内变压器的实际容量为：

$$S_T = \left(0.92 - \frac{\theta_{0av} - 20}{100}\right) \times S_{NT} \tag{6-11}$$

此外，对于油浸式变压器，如果实际运行时变压器的负荷变动较大，而变压器的容量是按照最大负荷（计算负荷）来选择的，从维持其规定使用年限来考虑，允许一定的过负荷运行。但一般规定户内油浸式变压器的允许正常过负荷不得超过 20%，户外油浸式变压器不得超过 30%。

【例 6-1】　某车间变电所的变压器室内装有一台 630kV·A 的油浸式变压器。已知当地的年平均温度是 +18℃，试求该变压器的实际容量。

解： 变压器的实际容量由式（6-11）得：

$$S_T = \left(0.92 - \frac{18 - 20}{100}\right) \times 630 = 592.2 \ (kV \cdot A)$$

6.2.2　电力变压器的台数选择

变电所主变压器台数的选择。选择主变压器台数时应考虑下列原则：

① 应满足用电负荷对供电可靠性的要求。对拥有大量一、二级负荷的变电所，宜采用两台或以上变压器，以便当一台变压器发生故障或检修时，另一台变压器能对一、二级负荷

继续供电。对只有二级而无一级负荷的变电所，也可以采用一台变压器，但必须在低压侧敷设与其他变电所相连的联络线作为备用电源。

② 对季节性负荷或昼夜负荷变动较大而宜于采用经济运行方式的变电所，也可考虑采用两台变压器。

③ 除上述情况外，一般变电所宜采用一台变压器，但是负荷集中而容量相当大的变电所，虽为三级负荷，也可以采用两台或以上变压器。

④ 在确定变电所主变压器台数时，还应适当考虑负荷的发展，留有一定的余量。

6.2.3 变电所主变压器容量的选择

(1) 装有一台主变压器的变电所

主变压器容量 S_T（设计时通常概略地用 S_{NT} 来代替）应满足全部用电设备总计算负荷 S_C 的需要，即：

$$S_T \approx S_{NT} \geqslant S_{30} \tag{6-12}$$

(2) 装有两台主变压器的变电所

每台变压器的额定容量 S_T 应同时满足以下两个条件并择其中的大者：

① 一台变压器单独运行时，要满足总计算负荷 S_C 的大约 $60\% \sim 70\%$ 的需要，即：

$$S_T \approx S_{NT} \geqslant (0.6 \sim 0.7)S_{30} \tag{6-13}$$

② 任一台变压器单独运行时，应满足全部一、二级负荷 $S_{30(I+II)}$ 的需要，即：

$$S_T \approx S_{NT} \geqslant S_{30(I+II)} \tag{6-14}$$

(3) 装有两台主变压器且为明备用的变电所

所谓明备用是指两台主变压器一台运行、另一台备用的运行方式。此时，每台主变压器容量 $S_{N.T}$ 的选择方法与仅装一台主变压器的变电所的方法相同。

(4) 车间变电所主变压器的单台容量上限

车间变电所主变压器的单台容量，一般不宜大于 1250kV·A。这一方面是受低压开关电器断流能力和短路稳定度要求的限制；另一方面也是考虑到可以使变压器更接近于车间负荷中心，以减少低压配电线路的电能损耗、电压损耗和有色金属消耗量。但是，现在我国已能生产一些断流能力更大和短路稳定度更好的新型低压开关电器，如 DW16、ME 等型号的低压断路器，因此如果车间负荷容量较大、负荷集中且运行合理时，也可以选用单台容量为 1250（或 1600）～2000kV·A 的配电变压器，这样能减少主变压器台数及高压开关电器和电缆的使用数量。

对装设在二层以上的电力变压器，应考虑运输吊装和对通道、楼板荷载的影响。采用干式、环氧树脂变压器时，其容量不宜大于 800kV·A。

对居住小区变电所，一般采用干式、环氧树脂变压器，如采用油浸式变压器，单台容量不宜超过 800kV·A。这是因为油浸式变压器容量大于 800kV·A 时，按规定应装设瓦斯保护，而该变压器电源侧的断路器往往不在变压器附近，因此瓦斯保护很难实施；而且如果变压器容量增大，供电半径也相应增大，将会导致供电末端的电压偏低，给居民生活带来不便，例如日光灯启动困难、电冰箱不能启动等问题。

(5) 适当考虑近期负荷的发展

应适当考虑今后 5～10 年电力负荷的增长，留有一定的余地，同时还要考虑变压器一定的正常过负荷能力。

最后必须指出：变电所主变压器台数和容量的最后确定，应结合变电所主接线方案的选择，对几个较合理方案进行技术经济比较，择优而定。

【例 6-2】 某车间变电所（10/0.4kV），总计算负荷为 1350kV·A，其中一、二级负荷 680kV·A。试选择变压器的台数和容量。

解：根据车间变电所变压器台数及容量选择要求，该车间变电所有一、二级负荷，故宜选择两台主变压器。

任一台变压器单独运行时，要满足 60%～70% 的总负荷要求，即：

$$S_{NT} = (0.6 \sim 0.7) \times 1350kV \cdot A = 810 \sim 945kV \cdot A$$

且任一台变压器应满足全部一、二级负荷的要求，所以：

$$S_{NT} \geqslant 680kV \cdot A$$

根据上述条件，可选两台容量均为 1000kV·A 的变压器，具体为型号 S9-1000/10 的铜绕组低损耗三相油浸式电力变压器。

6.3 高低压开关电器的选择及校验

高低压开关设备的选择必须满足一次电路正常条件下和短路故障条件下工作的要求及断流能力的要求，同时设备应工作安全可靠、运行维护方便、投资经济合理。

表 6-2 是各种高低压电气设备选择检验的项目及条件，对应的公式见 6.1 节。

表 6-2 高低压电气设备选择检验的项目及条件

电气设备名称	正常工作条件选择			短路故障检验	
	电压/kV	电流/A	断流能力/kA	动稳定度	热稳定度
高低压熔断器	√	√	√	×	×
高压隔离开关	√	√	—	√	√
高压负荷开关	√	√	√	√	√
高压断路器	√	√	√	√	√
低压刀开关	√	√	√	—	—
低压负荷开关	√	√	√	—	—
低压断路器	√	√	√	—	—

注：① 表中"√"表示必须校验，"×"表示不必检验，"—"表示可不检验。
② 选择高压电气设备时，计算电流取变压器高压侧的额定电流。

6.3.1 高压隔离开关的选择及校验

由于高压隔离开关主要是用于电气隔离而不能分断正常负荷电流和短路电流，因此，只需要选择额定电压和额定电流，校验短路故障时的动稳定度和热稳定度，而不必考虑断流能力的选择。在成套高压开关柜中，生产厂商不仅会提供各种配置的开关柜方案号，并配有柜内设备型号，用户可按厂商提供的型号选择，也可以自己指定设备型号。具体的选择条件为：

① 高压隔离开关的额定电压应大于或等于安装处的线路额定电压，见式（6-1）。

② 高压隔离开关的额定电流 I_N 应大于通过它的计算电流，见式（6-2）。

③ 高压隔离开关的动稳定度校验见式（6-9）。

④ 高压隔离开关的热稳定度可按式（6-5）进行校验。

【例 6-3】 某 10kV 高压开关柜出线处，线路的计算电流为 400A，三相最大短路电流为 3.2kA，三相短路容量为 55MV·A，短路冲击电流有效值为 8.5kA，短路保护的动作时间为 1.6s。试选择柜内隔离开关。

解： 由于 10kV 出线控制采用成套开关柜，根据厂商提供的金属铠装固定式开关柜的配置，高压隔离开关采用 GN24-10D 型，型号中 D 是表示带接地刀。它是在 GN19 型隔离开关的基础上增加接地开关而成，具有合闸、分闸、接地三个工作位置，并能分步动作，具有防止带电挂接地线和带接地线合闸的防误操作性能。选择计算结果列于表 6-3。从表中可以看出所选隔离开关的参数均大于装设地点的电气条件，故所选隔离开关合格。

表 6-3　高压隔离开关选择检验表

序号	GN24-10D/630		选择要求	安装地点电气条件		结论
	项目	数据		项目	计算数据	
1	U_N	10kV	$\geqslant$	U_{WN}	10kV	合格
2	I_N	630A	$\geqslant$	I_C	400A	合格
3	额定峰值耐受电流（动稳定）	50kA	$\geqslant$	$I_{sh}^{(3)}$	8.5kA	合格
4	4s 热稳定电流（热稳定）I_t	$I_t^2 \times 4 = 20^2 \times 4 = 1600\mathrm{kA}^2 \cdot \mathrm{s}$	$\geqslant$	$I_\infty^2 \times t_{ima}$	$(3.2)^2 \times 1.6 = 16.384\mathrm{kA}^2 \cdot \mathrm{s}$	合格

6.3.2　高压负荷开关的选择及校验

由于高压负荷开关不仅具有高压隔离开关的功能，还能通断正常负荷电流和一定的过负荷电流，因此在选择时，除了必须考虑额定电压和额定电流、校验短路故障时的动稳定度和热稳定度外，还应考虑其断流能力。具体的选择条件如下：

① 高压负荷开关的额定电压应大于或等于安装处线路的额定电压，见式（6-1）。

② 高压负荷开关的额定电流应大于或等于它所安装的热脱扣器的额定电流，见式（6-2）。

③ 高压负荷开关的最大开断电流应不小于它可能开断的最大过负荷电流，即：

$$I_\infty \geqslant I_{OL} \tag{6-15}$$

式中，I_{OL} 为高压负荷开关需要开断的线路最大过负荷电流值。

④ 高压负荷开关的动稳定度可按式（6-9）进行校验。

⑤ 高压负荷开关的热稳定度可按式（6-5）进行校验。

6.3.3　高压断路器的选择及校验

高压断路器是供电系统中最重要的设备之一，目前 6～35kV 系统中使用最为广泛的是油断路器和真空断路器。断路器的选择，除考虑额定电压、额定电流外，还要考虑其断流能力和短路时的动稳定度和热稳定度是否符合要求。从选择过程来讲，一般先按断路器的使用场合、环境条件（见表 6-4）来选择型号，然后再选择其额定电压、额定电流值，最后校验断流容量和动稳定度、热稳定度。现在由于成套装置应用较为普遍，断路器大多选择户内型的；如果是户外式变电所，则放置在户外的断路器应选择户外型的。具体选择条件如下：

① 高压断路器的额定电压应大于或等于安装处的额定电压，见式（6-1）。

② 高压断路器的额定电流应大于通过它的计算电流，见式（6-2）。

③ 高压断路器的最大开断电流（或容量）应不小于安装地点的实际开断时间（继电保护实际动作时间加上断路器固有分闸时间）内的最大三相短路电流（或短路容量），见式（6-3）或式（6-4）。

④ 高压断路器的动稳定度可按式（6-9）进行校验。

⑤ 高压断路器的热稳定度可按式（6-5）进行校验。

表 6-4 断路器的环境要求

型号	使用场合	环境温度/℃	海拔高度/m	相对湿度/%	其他要求
SN10-10	户内无频繁操作	$-5 \sim 40$	$\leqslant 1000$	<90	无火灾、无爆炸
ZW10-12	户内可频繁操作	$-40 \sim 40$	$\leqslant 2000$	<95	无严重污垢、无化学腐蚀、无剧烈震动

【例 6-4】 按表 6-4 所给的电气条件，例 6-3 线路需频繁操作，请选择柜内高压断路器。

解：因线路需频繁操作，且为户内型，故选择户内高压真空断路器。查常用高压断路器的技术数据，根据线路计算电流选择 ZN5-10 /630 型真空断路器，其有关技术参数及安装地点电气条件和计算选择结果列于表 6-5，从表中可以看出断路器的参数均大于装设地点的电气条件，故所选断路器合格。

表 6-5 高压断路器选择校验表

序号	ZN5-10/630 项目	ZN5-10/630 数据	选择要求	安装地点电气条件 项目	安装地点电气条件 计算数据	结论
1	U_N	10kV	$\geqslant$	U_{WN}	10kV	合格
2	I_N	630A	$\geqslant$	I_C	400A	合格
3	I_{ocN}	20kA	$\geqslant$	$I_k^{(3)}$	3.2kA	合格
4	I_{max}	50kA	$\geqslant$	$I_{sh}^{(3)}$	8.5kA	合格
5	$I_t^2 \times 4$	$20^2 \times 4 = 1600 kA^2 \cdot s$	$\geqslant$	$I_\infty^2 \times t_{ima}$	$(3.2)^2 \times 1.6 = 16.384 kA^2 \cdot s$	合格

低压刀开关及低压负荷开关的选择基本上与高压隔离开关和高压负荷开关的选择方式相同。其中，不带灭弧罩的低压刀开关因为只能在无负荷下操作，故不必考虑断流能力，而带有灭弧罩的低压刀开关及低压负荷开关的断流能力选择和高压负荷开关的断流能力选择方法一致。但是，低压刀开关、低压负荷开关的短路动、热稳定度一般可不校验。

此外，高低压熔断器和低压断路器的选择、计算将在后面章节中讲述。

6.3.4 高、低压开关柜的选择

每一种型号的开关柜，其柜内一次线路的接线方案有几十种甚至一百多种，用户可以根据主接线方案及二次接线的要求，选择与主接线方案一致的柜内接线方案号，然后选择柜内设备（型号）规格。各种开关柜的主线路方案，可查有关手册或产品样本。

开关柜方案号确定后，就可根据 6.3.3 介绍的方法选择柜内设备的具体型号（规格）。

(1) 高压开关柜的选择

一般小型工厂从经济角度考虑，选用固定式高压开关柜的比较多，但大中型工厂和高层建筑则多选用手车式高压开关柜，以保证供电的可靠性和连续性，而且，手车式的结构紧凑、外形美观。普通工厂的变配电所以及对防爆、防火要求不高的场所，可选用配置少油断路器的高压开关柜，而高层建筑和居民区等防火要求较高的场所，应采用配有不可燃真空断路器或 SF_6 断路器的高压开关柜；对容量较小的配电变压器馈电的高压开关柜和高压环网柜，可选用配有真空断路器或负荷开关-熔断器的开关柜。

表 6-6 为 XGN2-10 箱型固定式金属封闭开关柜部分方案号及对应的主接线电路和配置的一次设备型号、数量。其中，03 号为电缆出线控制柜；11 号可作为右（或左）联络柜，或作为架空出线的控制柜；26 号为联络柜，也就是母线分段柜，当主接线中的（单）母线采用断路器分段时就可选此柜；54 号为母线电压互感器柜，每一段母线上通常都配置一台这样的柜子。

表 6-6　XGN2-10 箱型固定式金属封闭开关柜柜内部分方案号

方案号		03	11	26	54
主接线图					
主要电器及设备	旋转式隔离开关 GN30-10	1	1	GN22-10	
	旋转式隔离开关 GN30-10D				1
	电流互感器 LZZJ-10	2	2		
	断路器 ZN28A-10A 或 SN10-10	1	1	1	
	操作机构 CD10,CT8,CD17,CT19	1	1	1	
	带电显示装置	1			
	接地开关 JN11-10	1			
	熔断器 RN2-10				3
	电压互感器 JDZ 或 JSJw				3 或 1
	避雷器 Y5C5-10				3
最大工作电流/A		630~1000			
用途		馈电柜	右(左)联络	联络柜	电压互感器柜

（2）低压配电屏的选择

中小型工厂多采用固定式低压配电屏，目前使用较广泛的开启式 PGL 型正在逐步淘汰，而 GGL、GGD 型封闭式结构的固定式低压配电屏正得到推广应用。抽屉式低压配电屏的结构紧凑、通用性好、安装灵活方便、防护安全性高，因此，近年来的应用也越来越多。

表 6-7 是 GGD1 型低压固定式配电屏的部分方案号及对应的主接线电路和可配置的一次设备型号、数量。05（A）号为总控制屏；13（A）号作左联络屏；34（A）号作馈电给动力负荷的控制屏；51（A）号为馈电给照明负荷的控制屏。

表 6-7　GGD1 型低压固定式配电屏的柜内部分方案号

方案号		05(A)	13(A)	34(A)	51(A)
主接线图					
主要电器及设备	刀开关 HD13BX-1000/31	1	2	1	
	刀开关 HD13BX-600/31				1
	电流互感器 LMZ1-0.66 □/4	3	3(4)		
	电流互感器 LMZ3-0.66 □/5			4	4
	断路器 DW15-1000/3□	1	1		
	断路器 DZ10-250/3□			4	
最大工作电流/A		630～1000			
用途		受电、馈电	受电、联络	动力馈电	照明馈电

6.4　互感器的选择和校验

6.4.1　电流互感器的选择与校验

电流互感器的选择与校验主要有以下几个条件：

① 电流互感器额定电压应不低于装设地点线路的额定电压，见式（6-1）；

② 根据一次侧的负荷计算电流 I_C，选择电流互感器的变流比；

③ 根据二次回路的要求选择电流互感器的准确度并校验准确度；

④ 校验动稳定度和热稳定度。

⑤ 电流互感器的类型和结构应与实际安装地点的安装条件、环境条件相适应。

(1) 电流互感器变流比的选择

$$K_i = I_{1N}/I_{2N} \tag{6-16}$$

式中，I_{1N} 为电流互感器的一次侧额定电流，按式（6-2）进行选择；I_{2N} 为二次侧额定电流，一般为 5A。

电流互感器一次侧额定电流 I_{1N} 有 20、30、40、50、75、100、150、200、300、400、600、800、1000、1200、1500、2000（A）等多种规格，二次侧额定电流 I_{2N} 通常为 5A。例如，线路中的负荷计算电流为 350A，则电流互感器的变比应选择 400/5。保护用的电流互感器为保证其准确度要求，可以将变比选得大一些。

(2) 电流互感器准确度的选择及校验

① 电流互感器准确度等级的选用应根据二次回路所接测量仪表和保护电器对准确度等级的要求而定。

准确度选择的原则是：计费计量用的电流互感器其准确度为 0.2～0.5 级，一般计量用的电流互感器其准确度为 1.0～3.0 级，保护用的电流互感器，常采用 10P 准确度级。为保证测量的准确性，电流互感器的准确度等级应不低于所供测量仪表等要求的准确等级。例如实验室用精密测量仪表要求电流互感器有 0.2 级的准确度；用于计费用的电度表一般要求为 0.5～1 级的准确度，因此对应的电流互感器的准确度等级亦应选为 0.5 级；一般测量仪表或估算用电度表要求 1～3 级准确度，相应的电流互感器的准确度应为 1～3 级，以此类推。当同一回路中测量仪表的准确度等级要求不同时，应按准确度等级最高的仪表确定电流互感器的准确度等级。

② 额定二次负荷容量的选择。由于电流互感器的准确度等级与其二次负荷容量有关，为了确保准确度误差不超过规定值，一般还需校验电流互感器的二次负荷容量（V·A），即其二次侧所接负荷容量 S_2 不得大于规定的准确度等级所对应的额定二次负荷容量 S_{2N}，准确度的校验公式为：

$$S_{2N} \geq S_2 \tag{6-17}$$

电流互感器的二次负荷 S_2 取决于二次回路的阻抗值，可按下式计算：

$$S_2 = I_{2N}^2 |Z_2| \approx I_{2N}^2 (\sum |Z_i| + R_{WL} + R_{XC}) \tag{6-18}$$

或

$$S_2 \approx \sum S_i + I_{2N}(R_{WL} + R_{XC}) \tag{6-19}$$

式中，I_{2N} 为电流互感器二次侧额定电流，一般为 5A；$|Z_2|$ 为电流互感器二次侧总阻抗；$\sum |Z_i|$ 为二次回路中所有串联的仪表、继电器电流线圈阻抗之和；$\sum S_i$ 为二次回路中所有串联的仪表、继电器电流线圈的负荷容量之和，均可由相关的产品样本查得；R_{WL} 为电流互感器二次侧连接导线的电阻；R_{XC} 为电流互感器二次回路中的接触电阻，一般近似地取 0.1Ω。

由式（6-18）可以看出，在电流互感器准确度级一定时，其二次侧负荷阻抗 Z_2 与二次电流（或一次电流）的平方成反比。

对于保护用电流互感器，其 10P 准确度级的复合误差限值为 10%。电流互感器在出厂时一般已给出电流互感器误差为 10% 时的一次电流倍数 K_1（即 I_1/I_{1N}）与最大允许的二次负荷阻抗 Z_{2al} 的关系曲线（简称 10% 误差曲线），如图 6-1 所示。

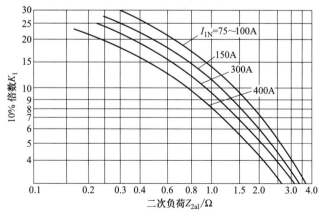

图 6-1　某电流互感器的 10% 误差曲线

用户可根据一次电流倍数 K_1，查出相应的允许二次负荷阻抗 Z_{2al}。因此保护用电流互感器满足保护准确度级要求的条件为：

$$|Z_{2al}| \geqslant |Z_2| \tag{6-20}$$

(3) 电流互感器动稳定度和热稳定度的校验

多数电流互感器都给出了对应于额定一次电流的动稳定倍数（K_{es}）和 1s 热稳定倍数（K_t），因此其动稳定度可按下式校验：

$$K_{es} \times \sqrt{2} I_{1N} \geqslant i_{sh} \tag{6-21}$$

热稳定度可按下式校验：

$$(K_t I_{1N})^2 t \geqslant U I_\infty^{(3)2} t_{ima} \tag{6-22}$$

如电流互感器不满足式 (6-17)、式 (6-20)、式 (6-21)、式 (6-22) 的要求，则应改选较大变流比或具有较大的 S_{2N} 或 $|Z_{2al}|$ 的电流互感器，或者加大二次侧导线的截面。

6.4.2 电压互感器的选择

电压互感器的选择应按以下几个条件：

① 电压互感器的类型应与实际安装地点的工作条件及环境条件（户内、户外；单相、三相）相适应；

② 电压互感器的一次侧额定电压应不低于装设点线路的额定电压，即：

$$U_{1N} \geqslant U_{WN} \tag{6-23}$$

③ 按测量仪表对电压互感器准确度要求选择并校验准确度。

电压互感器准确度级的设置一般有 5 挡，计量用的为 0.5 级及以上，一般测量用的准确度为 1.0～3.0 级，保护用的准确度为 3P 级和 6P 级。为了确保准确度的误差在规定的范围内，其二次侧所接负荷容量 S_2 也必须满足式 (6-17)，不同的只是式中的 S_2 为电压互感器二次侧所有仪表、继电器电压线圈所消耗的总视在负荷，其计算公式为：

$$S_2 = \sqrt{(\sum P_u)^2 + (\sum Q_u)^2} \tag{6-24}$$

式中，$\sum P_u = \sum (S_U \cos\varphi U)$ 和 $\sum Q_u = \sum (S_U \sin\varphi U)$ 分别为所接测量仪表和继电器电压线圈消耗的总有功功率和总无功功率。

由于电压互感器一、二次侧均有熔断器保护，因此不需校验动、热稳定度。

6.5 电力线路的截面选择及校验

电力线路的正确、合理选择直接关系到供配电系统的安全、可靠、优质、经济的运行。电力线路包括电力电缆、架空导线、室内绝缘导线和硬母线等类型。因此，电力线路的选择包括类型的选择和截面的选择两部分，其中有关类型的特点和选用已在前面章节中详细介绍，本节将重点介绍截面的选择方法。

6.5.1 概述

为了保证供配电系统安全、可靠、优质、经济地运行，选择导线和电缆截面时必须满足下列条件。

① 发热条件。导线和电缆（包括母线）在通过正常最大负荷电流即线路计算电流

（I_{30}）时产生的发热温度，不应超过其正常运行时的最高允许温度。

② 电压损耗条件。导线和电缆在通过正常最大负荷电流即线路计算电流（I_{30}）时产生的电压损耗，不应超过正常运行时允许的电压损耗。（对于工厂内较短的高压线路，可不进行电压损耗校验。）

③ 经济电流密度。35kV 及以上的高压线路及电压在 35kV 以下但长距离、大电流的线路，其导线和电缆截面宜按经济电流密度选择，以使线路的年费用支出最小。所选截面，称为"经济截面"。此种选择原则，称为"年费用支出最小"原则。一般工厂和高层建筑内的10kV 及以下线路，选择"经济截面"的意义并不大，因此通常不考虑此项条件。

④ 机械强度。导线（包括裸线和绝缘导线）截面不应小于其最小允许截面，查导线机械强度最小截面。

⑤ 短路时的动、热稳定度校验。和一般电气设备一样，导线也必须具有足够的动稳定度和热稳定度，以保证在短路故障时不会损坏。

⑥ 与保护装置的配合。导线和安装在其线路上的保护装置（如熔断器、低压断路器等）必须互相配合，才能有效地避免短路电流对线路造成的危害。具体的配合计算方法详见本书的 9.4 节。

对于电缆，不必校验其机械强度和短路动稳定度，但需校验短路热稳定度。对于母线，短路动、热稳定度都需考虑。对于绝缘导线和电缆，还应满足工作电压的要求，即绝缘导线和电缆的额定电压应不低于使用地点的额定电压。

在工程设计中，根据经验，一般对 6～10kV 及以下的高压配电线路和低压动力线路，先按发热条件选择导线截面，再校验其电压损耗和机械强度；对 35kV 及以上的高压输电线路和 6～10kV 长距离、大电流线路，则先按经济电流密度选择导线截面，再校验其发热条件、电压损耗和机械强度；对低压照明线路，先按电压损耗选择导线截面，再校验发热条件和机械强度。通常按以上顺序进行截面的选择，比较容易满足要求，较少返工，从而减少计算的工作量。

下面分别介绍如何按发热条件、经济电流密度和电压损耗选择计算导线和电缆截面。关于机械强度，对于工厂的电力线路，只需按架空裸导线或绝缘导线线芯的最小允许截面校验就行了，因此不再赘述。

6.5.2　按发热条件选择导线和电缆的截面

（1）三相系统相线截面的选择

电流通过导线（包括电缆、母线等）时，由于线路的电阻而会使其发热。当发热超过其允许温度时，会使导线接头处的氧化加剧，增大接触电阻而导致进一步的氧化，如此恶性循环会发展到触头烧坏而引起断线。而且绝缘导线和电缆的温度过高时，可使绝缘加速老化甚至损坏，或引起火灾。因此，导线的正常发热温度不得超过导体在正常和短路时的最高允许温度及热稳定系数规定的各类线路在额定负荷时的最高允许温度。

在实际工程设计中，通常用导线和电缆的允许载流量不小于通过相线的计算电流来校验其发热条件，即：

$$I_{OL} \geqslant I_{30} \tag{6-25}$$

导线的允许载流量 I_{OL} 是指在规定的环境温度条件下，导线或电缆能够连续承受而不致使其稳定温度超过允许值的最大电流。如果导线敷设地点的实际环境温度与导线允许载流量所规定的环境温度不同时，则导线的允许载流量须乘以温度校正系数 K_θ，其计算公式为：

$$K_\theta = \sqrt{\frac{\theta_{al} - \theta_0'}{\theta_{al} - \theta_0}} \tag{6-26}$$

式中，θ_{al} 为导线额定负荷时的最高允许温度；θ_0 为导线允许载流量所规定的环境温度；θ_0' 为导线敷设地点的实际环境温度。

这里所说的"环境温度"，是按发热条件选择导线和电缆所采用的特定温度。在室外，环境温度一般取当地最热月平均最高气温。在室内，则取当地最热月平均最高气温加5℃。对土中直埋的电缆，取当地最热月地下 $0.8 \sim 1$m 的土壤平均温度，亦可近似地采用当地最热月平均气温。

导线和电缆的允许载流量，可查相关设计手册。

按发热条件选择导线所用的计算电流 I_{30} 时，对降压变压器高压侧的导线，应取为变压器额定一次电流 I_{1NT}。对电容器的引入线，由于电容器放电时有较大的涌流，因此应取为电容器额定电流 I_{NC} 的 1.35 倍。

(2) 中性线和保护线截面的选择

① 中性线（N线）截面的选择。三相四线制系统中的中性线，要通过系统的三相不平衡电流和零序电流，因此中性线的允许载流量应不小于三相系统的最大不平衡电流，同时应考虑谐波电流的影响。

一般三相线路的中性线截面 A_0，应不小于相线截面 A 的 50%，即：

$$A_0 \geqslant 0.5 A_\Phi \tag{6-27}$$

由三相线路引出的两相三线线路和单相线路，由于其中性线电流与相线电流相等，因此它们的中性线截面 A_0 应与相线截面 A_Φ 相同，即：

$$A_0 = A_\Phi \tag{6-28}$$

对于三次谐波电流较大的三相四线制线路及三相负荷很不平衡的线路，中性线上通过的电流可能接近甚至超过相电流。因此在这种情况下，中性线截面 A_0 宜等于或大于相线截面 A_Φ，即：

$$A_0 \geqslant A_\Phi \tag{6-29}$$

② 保护线（PE线）截面的选择。保护线要考虑三相系统发生单相短路故障时单相短路电流通过时的短路热稳定度。

根据短路热稳定度的要求，保护线（PE线）的截面 A_{PE}，按 GB 50054—2011《低压配电设计规范》规定：

a. 当 $A_\Phi \leqslant 16$mm^2 时： $\qquad\qquad A_{PE} \geqslant A_\Phi$ $\qquad\qquad\qquad$ (6-30)

b. 当 16mm$^2 < A_\Phi \leqslant 35$mm^2 时： $\quad A_{PE} \geqslant 16$mm^2 $\qquad\qquad\quad$ (6-31)

c. 当 $A_\Phi > 35$mm^2 时 $\qquad\qquad A_{PE} \geqslant 0.5 A_\Phi$ $\qquad\qquad\qquad$ (6-32)

注：对于电力变压器低压侧截面较大的 PE 线，亦可按满足热稳定度的条件，即式(6-50)进行选择或校验。

③ 保护中性线（PEN线）截面的选择。保护中性线兼有保护线和中性线的双重功能，因此其截面选择应同时满足上述保护线和中性线的要求，并取其中的最大值。

【例6-5】 有一条采用 BLX-500 型铝芯橡皮线明敷的 220/380V 的 TN-S 线路，计算电流为 50A，当地最热月平均最高气温为 +30℃。试按发热条件选择此线路的导线截面。

解：此 TN-S 线路为含有 N 线和 PE 线的三相五线制线路，因此不仅要选择相线，还要选择中心线和保护线。

① 相线截面的选择。

查绝缘导线允许载流量得环境温度为 30℃ 时明敷的 BLX-500 型截面为 10mm^2 的铝芯橡皮绝缘导线的 $I_{\text{al}}=60\text{A}>I_{30}=50\text{A}$，满足发热条件。因此相线截面选 $A=10\text{mm}^2$。

② N 线的选择。

按 $A_0\geqslant 0.5A_\Phi$，选择 $A_0=6\text{mm}^2$。

③ PE 线的选择。

由于 $A_\Phi<16\text{mm}^2$，故选 $A_{\text{PE}}=A_\Phi=10\text{mm}^2$。

所选导线的型号规格表示为：

BLX-500-($3\times 10+1\times 6+\text{PE}10$)。

【例 6-6】 例 6-5 所示 TN-S 线路，如采用 BLV-500 型铝芯绝缘线穿硬塑料管埋地敷设，当地最热月平均最高气温为 +25℃。试按发热条件选择此线路的导线截面及穿线管内径。

解： 查聚氯乙烯绝缘导线穿塑料管时的允许载流量得 25℃ 时 5 根单芯线穿硬塑料管的 BLV-500 型截面为 25mm^2 的导线的允许载流量 $I_{\text{al}}=57\text{A}>I_{30}=50\text{A}$。

因此按发热条件，相线截面可选为 25mm^2。

N 线截面按 $A_0\geqslant 0.5A_\Phi$ 选择，选为 16mm^2。

PE 线截面按式（6-31）规定，选为 16mm^2。

穿线的硬塑管内径，选为 40mm^2。

选择结果表示为：BLV-500-($3\times 25+1\times 16+\text{PE}16$)-PC40，其中 PC 为硬塑管代号。

6.5.3 按经济电流密度选择导线和电缆的截面

导线（包括电缆）的截面越大，电能损耗就越小，但是线路投资、维修管理费用和有色金属消耗量却要增加。因此从经济方面考虑，导线应选择一个比较合理的截面，既使电能损耗小，又不致过分增加线路投资、维修管理费和有色金属消耗量。

图 6-2 是年费用 C 与导线截面 A 的关系曲线。其中曲线 1 表示线路的年折旧费（线路投资除以折旧年限之值）和线路的年维修管理费之和与导线截面的关系；曲线 2 表示线路的年电能损耗费与导线截面的关系；曲线 3 为曲线 1 与曲线 2 的叠加，表示线路的年运行费用（包括线路的年折旧费、维修费、管理费和电能损耗费）与导线截面的关系。由曲线 3 可知，与年运行费最小值 C_a（a 点）相对应的导线截面 A_a 不一定是最经济合理的导经截面，因为 a 点附近，曲线 3 比较平坦，如果将导线截面再选小一些，例如选为 A_b（b 点），年运行费 C_b 增加不多，但导线截面即有色金属消耗量却显著地减少。因此从全面的经济效益来

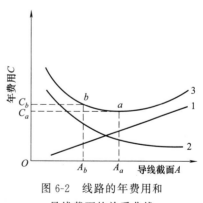

图 6-2　线路的年费用和导线截面的关系曲线

考虑，导线截面选为 A_b 比选 A_a 更为经济合理。这种从全面的经济效益考虑，使线路的年运行费用接近最小同时又适当考虑有色金属节约的导线截面，称为经济截面，用符号 A_{ec} 表示。

各国根据其具体国情特别是有色金属资源的情况规定了各自的导线和电缆的经济电流密度。所谓经济电流密度是指与经济截面对应的导线电流密度。我国现行的经济电流密度规定

如表 6-8 所示。

表 6-8　导线和电缆的经济电流密度

线路类别	导线材质	年最大负荷利用时间		
		3000h 以下	3000～5000h	5000h 以上
架空线路	铝	$1.65A/mm^2$	$1.15A/mm^2$	$0.90A/mm^2$
	铜	$3.00A/mm^2$	$2.25A/mm^2$	$1.75A/mm^2$
电缆线路	铝	$1.92A/mm^2$	$1.73A/mm^2$	$1.54A/mm^2$
	铜	$2.50A/mm^2$	$2.25A/mm^2$	$2.00A/mm^2$

按经济电流密度 j_{ec} 计算经济截面 A_{ec} 的公式为：

$$A_{ec} = I_{30}/j_{ec} \tag{6-33}$$

式中，I_{30} 为线路的计算电流。

按上式计算出 A_{ec} 后，应选最接近的标准截面（可取较小的标准截面），然后检验其他条件。

【例 6-7】　有一条用 LJ 型铝绞线架设的 5km 长的 10kV 架空线路，计算负荷为 1380kW，$\cos\varphi = 0.7$，$T_{max} = 4800h$，试选择其经济截面，并校验其发热条件和机械强度。

解：① 选择经济截面。

$$I_{30} = P_{30}/(\sqrt{3}U_N\cos\varphi) = 1380/(\sqrt{3}\times10\times0.7) \approx 114A$$

由表 6-8 查得 $j_{ec} = 1.15A/mm^2$，因此 $A_{ec} = 114/1.15 \approx 99mm^2$

因此初选的标准截面为 $95mm^2$，即 LJ-95 型铝绞线。

② 校验发热条件。

查铜、铝及钢芯铝绞线的允许载流量得 LJ-95 的允许载流量（室外 25℃时）$I_{al} = 325A > I_{30} = 114A$，因此满足发热条件。

③ 校验机械强度。

查导线机械强度最小截面得 10kV 架空铝绞线的最小截面 $A_{min} = 35mm^2 < A = 95mm^2$，因此所选 LJ-95 型铝绞线也满足机械强度要求。

6.5.4　按电压损耗选择导线和电缆的截面

由于线路阻抗的存在，因此当负荷电流通过线路时就会产生电压损耗。所谓电压损耗，是指线路首端线电压和末端线电压的代数差。为保证供电质量，按规定，高压配电线路（6～10kV）的允许电压损耗不得超过线路额定电压的 5%；从配电变压器一次侧出口到用电设备受电端的低压输配电线路的电压损耗，一般不超过设备额定电压（220V、380V）的 5%；对视觉要求较高的照明线路，则不得超过其额定电压的 2%～3%。如果线路的电压损耗超过了允许值，则应适当加大导线或电缆的截面，使之满足允许电压损耗的要求。

(1) 电压损耗的计算公式介绍

① 集中负荷的三相线路电压损耗的计算公式。下面以带两个集中负荷的三相线路（图 6-3）为例，说明集中负荷的三相线路电压损耗的计算方法。

在图 6-3 中，以 P_1、Q_1、P_2、Q_2 表示各段线路的有功功率和无功功率，p_1、q_1、p_2、q_2 表示各个负荷的有功功率和无功功率，l_1、r_1、x_1、l_2、r_2、x_2 表示各段线路的长度、电阻和电抗；L_1、R_1、X_1、L_2、R_2、X_2 为线路首端至各负荷点的长度、电阻和电抗。

线路总的电压损耗为：

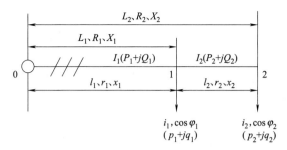

图 6-3 带有两个集中负荷的三相线路

$$\Delta U = \frac{p_1 R_1 + p_2 R_2 + q_1 X_1 + q_2 X_2}{U_N} = \frac{\sum(pR+qX)}{U_N} \tag{6-34}$$

对于"无感"线路，即线路的感抗可省略不计或线路负荷的 $\cos\varphi \approx 1$，则线路的电压损耗为：

$$\Delta U = \sum(pR)/U_N \tag{6-35}$$

如果是"均一无感"的线路，即线路的感抗可省略不计或线路负荷的 $\cos\varphi \approx 1$，而且全线采用同一型号规格的导线，则其电压损耗为：

$$\Delta U = \sum(pL)/(\gamma A U_N) = \sum M/(\gamma A U_N) \tag{6-36}$$

式中，γ 为导线的电导率；A 为导线的截面；L 为线路首端至负荷的长度；$\sum M$ 为线路的所有有功功率矩之和。

线路电压损耗的百分值为：

$$\Delta U\% = \frac{\Delta U}{U_N} \times 100 \tag{6-37}$$

对于"均一无感"的线路，其电压损耗的百分值为：

$$\Delta U\% = 100\sum M/(\gamma A U_N^2) = \sum M/(CA) \tag{6-38}$$

式中，C 是计算系数，见表 6-9。

表 6-9　计算系数 C

线路类型	线路额定电压/V	计算系数 $C/[(\text{kW}\cdot\text{m})/\text{mm}^2]$	
		铝导线	铜导线
三相四线或三相三线	220/380	46.2	16.5
两相三线	220/380	20.5	34.0
单相或直流	220	7.74	12.8
	110	1.94	3.21

注：表中 C 值是在导线工作温度为 50℃、功率矩 M 的单位为 kW·m、导线截面单位为 mm² 时的数值。

② 均匀分布负荷的三相线路电压损耗的计算。如图 6-4 所示，对于均匀分布负荷的线路，单位长度线路上的负荷电流为 i_0，均匀分布负荷产生的电压损耗，相当于全部负荷集中在线路的中点时的电压损耗，因此可用下式计算其电压损耗：

$$\Delta U = \sqrt{3} i_0 L_2 R_0 (L_1 + L_2/2) = \sqrt{3} I R_0 (L_1 + L_2/2) \tag{6-39}$$

式中，$I = i_0 L_2$，为与均匀分布负荷等效的集中负荷；R_0 为导线单位长度的电阻值，Ω/km；L_2 为均匀分布负荷线路的长度，km。

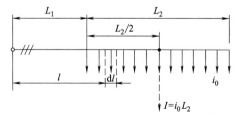

图 6-4　均匀分布负荷线路的电压损失计算

(2) 按允许电压损耗选择、校验导线截面

按允许电压损耗选择导线截面分两种情况：一是各段线路截面相同，二是各段线路截面不同。

① 各段线路截面相同时按允许电压损耗选择、校验导线截面。一般情况下，当供电线路较短时常采用统一截面的导线。可直接采用式（6-37）来计算线路的实际电压损耗百分值 $\Delta U\%$，然后根据允许电压损耗 $\Delta U_{al}\%$ 来校验其导线截面是否满足电压损耗的条件：

$$\Delta U\% \geqslant \Delta U_{al}\% \tag{6-40}$$

如果是"均一无感"线路，还可以根据式（6-38），在已知线路的允许电压损耗 $\Delta U_{al}\%$ 条件下，计算该导线的截面，即：

$$A = \frac{\sum M}{C \Delta U_{al}\%} \tag{6-41}$$

式（6-41）常用于照明线路导线截面的选择。据此计算截面即可选出相应的标准截面，再校验发热条件和机械强度。

② 各段线路截面不同时按允许电压损耗选择、校验导线截面。当供电线路较长，为尽可能节约有色金属，常将线路依据负荷大小的不同采用截面不同的几段。由前面的分析可知，影响导线截面的主要因素是导线的电阻值（同种类型不同截面的导线电抗值变化不大）。因此在确定各段导线截面时，首先用线路的平均电抗 X_0（根据导线类型）计算各段线路由无功负荷引起的电压损耗，其次依据全线允许电压损耗确定有功负荷及电阻引起的电压损耗（$\Delta U_p\% = \Delta U_{al}\% - \Delta U_q\%$），最后根据有色金属消耗最少的原则，逐级确定每段线路的截面。这种方法比较烦琐，故这里只给出各段线路截面的计算公式，有兴趣的读者可自己查阅相关手册。

设全线由 n 段线路组成，则第 j（j 为整数 $1 \leqslant j \leqslant n$）段线路的截面由下式确定：

$$A = \frac{\sqrt{p_j}}{100\gamma \Delta U_p\% U_N^2} \sum(\sqrt{p_j} L_j) \tag{6-42}$$

如果各段线路的导线类型与材质相同，只是截面不同，则可按下式计算：

$$A = \frac{\sqrt{p_j}}{C \Delta U_p\%} \sum(\sqrt{p_j} L_j) \tag{6-43}$$

【例 6-8】 试校验例 6-7 所选 LJ-95 型铝绞线是否满足允许电压损耗 5% 的要求。已知该线路导线为等边三角形排列，线距为 1m。

解： 由例 6-7 知 $P_{30} = 1380\text{kW}$；$\cos\varphi = 0.7$，因此 $\tan\varphi = 1$，$Q_{30} = P_{30}\tan\varphi = P_{30} = 1380\text{kvar}$。又利用 $a_{av} = 1\text{m}$ 及 $A = 95\text{mm}^2$ 查导线和电缆的电阻和电抗，得 $R_0 = 0.365\Omega/\text{km}$，$X_0 = 0.34\Omega/\text{km}$。

故线路的电压损耗为：

$$\Delta U = \frac{PR + QX}{U_N} = \frac{1380\text{kW} \times (5 \times 0.365)\Omega + 1380\text{kvar} \times (5 \times 0.34)\Omega}{10\text{kV}} \approx 486\text{V}$$

线路的电压损耗百分值为：

$$\Delta U\% = 100\Delta U/U_N = 100 \times 486\text{V}/10000\text{V} = 4.86\%$$

它小于 $\Delta U_{al} = 5\%$，因此所选 LJ-95 铝绞线满足电压损耗要求。

【例 6-9】 某 220/380V 线路，采用 BLX-500 -($3 \times 25 + 1 \times 16$) 的橡皮绝缘导线明敷，在距线路首端 50m 处，接有 7kW 的电阻性负荷，在末端（线路全长 75m）接有 28kW 的电

阻性负荷。试计算全线路的电压损耗百分值。

解： 查表 6-9 得 $C=46.2\text{kW}\cdot\text{m/mm}^2$

而 $$\sum M=7\text{kW}\times50\text{m}+28\text{kW}\times75\text{m}=2450\text{kW}\cdot\text{m}$$

因此 $$\Delta U\%=\sum M/CA=2450/(46.2\times25)\approx2.12\%$$

【**例 6-10**】 某 220/380V 的 TN-C 线路，如图 6-5 所示。线路拟采用 BLX 型导线明敷，环境温度为 35℃，允许电压损耗为 5%。试确定该导线截面。

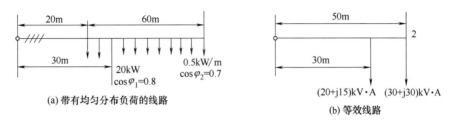

图 6-5 例 6-10 的线路

解： a. 线路的等效变换。将图 6-5（a）所示的带均匀分布负荷的线路等效为图 6-5（b）所示的带集中负荷的线路。原集中负荷 $p_1=20\text{kW}$，$\cos\varphi_1=0.8$，因此：

$$q_1=p_1\tan\varphi_1=20\tan(\arccos0.8)\text{kvar}=20\times0.75\text{kvar}=15\text{kvar}$$

将原分布负荷变换为集中负荷 $p_2=0.5(\text{kW/m})\times60\text{m}=30\text{kW}$，$\cos\varphi_2=0.7$，因此：

$$q_2=p_2\tan\varphi_2=30\times\tan(\arccos0.7)\text{kvar}=30\text{kvar}$$

b. 按发热条件选择导线截面。线路上总的负荷为：

$$P=p_1+p_2=20\text{kW}+30\text{kW}=50\text{kW}$$

$$Q=q_1+q_2=15\text{kvar}+30\text{kvar}=45\text{kvar}$$

$$S=\sqrt{P^2+Q^2}=\sqrt{50^2+45^2}\text{kV}\cdot\text{A}=67.3\text{kV}\cdot\text{A}$$

$$I=S/(\sqrt{3}U_N)=67.3\text{kV}\cdot\text{A}/(\sqrt{3}\times0.38\text{kV})=102\text{A}$$

按此电流值查绝缘导线的允许载流量，得 BLX 导线 $A=35\text{mm}^2$，在 35℃时的 $I_{al}=119\text{A}>I=102\text{A}$。因此可选 BLX500-1×35 型导线三根作相线，另选 BLX500-1×25 型导线一根作保护中性线（PEN）。

c. 校验机械强度。查导线机械强度最小截面可知，按明敷在绝缘支持件上，且支持点间距为最大来考虑，其最小允许截面为 10mm^2，因此以上所选相线和保护中性线均满足机械强度要求。

d. 校验电压损耗。按 $A=35\text{mm}^2$ 查导线和电缆的电阻和电抗，得明敷铝芯线的 $R_0=1.06\Omega/\text{km}$，$X_0=0.241\Omega/\text{km}$，因此线路的电压损耗为：

$$\Delta U=\frac{PR+QX}{U_N}=\frac{(p_1L_1+p_2L_2)R_0+(q_1L_1+q_2L_2)X_0}{U_N}$$

$$=[(20\text{kW}\times0.03\text{km}+30\text{kW}\times0.05\text{km})\times1.06$$

$$+(15\text{kvar}\times0.03\text{km}+30\text{kvar}\times0.05\text{km})\times0.241\Omega/\text{km}]/0.38$$

$$=7.09\text{V}$$

$$\Delta U\%=\frac{\Delta U}{U_N}\times100=\frac{7.09\text{V}}{380\text{V}}\times100=1.87\%$$

由于 $\Delta U\%=1.87\%<5\%$，因此以上所选导线也满足电压损耗的要求。

6.5.5 母线的选择

母线应按下列条件进行选择：

① 对一般汇流母线按持续工作电流选择母线截面：

$$I_{al} \geqslant I_{30} \tag{6-44}$$

式中，I_{al} 为汇流母线允许载流量，A；I_{30} 为母线上的计算电流，A。

② 对年平均负荷、传输容量较大的母线，宜按经济电流密度选择其截面，同式 (6-33)。

③ 硬母线动稳定校验：

$$\sigma_{al} \geqslant \sigma_C \tag{6-45}$$

式中，σ_{al} 为母线材料最大允许应力，Pa，硬铝母线（LMY）$\sigma_{al} = 70\text{MPa}$，硬铜母线（TMY）$\sigma_{al} = 140\text{MPa}$；$\sigma_C$ 为母线短路时三相短路冲击电流 $i_{sh}^{(3)}$ 产生的最大计算应力，其计算公式为：

$$\sigma_C = M/W \tag{6-46}$$

式中，M 为母线通过 $i_{sh}^{(3)}$ 时受到的弯曲力矩；W 为母线截面系数。

$$M = F_C^{(3)} l/K \tag{6-47}$$

式中，$F_C^{(3)}$ 为三相短路时，中间相受到的最大计算电动力，N；l 为导线上相邻支持点间的距离，即档距，m；K 为系数，当母线挡数为 1~2 挡时，$K = 8$，当母线挡数大于 2 挡时，$K = 10$。$F_C^{(3)}$ 的计算公式为：

$$F_C^{(3)} = \sqrt{3}\, i_{sh}^{(3)2} \frac{l}{a} \times 10^{-7}\,\text{N/A}^2 \tag{6-48}$$

式中，a 为相邻导线的轴线间距离；$i_{sh}^{(3)}$ 为三相短路冲击电流的峰值。

母线截面系数 W 的计算公式为：

$$W = b \times b \times h/6 \tag{6-49}$$

式中，b 为母线截面水平宽度，m；h 为母线截面的垂直高度，m。

④ 母线热稳定校验。常用最小允许截面来校验其热稳定度，计算公式为：

$$A_{\min} = I_\infty^{(3)} \times 10^3 \sqrt{t_{ima}}/C \tag{6-50}$$

式中，$I_\infty^{(3)}$ 为三相短路稳态电流，A，t_{ima} 为假想时间，s；C 为导体的热稳定系数（$\text{A}\sqrt{\text{S}}/\text{mm}^2$），铝母线 $C = 87$，铜母线 $C = 171$。

当母线实际截面大于最小允许截面时，能满足热稳定要求，即：

$$A \geqslant A_{\min} \tag{6-51}$$

━━━━━ **思考题** ━━━━━

1. 电气设备选择校验的一般原则是什么？
2. 什么叫经济截面？什么情况下线路导线或电缆要按经济电流密度选择？

━━━━━ **习　题** ━━━━━

1. 高低压负荷开关、高低压断路器、低压刀开关的断流能力应如何选择校验？

2. 选择导线截面时，一般应满足什么条件？对于动力线路、高压输电线路应按什么原则选择？按什么原则校验？为什么？

3. 某 10/0.4kV 变电所，总计算负荷为 1200kV·A。其中一、二级负荷 800kV·A，试选择 S9 系列主变压器的台数和容量。

4. 有一条用 LGJ 型钢芯铝绞线架设的 35kV 架空线路，线路长度 14km，计算负荷为 4300kW，$\cos\varphi = 0.78$，$T_{max} = 5200h$。试选择其经济截面并校验发热条件、电压损失和机械强度。

第**7**章
电力系统中性点接地方式

本章预期学习结果

　　掌握中性点不接地系统、中性点经消弧线圈接地系统、中性点经电阻接地系统、中性点直接接地系统，区分并掌握各类中性点接地方式的适用范围。

　　电力系统中性点是指三相绕组作星形连接的发电机、同步调相机和电力变压器的中性点。电力系统中性点的接地方式包括中性点不接地、中性点经消弧线圈接地、中性点经电阻接地及中性点直接接地等多种方式。

　　电力系统中性点接地方式的选择是一个较为复杂的综合问题，不仅与电力系统的电压等级、单相接地短路电流、过电压水平、继电保护的配置等因素有关，而且直接关系到电网的绝缘水平、供电的可靠性和连续、发电机和主变压器的安全运行及对通信线路的干扰。

7.1　中性点不接地系统

　　图 7-1 所示为一中性点不接地系统正常运行时的接线图和向量图。为了分析问题简便，假定系统负荷为零，并认为三相是对称的。系统各相对地之间均匀分布的电容采用集中电容 C_0 代替。由于各相导线之间的电容以及由它们所决定的附加电流数值较小，并且由于发生

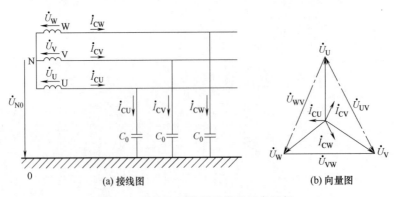

(a) 接线图　　　　　　　　　(b) 向量图

图 7-1　中性点不接地系统的正常运行

单相接地时相间电压不变,相间电容电流也不会改变,所以忽略不计。

中性点不接地系统的正常运行特点:

① 各相对地电压是对称的;

② 中性点对地电压为零,即 $U_{N0}=0$;

③ 各相集中电容在三相对称电压作用下,产生的电容电流也是对称的,并超前相应的相电压90°,每相电容电流值为 $I_{C0}=U_x \omega C_0$。

其向量图如图7-1(b)所示。

当系统由于绝缘损坏发生一相接地时,各相对地电压及电容电流的情况与正常运行时大不相同。按照接地点阻抗是否为零,可分为完全接地和不完全接地两种情况。假定 U 相发生完全接地,如图7-2所示。

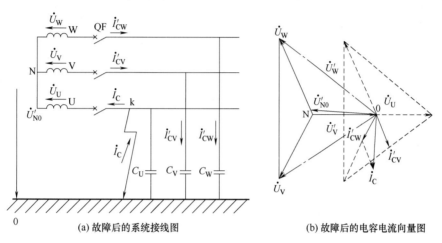

(a) 故障后的系统接线图　　　　(b) 故障后的电容电流向量图

图 7-2　中性点不接地系统一相完全接地

完全接地特点:

① 中性点对地电压变为:$\dot{U}'_{N0}=-\dot{E}'_U$

② 故障相对地电压变为:$\dot{U}'_U=0$

③ 非故障相对地电压变为:$\dot{U}'_V=\dot{E}_V-\dot{E}_U=\sqrt{3}\dot{E}_U e^{-j150°}$

$$\dot{U}'_W=\dot{E}_W-\dot{E}_U=\sqrt{3}\dot{E}_U e^{j150°}$$

其中,$\dot{E}_U$、$\dot{E}_V$、$\dot{E}_W$ 为三相电源电动势。

系统发生 U 相完全接地时的电压、电流向量关系如图7-2(b)所示,原有的电压三角形(虚线)平移到了新的位置(实线和点化线)。

通过上述分析可见,在中性点不接地系统中,当发生一相完全接地时,一相完全接地后电压特点:

① 故障相对地电压变为零;

② 中性点对地电压变为相电压;

③ 未故障相的对地电压升高为 $\sqrt{3}$ 倍,即变为线电压;

④ 系统的相间电压的大小及相位均没有发生变化;

⑤ 系统的相对中性点电压的大小及相位均没有发生变化。

各相对地电容电流的特点:

① 故障相对地的电容电流变为零；

② 非故障相对地电容电流变为：

$$\dot{I}'_{CV} = j\dot{U}'_V \bar{\omega} C_0 = \sqrt{3}\,\bar{\omega} C_0 \dot{E}_U e^{-j60°}$$

$$\dot{I}'_{CW} = j\dot{U}'_W \bar{\omega} C_0 = \sqrt{3}\,\bar{\omega} C_0 \dot{E}_U e^{-j120°}$$

若设电流正方向是由大地注入电网，则可得出通过 U 相接地点处的接地电流为：

$$\dot{I}_C = \dot{I}'_{CV} + \dot{I}'_{CW} = -j3\bar{\omega} C_0 \dot{E}_U = j3\bar{\omega} C_0 \dot{U}_{N0}$$

系统发生 U 相完全接地后的电容电流向量图如图 7-2（b）所示。单相接地时的接地电流等于正常时各相对地电容电流的三倍，即 $I_C = 3I_{C0}$，且为电容性。接地电流 I_C 的大小与电网的电压、频率和相对地的电容有关，而相对地电容与电网的结构和线路的长度有关。

单相接地故障不一定都是完全接地，在许多情况下可能是不完全接地，在发生单相不完全接地故障时，故障相对地电压大于零而小于相电压，非故障相对地的电压则大于相电压而小于线电压，系统的相间电压（即线电压）大小和相位不发生变化，接地电流也比完全接地时要小些。

单相接地时接地电流危害：单相接地时的接地电流将在故障点形成电弧。当出现稳定电弧时可能烧坏电气设备，或引起两相或三相短路。尤其是电机或电器内部因绝缘损坏而造成一相导体与设备外壳之间接触产生稳定电弧时，更容易烧坏电机、电器或造成相间短路。

我国对采用中性点不接地方式规定如下：

① 额定电压小于 500V（380/220V 的照明装置除外）的低压电网，为了提高供电可靠性，可采用中性点不接地系统。

② 额定电压为 3～6kV、单相接地电流不大于 30A；额定电压为 10kV、单相接地电流不大于 20A；额定电压为 20～60kV、单相接地电流不大于 10A 的高压电网，亦可采用中性点不接地系统。

③ 对于接有发电机的系统，当发电机绕组发生单相接地故障时，接地点流过的电流是发电机本身及其引出回路连接元件（主母线、厂用分支、主变压器低压绕组等）的对地电容电流。当该电流超过允许值时，将烧伤定子铁芯，进而损坏定子绕组绝缘，引起匝间或相间短路。当接地电容电流不超过表 7-1 所列允许值时，也可采用中性点不接地系统。

表 7-1 发电机接地电流允许值

发电机额定电压/kV	发电机额定容量/MW	接地电流允许值/A
6.3	≤50	4
10.5	50～100	3
13.8～15.75	125～200	2(2.5)
18～20	300	1

7.2 中性点经消弧线圈接地系统

在中性点不接地系统中，当单相接地电流超过规定值时，电弧将不能自行熄灭，这时可以采取中性点经消弧线圈接地的接地方式。消弧线圈的作用主要是将系统的接地电容电流加以补偿，使接地点电流达到较小的数值，防止弧光短路，保证安全供电；同时降低弧隙电压恢复速度，提高弧隙绝缘强度，保证接地电弧瞬间熄灭，以避免产生弧光间歇接地过电压。

中性点经消弧线圈接地系统 U 相金属性接地的电流分布如图 7-3（a）所示。消弧线圈是一个具有分段（即带间隙的）铁芯的电感线圈，接在系统的中性点与大地之间。

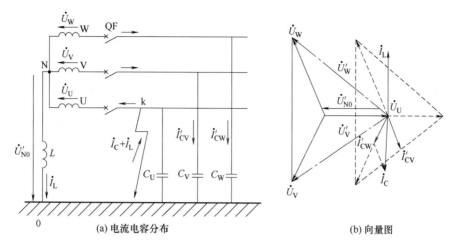

(a) 电流电容分布   (b) 向量图

图 7-3 中性点经消弧线圈接地系统 U 相金属性接地

7.2.1 消弧线圈的工作原理

在正常工作时，假设三相系统完全对称，此时中性点对地电压为零，没有电流通过消弧线圈。当某一相发生完全接地故障时，中性点对地电压为相电压，它作用于消弧线圈两端并产生一个电感电流流过消弧线圈和接地点，在相位上滞后于中性点对地电压相量 90°。发生一相接地后，在接地点处还有电容性的单相接地电流通过，在相位上超前于中性点对地电压相量 90°〔见图 7-3（b）〕。通过接地点处的总电流是电感电流和接地电容电流的相量和，二者在相位上相差 180°，因而可以互相抵消。

电压变化特点：

① 故障相对地电压变为零；

② 非故障相对地电压升高 $\sqrt{3}$ 倍；

③ 系统各相对地的绝缘水平也按线电压考虑。

7.2.2 消弧线圈的补偿方式

根据消弧线圈产生的电感电流 I_L 对接地电容电流 I_C 的补偿度不同，消弧线圈可以分为三种补偿方式。

① 全补偿：接地点电流被补偿达到零值时称为全补偿，$I_L = I_C$。

② 欠补偿：使电感电流小于接地电容电流，$I_L < I_C$。

③ 过补偿：使电感电流大于接地电容电流，$I_L > I_C$。

7.2.3 消弧线圈的结构

消弧线圈有多种类型，包括离线分级调匝式、在线分级调匝式、气隙可调铁芯式、气隙可调柱塞式、直流偏磁式、直流磁阀式、调容式、五柱式等。

图 7-4 所示为离线分级调匝式消弧线圈内部结构示意图。其外形和小容量单相变压器相

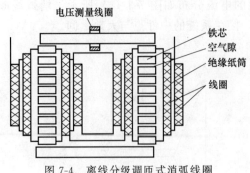

图 7-4 离线分级调匝式消弧线圈
内部结构示意图

标注: 电压测量线圈、铁芯、空气隙、绝缘纸筒、线圈

似,有油箱、油枕、玻璃管油表及信号温度计、具有分段（即带气隙）铁芯的电感线圈、可改变线圈的串联连接匝数（从而调节补偿电流）的分接头、切换器。

平滑调节 L（电感）值的方法：

① 改变铁芯气隙长度。将铁芯制成可移动式,用机械方法平滑调节铁芯气隙长度,即可平滑调节 L 值。

② 改变铁芯磁导率。采用电气方法,运用现代电子技术来改变铁芯的磁导率,也可平滑调节 L 值。

7.2.4 消弧线圈容量选择、台数及安装地点

(1) 消弧线圈的总容量

选择时应考虑电网 5 年左右的发展远景及过补偿运行的需要并按下式进行计算：

$$S = 1.35 I_C U_N \tag{7-1}$$

式中　S——消弧线圈总容量,kV·A；

　　I_C——接地电容电流,A；

　　U_N——电网的额定电压,kV。

(2) 消弧线圈的台数和配置地点

原则上应使得在各种运行方式下（如解列时）电网每个独立部分都具有足够的补偿容量。在此前提下,台数应选得少些,以减少投资、运行费用以及操作次数。

(3) 消弧线圈安装位置

可按下列原则确定：

① 在任何运行方式下,大部分电网不得失去消弧线圈的补偿。不应将多台消弧线圈集中安装在一处。并应尽量避免在电网中仅安装一台消弧线圈。

② 在发电厂中,发电机电压的消弧线圈可安装在发电机中性点上,也可安装在厂用变压器中性点上；当发电机与主变压器为单元连接时,消弧线圈应安装在发电机中性点上。

③ 在变电所中消弧线圈一般安装在变压器的中性点上,6～10kV 消弧线圈也可安装在调相机的中性点上。

④ 按照规程规定,消弧线圈应尽量接在"YNd11"接线或"YNynd11"接线的变压器中性点上。消弧线圈的容量不应超过变压器三相总容量的 50%,并且不得大于三绕组变压器任一绕组的容量。如果消弧线圈接于 YNy 接线变压器中性点上,其容量不应超过变压器三相总容量的 20%,但不应将消弧线圈接于三相磁路互相独立、零序阻抗大的"YNyn0"接线变压器的中性点上。

⑤ 如果变压器无中性点或中性点未引出,应装设专用接地变压器。

7.2.5 中性点经消弧线圈接地系统适用范围

凡不符合中性点不接地要求的 3～63kV 电网,均可采用中性点经消弧线圈接地方式。必要时,110kV 电网也可采用。

发电机中性点经消弧线圈接地方式适用于单相接地电流超过允许值的中小机组或要求能带单相接地故障运行的 200MW 及以上大机组。

① 对具有直配线的发电机，消弧线圈可接在发电机的中性点，也可接在厂用变压器的中性点，并宜采用过补偿方式。

② 对单元接线的发电机，消弧线圈应接在发电机的中性点，并宜采用欠补偿方式。

7.2.6 交流网络接地故障点的寻找

图 7-5 所示为发电厂中曾广泛采用的交流绝缘监察装置的原理接线图。该装置由电压互感器 TV、电压表 V、过电压继电器 KV 及开关电器构成。TV 可采用一台三相五柱式或三台单相电压互感器组。电压互感器的一次线圈及主二次线圈都接成星形。二次辅助线圈接成开口三角形。一次线圈的中性点必须接地。主二次线圈可以采用中性点接地，也可以采用 V 相接地。

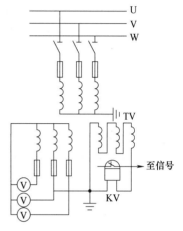

图 7-5　交流绝缘监察
装置的原理接线图

(1) 电压互感器构成的绝缘监察装置工作原理

正常运行时三相系统电压对称，电压互感器开口三角形两端没有电压或仅有很小的不对称电压，不足以启动电压继电器 KV，接于二次星形接线中的三个电压表指示相电压值 $100/\sqrt{3}$ V（中性点非直接接地系统）。当一次系统 U 相发生完全接地时，电压互感器一次侧 U 相线圈所加电压降到零值，V、W 两相线圈电压升高到线电压。这样二次侧开口三角形的 U 相线圈电压降到零；其他两相线圈电压升高到 100V，开口三角形两端电压升高到 100V。因而加在继电器 KV 上的电压，由 0V 升高到 100V，使 KV 动作，发出预告信号。同时接于二次星形接线中的 U 相电压表指示为零，其他两相电压表指示为 100V，由此可以判断出一次系统发生了 U 相接地故障。

(2) 依次拉合各线路寻找接地点的方法

若断开某条线路时，接地信号消失（接于二次星形接线中的三个电压表均指示 57.7V），则接地故障点就在这条线路上，应将该条线路停电检修。如果断开该线路时接地信号仍存在，应重新接通该线路，再拉合下一条线路。如果所有馈线都逐条拉闸后仍没有找出故障回路，则接地故障点可能在母线上。

(3) 采用接地故障选测装置

当发生接地故障后检测装置不仅能自动音响报警，而且可以自动判断出接地故障点的位置，并通过一定方式加以显示。能自动记忆每次故障的信息，以备追忆时使用。

7.3　中性点经电阻接地系统

当接地电容电流超过允许值时，也可以采用中性点经电阻接地方式，如图 7-6 所示。

(1) 中性点经电阻接地系统的特点

① 中性点经电阻接地与经消弧线圈接地相比，改变了接地电流的相位，使通过接地点

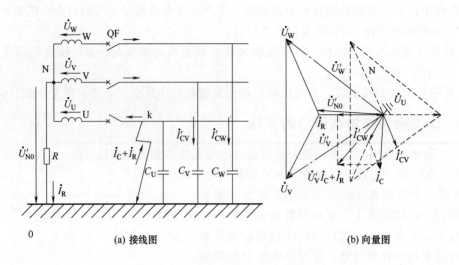

| (a) 接线图 | (b) 向量图 |

图 7-6 中性点经电阻接地系统的单相接地

的电流成为阻容性电流。

② 由于流过接地点总电流 $I_C + I_R$ 与 U'_{N0} 间相位角的减小，可促使接地点处的电弧容易自行熄灭，从而降低弧光间隙接地过电压，同时可提供足够的电流和零序电压，使接地保护可靠动作。

（2）中性点接地电阻接入中性点的方式

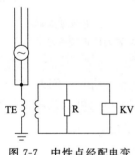

图 7-7 中性点经配电变压器电阻接地方式

为了减小中性点接地电阻的电阻值，接地电阻一般经配电变压器接入中性点。图 7-7 所示为中性点经配电变压器电阻接地方式，配电变压器一次侧接于发电机的中性点，而接地电阻 R 接于配电变压器的二次侧。配电变压器的作用是使低压小电阻起高压大电阻的作用，从而可简化电阻器的结构，降低其价格，使安装空间更容易解决。

图 7-8 所示为大型火电厂高压厂用电系统中性点经高电阻接地的原理接线。图 7-8（a）适用于厂用变压器二次侧为星形接线的场合。图 7-8（b）适用于厂用变压器二次侧为三角形接线的场合。

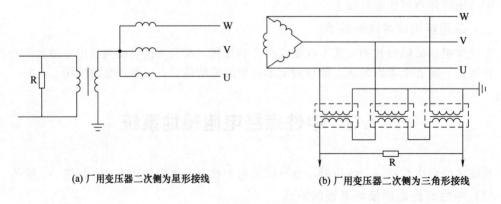

| (a) 厂用变压器二次侧为星形接线 | (b) 厂用变压器二次侧为三角形接线 |

图 7-8 中性点经高电阻接地

7.4　中性点直接接地系统

将电力系统的中性点直接接地就形成了中性点直接接地系统，如图 7-9 所示，这是防止中性点电位变化及其对应电压升高的根本方法。在这种系统中发生单相接地故障时，故障相便直接经过大地而形成单相短路。在这种情况下，中性点的电位不发生位移，其对地电压仍保持为零；接地点非故障相对地电压升高或降低的数值，与电力系统零序电抗 X_0 和正序电抗 X_1 的比值有密切关系。当 $X_0 > X_1$ 时，接地点非故障相对地电压有最大值，可达到正常相电压的 1.25 倍；当 $X_0 = X_1$ 时，接地点非故障相对地电压保持不变；$X_0 < X_1$ 时，接地点非故障相对地电压低于正常时的相电压。总之，接地点非故障相对地电压基本不变，不会上升为相电压。

单相接地短路电流 $I_k^{(1)}$ 很大，继电保护装置动作，将接地的线路自动切除，防止了产生间歇电弧过电压的可能性，同时也降低了对电网绝缘水平的要求，大大降低了电网的造价，在高压和超高压电网中，其经济效益更加显著。

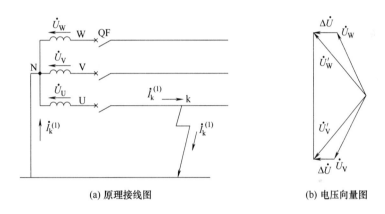

(a) 原理接线图　　　　(b) 电压向量图

图 7-9　中性点直接接地系统

中性点直接接地系统与其他中性点接地系统相比具有如下特点：

① 发生单相接地时，线路或设备必须立即切除，降低了供电的连续性。

② 由于单相接地短路电流较大，引起电压急剧降低，以致影响系统的稳定性。

③ 单相接地短路电流将产生很大的电动力效应及热效应，可能使故障范围扩大和损坏设备。

④ 单相接地短路电流可能超过三相短路电流，使高压断路器的选择必须按照单相短路的条件进行校验，并且由于高压断路器的跳闸次数增多，增大了断路器的维修工作量。

⑤ 单相接地短路电流在导线周围形成较强的单相磁场，使邻近的通信线路和信号装置受到干扰。

为了克服因单相接地引起线路跳闸中断供电的缺点，提高供电的可靠性，可在中性点直接接地系统的线路上装设自动重合闸装置。为了限制单相接地短路电流，我国在电压不超过220kV 的系统中，多采用减少中性点接地数目、增大零序电抗的方法。

限制单相短路电流的另外一种方法，是将中性点经小阻抗（小电阻或电抗器）接地，如图 7-10 所示。中性点经小阻抗（小电阻或电抗器）接地与经消弧线圈接地不同，其着眼点是增大零序电抗，以限制单相短路电流，并且每台变压器的中性点均经过小阻抗接地。这样即使系统被解列为几个部分，也不会出现有中性点不接地的变压器，因而对主变压器中性点绝缘水平的要求大大降低。

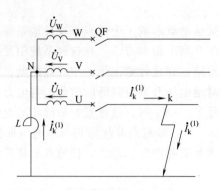

图 7-10　中性点经电抗器接地系统

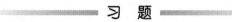
思考题

1. 目前我国电力系统中性点采用的接地方式有哪几种？
2. 电力系统采用经消弧线圈接地方式运行时，有哪几种补偿方式？一般应选择何种方式运行？为什么？

习　题

画出中性点不接地系统 V 相发生完全接地时的电压向量图，并说明各相对地电压有何变化。

第8章

防雷、接地和电气安全

本章预期学习结果

　　理解过电压、防雷、电气装置接地的基本概念，了解过电压、雷电、静电的形成及危害，掌握各种接地类型和防雷措施及等电位接地，掌握在设计中对过电压、雷电、静电的防护，掌握电气安全及其触电急救。

　　本章详述供配电系统对人身及设备所采取的安全保护措施。根据 IEC 标准，可以得出防电击三道防线。第一道防线是防直接触电的措施；第二道防线是防间接触电的措施；第三道防线是防触电死亡措施。本章将介绍防雷、接地的基本概念，并着重介绍接地的形式及各种防雷装置和防雷措施。

8.1　过电压、防雷及其设计

　　随着高层建筑物的迅速增多、大型施工机械不断增加，防止雷电的危害并保障人身、建筑物及设备的安全，已变得越来越重要，因此，也引起人们越来越多的关注。

8.1.1　过电压及雷电的有关概念

(1) 雷电与过电压

　　防雷就是防御过电压，过电压是指电气设备或线路上出现超过正常工作要求的电压。在电力系统中，按照过电压产生的原因不同，可分为内部过电压和雷电过电压两大类。

　　① 内部过电压。内部过电压（又称操作过电压），指供配电系统内部由于开关操作、参数不利组合、单相接地等原因，使电力系统的工作状态突然改变，从而在其过渡过程中引起的过电压。

　　内部过电压又可分为操作过电压和谐振过电压。操作过电压是由于系统内部开关操作导致的负荷骤变，或由于短路等原因出现断续性电弧而引起的过电压。谐振过电压是由于系统中参数不利组合导致谐振而引起的过电压。

　　运行经验表明，内部过电压最大可达系统相电压的 4 倍。

　　② 雷电过电压。雷电过电压又称大气过电压或外部过电压，是指雷云放电现象在电力

网中引起的过电压。雷电过电压一般分为直击雷、间接雷击和雷电侵入波三种类型。

a. 直击雷是遭受直击雷击时产生的过电压。经验表明,直击雷击时雷电流可高达几百千安,雷电电压可达几百万伏。遭受直击雷击时均难免灾难性结果。因此必须采取防御措施。

b. 间接雷击,又简称感应雷,是雷电对设备、线路或其他物体的静电感应或电磁感应所引起的过电压。图 8-1 所示为架空线路上由于静电感应而积聚大量异性的束缚电荷,在雷云的电荷向其他地方放电后,线路上的束缚电荷被释放形成自由电荷,向线路两端运行,形成很高的过电压。经验表明,高压线路上感应雷可高达几十万伏,低压线路上感应雷也可达几万伏,对供电系统的危害很大。

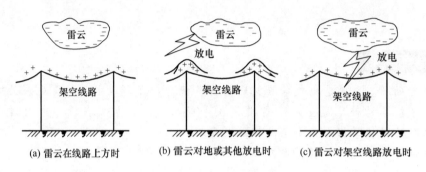

(a) 雷云在线路上方时 　　(b) 雷云对地或其他放电时 　　(c) 雷云对架空线路放电时

图 8-1　架空线路上的感应过电压

c. 雷电侵入波是感应雷的另一种表现,是由于直击雷或感应雷在电力线路的附近、地面或杆塔顶点,从而在导线上感应产生的冲击电压波,它沿着导线以光速向两侧流动,故又称为过电压行波。行波沿着电力线路侵入变配电所或其他建筑物,并在变压器内部引起行波反射,产生很高的过电压。据统计,雷电侵入波造成的雷害事故,要占所有雷害事故的 $50\%\sim70\%$。

(2) 雷电形成及有关概念

① 雷电形成。雷电是带有电荷的"雷云"之间、"雷云"对大地或物体之间产生急剧放电的一种自然现象。关于雷云普遍的看法是:在闷热的天气里,地面的水汽蒸发上升,在高空低温影响下,水蒸气凝成冰晶,冰晶受到上升气流的冲击而破碎分裂,气流挟带一部分带正电的小冰晶上升,形成"正雷云",而另一部分较大的带负电的冰晶则下降,形成"负雷云",由于高空气流的流动,正雷云和负雷云均在空中飘浮不定。据观测,在地面上产生雷击的雷云多为负雷云。

当空中的雷云靠近大地时,雷云与大地之间形成一个很大的雷电场。由于静电感应作用,使地面出现与雷云的电荷极性相反的电荷。当雷云与大地之间在某一方位的电场强度达到 $25\sim30\mathrm{kV/cm}$ 时,雷云就开始向这一方位放电,形成一个导电的空气通道,称为雷电先导。当其下行到离地面 $100\sim300\mathrm{m}$ 时,就引起一个上行的迎雷先导。当上下行先导相互接近时,正、负电荷强烈吸引、中和而产生强大的雷电流,并伴有电闪雷鸣。这就是直击雷的主放电阶段,这阶段的时间极短。主放电阶段结束后,雷云中的剩余电荷会继续沿主放电通道向大地放电,形成断续的隆隆雷声。这就是直击雷的余辉放电阶段,时间一般为 $0.03\sim0.15\mathrm{s}$,电流较小,约为几百安。雷电先导在主放电阶段与地面上雷击对象之间的最小空间距离,称为闪击距离。雷电的闪击距离与雷电流的幅值和陡度有关。确定直击雷防护范围的

"滚球半径"大小，就与闪击距离有关。

② 雷电的有关概念。

a. 雷电流幅值和陡度。雷电流是一个幅值很大、陡度很高的冲击波电流，如图8-2所示。成半余弦波形的雷电波可分为波头和波尾两部分，一般在主放电阶段 $1\sim4\mu s$ 内即可达到雷电流幅值。雷电流从 0 上升到幅值 I_m 的波形部分，称为波头；雷电流从 I_m 下降到 $I_m/2$ 的波形部分，称为波尾。

雷电流的陡度即雷电流波升高的速度，用 $\alpha=\dfrac{\mathrm{d}i}{\mathrm{d}t}$（$kA/\mu s$）表示。因雷电流开始时数值很快地增加，陡度也很快达到极大值，当雷电流陡度达到最大值时，陡度降为零。

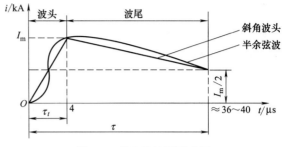

图 8-2　雷电流波形示意图

雷电流幅值大小的变化范围很大，需要积累大量的资料。图8-3给出了我国的雷电流幅值概率曲线。从图8-3可知：$\geqslant20kA$ 出现的概率是 65%，$\geqslant120kA$ 出现的概率只有 7%。一般变配电所防雷设计中的耐雷水平是取雷电流最大幅值为 100kA。

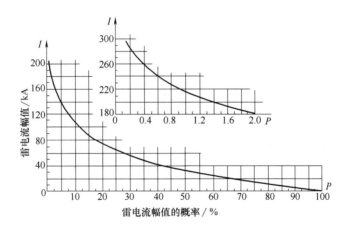

图 8-3　雷电流幅值概率曲线

b. 年平均雷暴日数。凡有雷电活动的日子，包括见到闪电和听到雷声，由当地气象台统计的，多年雷暴日的年平均值称为年平均雷暴日数。年平均雷暴日数不超过 15 天的地区称为少雷区，多于 40 天的地区称为多雷区。我国年平均雷暴日数最高的是海南省儋州市，超过 121d/a。年平均雷暴日数越多，对防雷的要求越高，防雷措施越需加强。

c. 年预计雷击次数。这是表征建筑物可能遭受雷击的一个频率参数。根据国标 GB 50057—2010《建筑物防雷设计规范》规定，应按下式计算：

$$N=0.024KT_a^{1.3}A_e \tag{8-1}$$

式中，N 为建筑物年预计雷击次数；A_e 为与建筑物接受雷击次数相同的等效面积，km^2，按 GB 50057—2010 中附录一规定的方法确定；T_a 为年平均雷暴日数；K 为校正系数，一般取 1，位于旷野孤立的建筑物取 2。

8.1.2 防雷设计

建筑物的防雷设计，应认真调查地质、地貌、气象、环境等条件和雷电活动规律，以及被保护物的特点等，做到安全可靠、技术先进、经济合理。

(1) 防雷装置

防雷装置是接闪器、避雷器、引下线和接地装置等的总和。如图 8-4 和图 8-5 所示为不同的防雷装置的设置组合。

要保护建筑物等不受雷击损害，应有防御直击雷、感应雷和雷电侵入波的不同措施和防雷设备。

直击雷的防御主要需设法把直击雷迅速流散到大地中去。一般采用避雷针、避雷线、避雷网等避雷装置。

感应雷的防御是对建筑物最有效的防护措施，其防御方法是把建筑物内的所有金属物，如设备外壳、管道、构架等均进行可靠接地，混凝土内的钢筋应绑扎或焊成闭合回路。

雷电侵入波的防御一般采用避雷器。避雷器装设在输电线路进线处或 10kV 母线上，如有条件可采用 30～50m 的电缆段埋地引入，在架空线终端杆上也可装设避雷器。避雷器的接地线应与电缆金属外壳相连后直接接地，并连入公共地网。

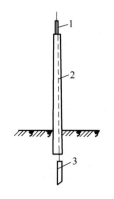

图 8-4　避雷针结构示意图

1—避雷针；2—引下线；3—接地装置

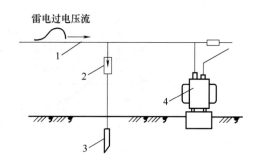

图 8-5　避雷器装置示意图

1—架空线路；2—避雷器；3—接地体；4—电力变压器

① 接闪器。接闪器是专门用来接受直击雷的金属物体。接闪的金属杆称为避雷针；接闪的金属线称为避雷线，或称为架空地线；接闪的金属带、网称为避雷带、避雷网。

a. 避雷针。避雷针一般采用镀锌圆钢（针长 1m 以下时，直径不小于 12mm；针长 1～2m 时，直径不小于 16mm），或镀锌钢管（针长 1m 以下时，直径不小于 20mm；针长 1～2m 时，直径不小于 25mm）制成。它通常安装在电杆、构架或建筑物上。它的下端通过引下线与接地装置可靠连接，如图 8-4 所示。

避雷针的功能实质是引雷作用。它能对雷电场产生一个附加电场（该附加电场是由于雷云对避雷针产生静电感应引起的），使雷电场畸变，从而改变雷云放电的通道。雷云经避雷针、引下线和接地装置，泄放到大地中去，使被保护物免受直击雷击。所以，避雷针实质是引雷针，它把雷电流引入地下，从而保护了附近的线路、设备和建筑物等。

经验表明，避雷针的确避免了许多直击雷击的事故发生，但同时也因为避雷针是引雷针，所以做得不好的避雷针比不做还坏。

b. 避雷线。避雷线一般用截面不小于 $35mm^2$ 的镀锌钢绞线,架设在架空线或建筑物的上面,以保护架空线或建筑物免遭直击雷击。由于避雷线既是架空的又是接地的,也称为架空地线。避雷线的功能和原理与避雷针基本相同。

c. 避雷网和避雷带。避雷网和避雷带主要用来保护高层建筑物免遭直击雷击和感应雷击。

避雷网和避雷带宜采用圆钢和扁钢,优先采用圆钢。圆钢直径不小于9mm,扁钢截面不小于 $49mm^2$,其厚度不小于4mm。当烟囱上采用避雷环时,其圆钢直径不小于12mm,扁钢截面不小于 $100mm^2$,其厚度不小于4mm。避雷网的网络尺寸要求应符合表 8-1 的规定。

表 8-1　按建筑物防雷类别确定滚球半径和避雷网格尺寸

建筑物防雷类别	滚球半径 h_r/m	避雷网规格/m
第一类防雷建筑物	30	≤5×5 或 6×4
第二类防雷建筑物	45	≤10×10 或 12×8
第三类防雷建筑物	60	≤20×20 或 24×16

② 避雷器。避雷器是用来防止雷电产生的过电压波沿线路侵入变配电所或其他建筑物内,以免危及被保护设备的绝缘装置,如图 8-5 所示。

避雷器主要有阀式避雷器、排气式避雷器、角型避雷器和金属氧化物避雷器等几种。具体的避雷器介绍请参看本书的第 2 章。

(2) 避雷针的保护范围

避雷针的保护范围,一般采用 IEC 推荐的"滚球法"来确定。所谓"滚球法"就是选择一个半径为 h_r 的"滚球半径"球体,沿需要防护的部位滚动,如果球体只接触到避雷针(线)或避雷针与地面而不触及需要保护的部位,则该部位就在避雷针的保护范围之内(参看图 8-6)。

单支避雷针的保护范围可按以下方法计算:

当避雷针高度 $h \leqslant h_r$ 时:

a. 在距地面高度 h_r 处作一条平行于地面的平行线。

b. 以避雷针的顶尖为圆心,h_r 为半径,做弧线交平行线于 A、B 两点。

c. 以 A、B 为圆心,h_r 为半径作弧线,该弧线与地面相切,与针尖相交。此弧线与地面构成的整个锥形空间就是避雷针的保护区域。

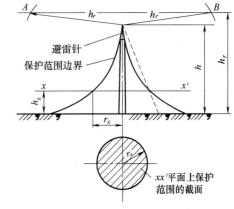

图 8-6　按"滚球法"确定单支
避雷针保护范围

d. 避雷针在距地面高度 h_x 的平面上的保护半径 r_x,按下式计算:

$$r_x = \sqrt{h(2h_r - h)} - \sqrt{h_x(2h_r - h_x)} \tag{8-2}$$

式中,h_r 为滚球半径;h_x 为离地高度;h 为避雷针高度;r_x 为离地高度为 h_x 时所能保护的半径。

e. 避雷针在地面的保护半径 r_0(相当于上式中 $h_x = 0$ 时):

$$r_0 = \sqrt{h(2h_r - h)} \tag{8-3}$$

当避雷针高度 $h > h_r$ 时，在避雷针上取高度 h_r 的一点来代替避雷针的顶尖作为圆心，其余与避雷针高度 $h \leqslant h_r$ 时的计算方法相同，读者可自行分析。

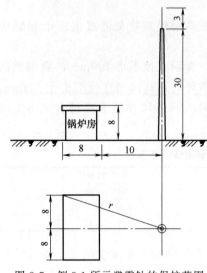

图 8-7　例 8-1 所示避雷针的保护范围

【例 8-1】 某厂一座高 30m 的水塔旁边，建有一锅炉房（属于第三类建筑物），尺寸如图 8-7 所示。水塔上面安装有一支高 3m 的避雷针。试问此避雷针能否保护这一锅炉房？

解： 查表 8-1 得滚球半径 $h_r = 60$m，而 $h = 30 + 3 = 33$m，$h_x = 8$m，由式（8-2）得避雷针的保护半径为：

$$r_x = \sqrt{h(2h_r - h)} - \sqrt{h_x(2h_r - h_x)}$$
$$= \sqrt{33 \times (2 \times 60 - 33)} - \sqrt{8 \times (2 \times 60 - 8)}$$
$$\approx 23.65 \ (\text{m})$$

现锅炉房在 $h_x = 8$m 的高度上最远一角距离避雷针的水平距离为：

$$r_0 = \sqrt{(10 + 8)^2 + 8^2} = 19.7 (\text{m}) < r_x = 23.65\text{m}$$

由此可见，水塔上的避雷针能保护这一锅炉房。

8.1.3 雷的防御

(1) 直击雷的防御

防御直击雷的方法：

① 装设独立的避雷针；

② 在建筑物上装设避雷针或避雷线；

③ 在建筑物屋面铺设避雷带或避雷网。

所有防雷装置都须有可靠的引下线与合格的接地装置相焊连。除独立的避雷针外，建筑物上的防雷引下线应不少于两根。这既是为了可靠，又是对雷电流进行分流，防止引下线上产生过高的电位。如图 8-8 所示为防直击雷的接地装置的安全距离。S_0 为避雷针与被保护物（如建筑物和配电装置）之间在空气中的间距，一般不小于 5m；S_E 为在地下的接地装置之间的距离，一般不小于 2m。

(2) 感应雷的防御

防御感应雷的方法如下：

① 在建筑物屋面沿周边装设避雷带，每隔 20m 左右引出接地线一根，接地电阻的选择可参见电力装置工作接地电阻要求。

② 建筑物内所有金属物如设备外壳、管道、构架等均应接地，混凝土内的钢筋应绑扎或焊成闭合回路。

③ 将凸出屋面的金属物接地。

④ 对净距离小于 100mm 的平行敷设的长金属管道，每隔 20～30m 用金属线跨接，避免因感应过电

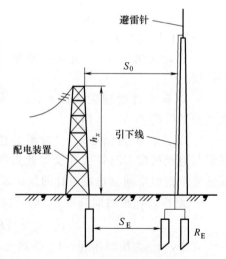

图 8-8　防直击雷的接地装置安全距离
S_0—避雷针与被保护物的间距；
S_E—地下接地装置的间距

压而产生火花。

(3) 雷电侵入波的防御

① 架空线。

a. 对 6～10kV 架空线，如有条件就采用 30～50m 的电缆段埋地引入，在架空线终端杆装避雷器，避雷器的接地线应与电缆金属外壳相连后直接接地，并连入公共地网。

b. 对没有电缆引入的 6～10kV 架空线，在终端杆处装避雷器，在避雷器附近除了装设集中接地线外，还应连入公共地网。

c. 对低压进出线，应尽量用电缆线，至少应有 50m 的电缆段经埋地引入，在进户端将电缆金属外壳架相连后直接接地，并连入公共地网。

② 变配电所。

a. 在电源进线处主变压器高压侧装设避雷器。要求避雷器与主变压器尽量靠近安装，相互间最大电气距离不超过表 8-2 的规定，同时，避雷器的接地端与变压器的低压侧中性点及金属外壳均应可靠接地。

b. 3～10kV 高压配电装置及车间变配电所的变压器，要求它在每路进线终端和各段母线上都装有避雷器。避雷器的接地端与电缆头的外壳相连后须可靠接地。

图 8-9 为 3～10kV 高压配电装置避雷器的装设。

表 8-2   阀式避雷器至 3～10kV 主变压器的最大电气距离

雷雨季节经常运行的进线路数	1	2	3	≥4
避雷器至主变压器的最大电气距离/m	15	23	27	30

c. 在低压侧装设避雷器。在多雷区、强雷区及向一级防雷建筑供电的 Yyn0 和 Dyn11 联结的配电变压器，应装设一组低压避雷器。

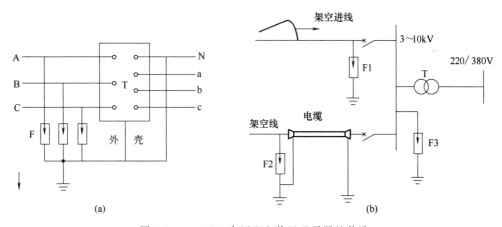

图 8-9   3～10kV 高压配电装置避雷器的装设

③ 高压电动机的防雷。高压电动机的防雷不能采用普通型的 FS、FD 系列避雷器，而要采用专用的保护旋转电动机的 FCD 系列磁吹式阀型避雷器，或用串联间隙的金属氧化物避雷器。

8.1.4   建筑物防雷类别及其防雷措施

(1) 建筑物防雷类别

按防雷要求，建筑物根据其重要性、使用性质、发生雷电事故的可能性和后果，分为三类（据 GB 50057—2010 规定）。

① 在可能发生对地闪击的地区，遇下列情况之一时，应划为第一类防雷建筑物：

a. 凡制造、使用或贮存火炸药及其制品的危险建筑物，因电火花而引起爆炸、爆轰，会造成巨大破坏和人身伤亡者。

b. 具有 0 区或 20 区爆炸危险场所的建筑物。

c. 具有 1 区或 21 区爆炸危险场所的建筑物，因电火花而引起爆炸，会造成巨大破坏和人身伤亡者。

② 在可能发生对地闪击的地区，遇下列情况之一时，应划为第二类防雷建筑物：

a. 国家级重点文物保护的建筑物。

b. 国家级的会堂、办公建筑物、大型展览和博览建筑物、大型火车站和飞机场、国宾馆、国家级档案馆、大型城市的重要给水泵房等特别重要的建筑物。

注：飞机场不含停放飞机的露天场所和跑道。

c. 国家级计算中心、国际通信枢纽等对国民经济有重要意义的建筑物。

d. 国家特级和甲级大型体育馆。

e. 制造、使用或贮存火炸药及其制品的危险建筑物，且电火花不易引起爆炸或不致造成巨大破坏和人身伤亡者。

f. 具有 1 区或 21 区爆炸危险场所的建筑物，且电火花不易引起爆炸或不致造成巨大破坏和人身伤亡者。

g. 具有 2 区或 22 区爆炸危险场所的建筑物。

h. 有爆炸危险的露天钢质封闭气罐。

i. 预计雷击次数大于 0.05 次/a 的部、省级办公建筑物和其他重要或人员密集的公共建筑物以及火灾危险场所。

j. 预计雷击次数大于 0.25 次/a 的住宅、办公楼等一般性民用建筑物或一般性工业建筑物。

③ 在可能发生对地闪击的地区，遇下列情况之一时，应划为第三类防雷建筑物：

a. 省级重点文物保护的建筑物及省级档案馆。

b. 预计雷击次数大于或等于 0.01 次/a，且小于或等于 0.05 次/a 的部、省级办公建筑物和其他重要或人员密集的公共建筑物，以及火灾危险场所。

c. 预计雷击次数大于或等于 0.05 次/a，且小于或等于 0.25 次/a 的住宅、办公楼等一般性民用建筑物或一般性工业建筑物。

d. 在平均雷暴日大于 15d/a 的地区，高度在 15m 及以上的烟囱、水塔等孤立的高耸建筑物；在平均雷暴日小于或等于 15d/a 的地区，高度在 20m 及以上的烟囱、水塔等孤立的高耸建筑物。

(2) 各类防雷建筑物的防雷措施

① 第一类防雷建筑物的防雷措施。

a. 防直击雷。装设独立避雷针或架空避雷线（网），使被保护建筑物及风帽、放散管等凸出屋面的物体均处于接闪器的保护范围内。独立避雷针和架空避雷线（网）的支柱及其接地装置至被保护建筑物及其有联系的管道、电缆等金属之间的距离，架空避雷线至被保护建筑物屋面和各种凸出屋面物体之间的距离，均不得小于 3m。接闪器接地引下线冲击接地电阻 $R_{sh} \leqslant 10\Omega$。当建筑物高于 30m 时，应采取防侧击雷的措施。

b. 防雷电感应。建筑物内外的所有可产生雷电感应的金属物件均应接到防雷电感应的接地装置上，其工频接地电阻 $R_E \leqslant 10\Omega$。

c. 防雷电波侵入。低压线路宜全线采用电缆直接埋地敷设。在入户端，应将电缆的金属外皮、钢管接到防雷电感应的接地装置上。当全线采用电缆有困难时，可采用水泥电杆和铁横担的架空线，并应使用一段电缆穿钢管直接埋地引入，其埋地长度不应小于 15m。在电缆与架空线连接处，还应装设避雷器。避雷器、电缆金属外皮、钢管及绝缘子铁脚、金具等均应连在一起接地，其冲击接地电阻 $R_{sh} \leqslant 10\Omega$。

② 第二类防雷建筑物的防雷措施。

a. 防直击雷。宜采取在建筑物上装设避雷针或架空避雷网（带）或由其混合组合的接闪器，使被保护建筑物及风帽、放散管等凸出屋面的物体均处于接闪器的保护范围内。接闪器接地引下线冲击接地电阻 $R_{sh} \leqslant 10\Omega$。当建筑物高于 45m 时，应采取防侧击雷的措施。

b. 防雷电感应。建筑物内的设备、管道、构架等主要金属物，应就近接至防雷电感应的接地装置或电气设备的保护接地装置上，可不另设接地装置。

c. 防雷电波侵入。当低压线路全长采用埋地电缆或敷设在架空金属线槽内的电缆引入时，在入户端应将电缆金属外皮和金属线槽接地。低压架空线改换一段埋地电缆引入时，埋地长度不应小于 15m。平均雷暴日小于 30d/a 地区的建筑物，可采用低压架空线直接引入建筑物内，但在入户处应装设避雷器或设 2～3mm 的空气间隙，并与绝缘子铁脚、金具连在一起接到防雷接地装置上，其 $R_{sh} \leqslant 10\Omega$。

③ 第三类防雷建筑物的防雷措施。

a. 防直击雷。宜采取在建筑物上装设避雷针或架空避雷网（带）或由其混合组合的接闪器。接闪器接地引下线的 $R_{sh} \leqslant 30\Omega$。当建筑物高于 60m 时，应采取防侧击雷的措施。

b. 防雷电感应。为防止雷电流流经引下线和接地装置时产生的高电位对附近金属物或电气线路的反击，引下线与附近金属物和电气线路的间距应符合规范的要求。

c. 防雷电波侵入。对电缆进出线，应在进出线端将电缆的金属外皮、钢管等与电气设备接地相连。当电缆转换为架空线时，应在转换处装设避雷器。电缆金属外皮和绝缘子铁脚、金具等应连在一起接地，其 $R_{sh} \leqslant 30\Omega$。进出建筑物的架空金属管道，在进出处应就近接到防雷或电气设备的接地装置上或独自接地，其 $R_{sh} \leqslant 30\Omega$。

8.1.5　信息系统的防雷措施

随着我国通信业的不断发展，信息系统的防雷越来越重要。我国在 2000 年版的 GB 50057—1994 中专门增加了信息系统防雷。

(1) 有信息系统的建筑物的防雷

有信息系统的建筑物需防雷击电磁脉冲时，宜按第三类防雷建筑物采取防直击雷的防雷措施。在考虑屏蔽时，防直击雷的接闪器宜采用避雷网。

如果预计将来可能会有信息系统，应在设计时将建筑物的金属支撑物、金属框架或钢筋混凝土的钢筋等自然构件、金属管道、配电的保护接地系统等与防雷装置组成一个共用接地系统，并应在一些合适的地方预埋等电位联结板。以后只要合理选用和安装电涌保护器（SPD）以及做符合要求的等电位联结即可。

(2) 电涌保护器（SPD）的原理、分类、选用原则

① 电涌保护器（SPD）的原理。所谓 SPD 电涌保护器实际上是一种非线性元件。该元件的工作特性由加在两端的电压 U 和触发电压 U_d 的大小决定。当 $U < U_d$ 时：SPD 的电

阻＞1MΩ；当 $U \geqslant U_d$ 时：SPD 的阻值只有几欧姆，瞬间泄放过电流，使电压突降。SPD 广泛应用于低压配电系统、信息系统，用以限制电网中的大气过电压，保护设备免受雷电损害。

② 电涌保护器（SPD）的分类。SPD 按用途可分为：电源防雷器、信号防雷器、天线馈线防雷器。

③ 电涌保护器 SPD 的选用原则。选用电涌保护器 SPD 应考虑：

a. SPD 的电压保护水平 U_p 应小于被保护设备的耐冲击电压 U_{sh}，即：$U_p < U_{sh}$；

b. 进线端 SPD 的 U_p 远大于被保护设备的耐冲击电压时，须加装二级 SPD；

c. SPD 与被保护设备两端引线应尽可能短，一般控制在 0.5m 以内；

d. 选用两级 SPD 时，它们之间的最短距离应不小于 10m；

e. 进线端 SPD 与被保护设备间距离大于 30m 时，应在被保护设备尽可能近的地方另装一个 SPD，否则，一级 SPD 上的残压加上电缆感应电压仍可能损坏设备；

f. 选择 SPD 时应根据不同的接地系统类型来确定 SPD 的最大持续运行电压；

g. 选择 SPD 时还应考虑：响应时间应尽可能快；通流容量是否满足要求；使用寿命的长短；以及可维护性能和价格因素等。

(3) 信息系统等电位联结

信息系统等电位联结的目的在于减小需要防雷的空间内各金属物与各系统之间的电位差。

信息系统的所有外露导电物应建立等电位联结网络。实现的等电位联结网络均应有连通大地的联结，每个等电位联结网不宜设单独的接地装置。

信息系统的各种箱体、壳体、机架等金属组件与建筑物的共用接地系统的等电位联结，应该采用 S 型星形结构或 M 型网形结构中的一种（如图 8-10 所示）。

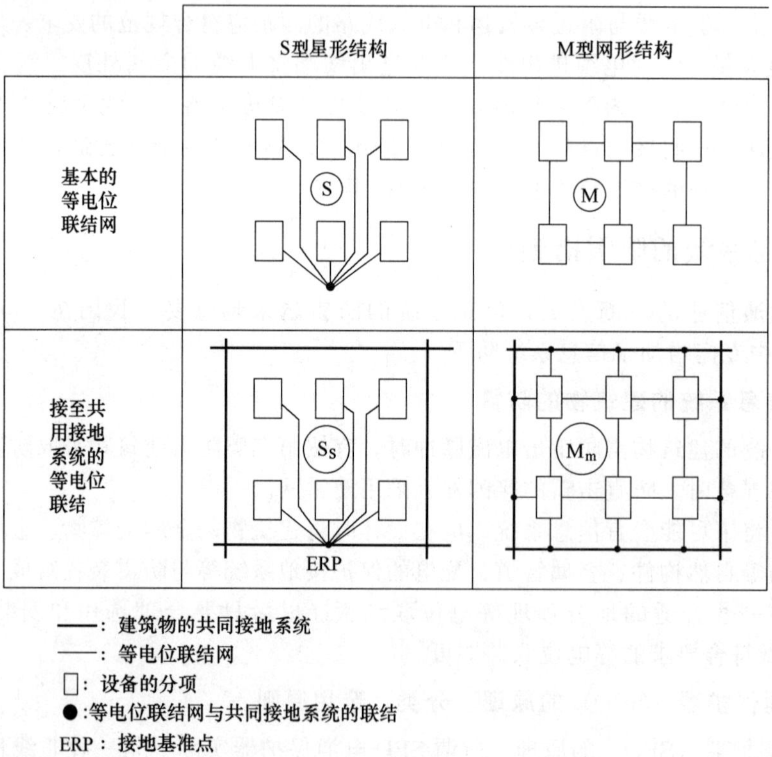

图 8-10　信息系统等电位联结的基本方法

通常，S 型等电位联结网络可用于相对较小、限定于局部的系统，而且所有设施管线和电缆宜从接地基准点附近进入该信息系统。M 型等电位联结网络宜用于延伸较大的开环系统，并且设备之间敷设有许多线路和电缆，以及设施和电缆是从若干点进入该信息系统。通常，在复杂系统中，把 M 型和 S 型组合在一起使用。

8.2 电气装置接地

8.2.1 接地有关概念

在低压配电系统中，发生电击伤亡事故总是难以杜绝的。因此必须加强安全保护的技术措施。根据 IEC 标准得出的电击三道防线中，第二道防线就是要求可靠接地。

（1）接地和接地装置的概念

接地是保证人身安全和设备安全而采取的技术措施。"地"系指零电位，所谓接地就是与零电位的大地相连接。

TN-S 或 TN-C-S 系统接地，在我国俗称接零，参考图 8-11。"零"系指多相系统的中性点，所谓接零就是与中性点相连接，故接零又可称为接中性点。

接地体是埋入地中并直接与大地接触的金属导体。专门为接地而人为装设的接地体，称为人工接地体；并不是专门用作接地体，而兼作接地体用的直接与大地接触的金属构件、金属管道及建筑物的钢筋混凝土等，称为自然接地体。连接接地体与设备、装置等的接地部分的金属导体，称为接地线。接地线在正常情况下是不带电的，但在故障情况下要通过故障接地电流。接地装置就是接地体、接地线及相连的金属结构物的总称。接地装置由接地线与接地体两部分组成。由若干接地体在大地中相互用接地线连接起来的一个整体，称为接地网，如图 8-11 所示。

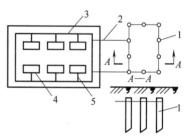

图 8-11　接地网示意图

1—接地体；2—接地线；3—接地干线；
4—电气设备；5—接地支线

在正常或事故情况下，为保证电气设备可靠地运行，必须在供配电系统中某点实行接地，称为工作接地。出于安全目的，对人员能经常触及的、正常时不带电的金属外壳，因绝缘损坏而有可能带电的部分实行的接地，称为保护接地。只有在电压为 1000V 以下的中性点直接接地的系统中，才可采用接零保护作为安全措施，并实行重复接地，以减少当零线断裂时发生触电的危险。

（2）接地电流和对地电压

当电气设备发生接地故障时，电流就通过接地体向大地作半球形散开，这一电流称为接地电流。用 I_E 表示。如图 8-12 所示。

试验证明：在离接地点 20m 处，实际散流电流为零。

对地电压 U_E 是指电气设备的接地部分（如接地的外壳等）与零电位的地之间的电位差。

（3）接触电压和跨步电压

接触电压 U_t，是指设备在绝缘损坏时，在身体可同时触及的两部分之间出现的电位差。跨步电压 U_s，是指在接地故障点附近行走时，两脚之间所产生的电位差。越靠近接地点及跨步越大，则跨步电压越高。一般离接地点 20m 时，跨步电压为零。如图 8-13 所示。

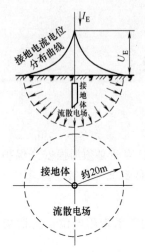

图 8-12　接地电流、对地电压及
接地电位分布曲线

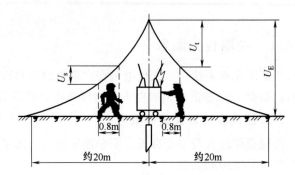

图 8-13　接触电压和跨步电压

如果人体同时接触具有不同电压的两处，则人体有触电电流流过。对人体有危险的接触电压是 50V 以上，对人体有危险的跨步电压是 100V 以上。

(4) 接地的类型

接地可分为下列几类：

① 按装置属性分，有自然接地和人工接地；

② 按电流性质分，有交流电路系统接地和直流电路系统接地；

③ 按电压分：

a. 高压系统接地，其中又包括直接接地和不接地两种类型；

b. 低压系统接地，包括 TN 系统（TN-C、TN-S 和 TN-C-S 系统）、TT 系统和 IT 系统；

④ 按作用分：

a. 保护性接地：防雷接地，保护接地，防静电接地，防电蚀接地等；

b. 功能性接地：工作接地，屏蔽接地，逻辑接地和信号接地等；

⑤ 按装置方式分：

a. 按布置方式分，有外引式和环路式；

b. 按接地体分，有垂直式、水平式和混合式；

c. 按材料分，有钢（角钢、圆钢、钢管、扁钢）和铜（圆铜、铜板钢等）；

d. 按形状分，有管形、带形和环形。

下面就各接地类型分别介绍其定义及作用。

① 保护性接地。

a. 防雷接地。又有防雷接地和防雷电感应接地两种。以防止雷电作用而作的接地称为防雷接地；以防止雷电感应产生高电位、产生火花放电或局部发热，从而造成易燃、易爆物品燃烧或爆炸而作的接地称为防雷电感应接地。

b. 保护接地。保护接地是为保障人身安全、防止间接触电而将设备的外露可导电部分接地。保护接地的形式有两种：一是设备的外露可导电部分经各自的接地线直接接地，如TT 和 IT 系统中的接地；二是设备的外露可导电部分经公共的 PE 线或经 PEN 线接地，这种接地形式，在我国过去习惯上称为"保护接零"。如图 8-14 所示。

注意：在同一低压系统中，一般来说不能一部分采取保护接地，另一部分采用保护接零，否则当采取保护接地的设备发生单相接地故障时，采用保护接零设备的外露可导电部分将带上危险的过电压。

c. 防静电接地。为防止可能产生或聚集的静电荷，对设备、管道和容器等进行的接地，称为防静电接地。设备在移动或物体在管道中流动时，因摩擦产生的静电，聚集在导管、容器或加工设备上，形成很高的电位，对人身安全和建筑物都有危害。防静电接地的作用是当静电产生后，通过静电接地线，把静电引向大地，从而防止静电产生后对人体和设备造成的危害。

d. 防电蚀接地。地下埋设的金属体，如电缆金属外皮、金属导管等，接地后可防止电蚀侵入。

② 功能性接地

a. 工作接地。工作接地是为保证电力系统和设备达到正常工作要求而进行的一种接地，如电源中性点接地、防雷装置的接地等。各种工作接地都有其各自的功能。例如，电源中性点直接接地，能在运行中维持三相系统中相线对地电压不变；电源中性点经消弧线圈接地，能在单相接地时消除接地点的断续电弧，防止系统出现过电压。至于防雷装置的接地，其功能是泄放雷电流，从而实现防雷的要求。如图 8-15 所示，相线 L1、L2、L3 的公共连接处的接地为工作接地，电动机外壳与 PEN 线的联结为保护接零，右侧 PEN 线的再次接地为重复接地。

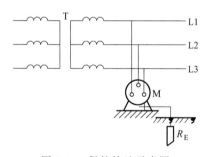

图 8-14 保护接地示意图

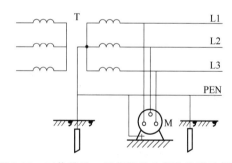

图 8-15 工作接地、重复接地和保护接零示意图

b. 重复接地。重复接地是为确保 PE 线或 PEN 线安全可靠，除在中性点进行工作接地外，还应在 PE 线或 PEN 线的下列地方进行重复接地：一是在架空线路终端及沿线每 1km 处；二是电缆和架空线引入车间或大型建筑物处。

c. 屏蔽接地。为了防止和抑制外来电磁感应干扰，而将电气干扰源引入大地的一种接地，如对电气设备的金属外壳、屏蔽罩、屏蔽线的外皮或建筑物的金属屏蔽体等进行的接地。这种接地，既可抑制外来电磁干扰对电子设备运行的影响，也可减少某一电子设备产生的干扰影响其他电子设备。

d. 逻辑接地。为了确保稳定的参考电位而将电子设备中适当的金属件进行的接地形式，如一般将电子设备的金属底板进行接地。通常把逻辑接地及其他信号系统的接地称为"直流地"。

e. 信号接地。为保证信号具有稳定的基准电位而设置的接地。

8.2.2 电气装置的接地和接地电阻

(1) 电气装置的接地

根据我国的国标规定，电气装置应接地的金属部位有：

① 电机、变压器、电器、携带式或移动式用具等的金属底座和外壳；

② 电气设备的传动装置；

③ 室内外装置的金属或钢筋混凝土构架以及靠近带电部分的金属遮栏和金属门；

④ 配电、控制、保护用的屏及操作台等的金属框架和底座；

⑤ 交、直流电力电缆的接头盒、终端头和膨胀器的金属外壳和电缆的金属护层、可触及的电缆金属保护管和穿线的钢管；

⑥ 电缆桥架、支架和井架；

⑦ 装有避雷线的电力线路杆塔；

⑧ 装在配电线路杆上的电力设备；

⑨ 在非沥青地面的居民区内，无避雷线的小接地电流架空线路的金属杆塔和钢筋混凝土杆塔；

⑩ 电除尘器的构架；

⑪ 封闭母线的外壳及其他裸露的金属部分；

⑫ 六氟化硫封闭式组合电器和箱式变电站的金属箱体；

⑬ 电热设备的金属外壳；

⑭ 控制电缆的金属护层。

(2) 接地电阻及要求

接地电阻是接地体的流散电阻与接地线和接地体电阻的总和。由于接地线和接地体的电阻相对很小，可忽略不计，因此接地电阻主要就是接地体的流散电阻。

工频接地电流流过接地装置所呈现的接地电阻，称为工频接地电阻，用 R_E 表示。

雷电流流过接地装置所呈现的接地电阻，称为冲击接地电阻，用 R_{sh} 表示。我国规定的部分电力装置所要求的接地电阻，见电力装置工作接地电阻要求。

8.2.3 接地装置的装设

(1) 自然接地体的利用

在设计和装设接地装置时，首先应考虑自然接地体的利用，以节约投资、节约钢材。如果实地测量所利用的自然接地体电阻能满足要求，而且这些自然接地体又满足热稳定条件时，就不必再装设人工接地装置。否则，应加装人工接地装置。

可作为自然接地体的有：与大地有可靠连接的建筑物的钢结构和钢筋、行车的钢轨、埋在地里的金属管道（但不包括可燃或有爆炸物质的管道），以及埋地敷设的不少于两根的电缆金属外皮等。对于变配电所来说，可利用建筑物钢筋混凝土基础作为自然接地体。利用自然接地体时，一定要保证良好的电气连接，在建筑物结构的结合处，除已焊接者外，凡用螺栓连接或其他连接的，都必须要采用跨接焊接，而且跨接线不小于规定值。

(2) 人工接地体的装设

人工接地体是特地为接地体而装设的接地装置。人工接地体基本结构有两种：垂直埋设的人工接地体和水平埋设的人工接地体，如图 8-16 所示。人工接地体的接地电阻至少要占要求电阻值的一半以上。

按 GB 50169—2016《电气装置安装工程接地装置施工及验收规范》的规定，钢接地体和接地线的截面不应小于表 8-3 的规定。对于 110kV及以上变电所或腐蚀性较强场所的接地装置，应采用热镀锌钢材，或适当加大截面。

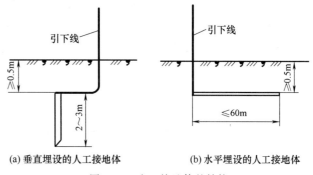

(a) 垂直埋设的人工接地体　　(b) 水平埋设的人工接地体

图 8-16　人工接地体的结构

表 8-3　钢接地体最小尺寸

种类、规格及单位		地上	地下
圆钢直径/mm		8	8/10
扁钢	截面/mm²	48	48
	厚度/mm	4	4
角钢厚度/mm		2.5	4
钢管管壁厚度/mm		2.5	3.5/2.5

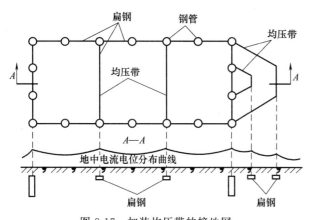

图 8-17　加装均压带的接地网

接地网的布置应尽量使地面电位分布均匀，以降低接触电压和跨步电压，如图 8-17 所示为加装均压带的接地网。

(3) 防雷装置接地的要求

避雷针宜装设独立的接地装置，防雷的接地装置及避雷针引下线的结构尺寸，应符合 GB 50057—2010《建筑物防雷设计规范》的规定。

为了防止雷击时雷电流在接地装置上产生的高电位对被保护的建筑物和配电装置及其接地装置进行"反击

闪络"，危及建筑物和配电装置的安全，防直击雷的接地装置与建筑物和配电装置之间，应有一定的安全距离，此距离与建筑物的防雷等级有关。一般来说，空气中安全距离为大于 5m，地下为 3m。为了降低跨步电压，保障人身安全，防直击雷的人工接地体距离建筑物出入口或人行道的距离不应小于 3m，否则要采取其他措施。

8.2.4　接地装置的计算

在工程实际中，要计算接地装置须先进行工频电阻的计算。

(1) 人工接地体工频电阻的计算

① 单根垂直管形接地体的接地电阻 $R_{E(1)}$ 为：

$$R_{E(1)} \approx \frac{\rho}{l} \tag{8-4}$$

式中，ρ 为土壤电阻率，$\Omega \cdot m$；l 为接地体长度，m。

② 多根垂直管形接地体的接地电阻计算。n 根垂直接地体并联时，由于接地体间的屏蔽效应影响，实际总的接地电阻 R_E 为：

$$R_E = \frac{R_{E(1)}}{n\eta} < \frac{R_{E(1)}}{n} \tag{8-5}$$

式中，η 为接地体利用系数。

③ 单根水平、带形接地体的接地电阻 R_E 为：

$$R_E \approx \frac{2\rho}{l} \tag{8-6}$$

④ 多根放射形水平接地带的接地电阻 R_E 为：

$$R_E \approx \frac{0.062\rho}{n+1.2} \tag{8-7}$$

⑤ 环形接地带的接地电阻 R_E 为：

$$R_E \approx \frac{0.6\rho}{\sqrt{A}} \tag{8-8}$$

式中，A 为环形接地带所包围的面积。

(2) 自然接地体工频电阻的计算

① 电缆金属外皮和水管等的接地电阻 R_E 是：

$$R_E \approx \frac{2\rho}{l} \tag{8-9}$$

式中，ρ 为土壤电阻率；l 为电缆及水管等的埋地长度。

② 钢筋混凝土基础的接地电阻 R_E 是：

$$R_E \approx \frac{0.2\rho}{\sqrt[3]{V}} \tag{8-10}$$

式中，ρ 为土壤电阻率；V 为钢筋混凝土体积。

(3) 冲击接地电阻的计算

冲击接地电阻是指雷电流经接地装置泄放入地的接地电阻，包括接地线电阻和地中散流电阻。由于强大的雷电流泄放入地时，当地的土壤被雷电波击穿并产生火花，使散流电阻显著降低。冲击接地电流一般小于工频接地电阻，冲击接地电阻 R_{sh} 可按下式计算：

$$R_{sh} = \frac{R_E}{\alpha} \tag{8-11}$$

式中，α 为换算系数。

(4) 接地线的最小截面计算

对于高压大接地短路电流系统中的接地线，或中性点直接接地的低压电力系统中的零线和接地线，须校验其热稳定度的最小截面 A_{min}，应符合下式要求：

$$A \geqslant A_{min} = \frac{I_k^{(1)} \sqrt{t_k}}{C} \text{mm}^2 \tag{8-12}$$

式中，A 为接地线或零线的实际截面；$I_k^{(1)}$ 为单相接地短路电流，为计算方便可取 $I_k^{(2)}$；t_k 为短路等效持续时间，一般取 0.2s；C 为接地线的热稳定系数，见表 8-4。

表 8-4　接地线的热稳定系数 C

材料	高压大接地短路电流系统	低压中性点直接接地系统
钢	70	90
铝	120	155
铜	210	270

(5) 接地装置的计算

接地装置的计算步骤如下：

① 按 GB 50057—2010《建筑物防雷设计规范》的规定确定允许的接地电阻 R_E。

② 实测或估算可以利用的自然接地体的接地电阻 $R_{E(nat)}$。

③ 计算需补充的人工接地体的接地电阻 $R_{E(man)}$。

$$R_{E(man)} = \frac{R_{E(nat)} R_E}{R_{E(nat)} - R_E} \tag{8-13}$$

④ 按经验确定导线长度，并计算单根接地电阻。

⑤ 计算接地体的数量：

$$n = \frac{R_{E(1)}}{\eta R_{E(man)}} \tag{8-14}$$

⑥ 校验短路热稳定度：

$$A_{\min} = \frac{I_k^{(1)} \sqrt{t_k}}{C} \tag{8-15}$$

(6) 人工接地体的常用材料及实施

① 垂直接地体采用 $\phi50\text{mm}$ 的钢管或 $50\text{mm} \times 50\text{mm} \times 5\text{mm}$ 的角钢，长度为 $2.5 \sim 3\text{m}$ 较合适，排列间距一般不宜小于 5m，棒顶距地面以 $0.7 \sim 0.9\text{m}$ 为合适。

② 水平接地体采用 $40\text{mm} \times 4\text{mm}$ 的扁钢，或 $\phi12 \sim \phi16\text{mm}$ 的圆钢；埋设深度以 $0.9 \sim 1.0\text{m}$ 为合适；连接时要用搭接，搭接长度要为扁钢宽度 2 倍或圆钢直径的 4 倍，所有扁钢与扁钢的连接或扁钢与圆钢的连接，均要采用电焊或气焊可靠连接。

③ 接地装置至少要有两处以上引至地面或室内，穿墙处对引接接地线要穿钢管加以保护。室内接地干线采用 $25\text{mm} \times 4\text{mm}$ 的扁钢，或用 $\phi6 \sim \phi12\text{mm}$ 的圆钢。

8.2.5　低压配电系统的等电位联结

等电位联结，是指使电气装置各外露可导电部分及装置外的导电部分的电位作实质上相等的电气联结。等电位联结的作用是降低接触电压，保障人身安全。图 8-18 所示为一个总等电位联结和局部等电位联结的示意图。

按《低压配电设计规范》（GB 50054—2011）的规定，进行低压接地故障保护时，应在建筑物内作总等电位联结（用文字符号 MEB 表示）；当电气装置或某一部分的接地故障保护不能满足规定要求时，还应在局部范围作局部等电位联结（用文字符号 LEB 表示）。

电位差是引起电气事故的重要起因。我国以前对电网和线路的安全比较重视，但忽视了电位差的危害。实际上，尤其是在低压配电系统中，电位差的存在是造成人身电击、电气火灾以及电气、电子设备损坏的重要原因。

总等电位联结，是在建筑物的电源线路进线处，将 PE 干线或 PEN 线与电气装置的接地干线、建筑物金属构件及各种金属都相互作电气联结，使它们的电位基本相等，如图 8-18 所

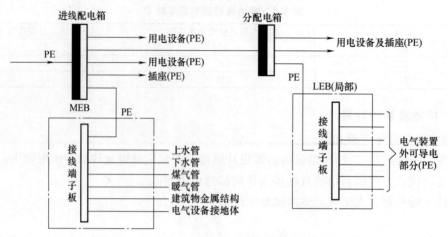

图 8-18　总等电位联结和局部等电位的联结

MEB—总等电位联结；LEB—局部等电位

示的 MEB 部分。

辅助等电位联结是总等电位联结的辅助措施，它是某一局部范围内的等电位联结，如在远离总等电位的联结处、非常潮湿及触电危险性大的局部地域进行的补充等电位联结。如图8-18 所示的 LEB 部分。

在一般电气装置中，要求等电位联结系统的导通良好，从等电位联结端子到被联结体末端的阻抗不大于 4Ω。

注意：无论是总等电位联结，还是辅助等电位联结，与每一电气装置的其他系统只可联结一次。

8.3　静电及其防护

静电现象是一种常见的带电现象。它有其可利用的一面：如静电复印等；但也有其有害的一面：如静电放电，在粉尘和可燃气体多的地方，甚至可能引起爆炸。因此，对其有害的一面应尽量避免。

8.3.1　静电的产生及其危害

（1）静电的概念及其产生

摩擦起电是大家熟悉的一种物理现象，通过摩擦使物体带上的电荷称为"静电"。静电在我们的生活中可以说是无处不在。早在公元前 600 年，古希腊的 Thales 就已经发现并记载了静电，当时称为"鬼火"。静电现象是一种常见的带电现象，包括雷电或电容器残留电荷、摩擦带电等。

物体的静电带电现象，按照伏特-赫姆霍兹假说，可以把静电带电机理分为接触、分离、摩擦三个过程。而我们日常生活中所遇见的静电现象绝大多数是固体与固体的接触和分离起电。分离起电的机理，就是指两种不同的固体紧密接触、分离以后，带上符号相反、电量相等的电荷，除了固体与固体接触、分离起电外，还有剥离起电、破裂起电、电解起电等。

在生产和生活中，两种不同物质的物体相互摩擦，就会产生静电。例如生产工艺中挤压、切割、搅拌、喷溅、流动和过滤，以及生活中的行走、起立、穿和脱衣服等都会产生静电。正负极性的电荷分别积蓄在两种物体上形成高电压。表 8-5 是常用物质的带电顺序表。从带正电的物质排起，逐次排到带负电的物质。其中任何两种物质摩擦时，可以按此判断它们各自所带电荷的极性，大致估计电荷的多少。

表 8-5　常用物质的带电顺序表

带正电负荷侧	玻璃	云母	尼龙	羊毛	人造绒	绢	人体皮肤	丙烯	棉布	铝	纸	麻	琥珀	铁铜镍	橡胶	金	涤纶	赛璐珞	聚四氟乙烯	带负电负荷侧

工作服和内衣摩擦时发生的静电是人体带电的主要原因之一，表 8-6 列出穿着不同工作服和内衣时人体所带的静电电压值。

(2) 静电的特点及其危害

表 8-6　质地不同的工作服和内衣摩擦时人体所带静电电压值　　　　　单位：kV

衣服材质	棉纱	毛	丙烯	聚酯	尼龙	聚乙烯醇纤维/棉
棉 100%	1.2	0.9	11.7	14.7	1.5	1.9
聚乙烯醇纤维/棉(55%/45%)	0.6	4.5	12.3	12.3	4.9	0.3
聚酯/人造丝(65%/35%)	4.2	9.4	19.2	17.1	4.9	1.2
聚酯/棉(65%/35%)	14.1	15.3	12.3	7.5	14.7	13.9

静电有一个很大的特点是静电电量不大而静电电压很高，有时可达数万伏，甚至 10 万伏以上。静电电量虽然不大，不会直接使人致命，但其电压很高，很容易发生放电，出现静电火花。

如上所述，静电现象有其有用的一面：如静电复印、静电喷涂和静电除尘等。静电现象也有它有害的一面：当带电物体间的电位差达到一定程度后，便可产生静电放电，对人体产生电击。

在有可燃液体的场合，可能因静电火花而引起火灾；在有气体、蒸汽的混合物或有粉尘、纤维爆炸性混合物的场所，可能因静电而引起爆炸。当人体接近带静电的物体时，或带静电电荷的人体接近接地体时，都可能发生电击伤害。另外，在某些生产过程中，静电的物理现象还会对生产产生妨碍，导致产品质量不良、电子设备损坏、生产故障，乃至停工。图 8-19 所示为静电放电危害电子设备的示意图。有时甚至发生更大、更严重的破坏，例如：2003 年 8 月 22 日巴西火箭大爆炸，引起全世界的关注，就是静电引起的；2002 年 12 月 12 日长春煤气爆炸也是静电引起的。所以，对静电的危害要引起高度的重视和足够的关注。

经验证明，人体各部位所带的电荷并不均衡，以手腕外侧的电位为最高。通常，电子设备遭受静电危害是因为人体触摸机器，从而发生瞬间静电放电的结果。

8.3.2　静电放电形式及干扰的传递

(1) 静电放电形式

静电放电属于脉冲式干扰，干扰程度取决于脉冲能量和脉冲宽度。以人体为例，设人体等效电容为 150pF、等效放电电阻为 150Ω（IEC 对人体的模拟值），若有 10kV、所含能量为 7.5×10^{-3} J 的静电电压通过人体电阻突然放电，放电脉冲宽度可达 22.5ns，在放电瞬间的功率峰值高达 667kJ。图 8-20 所示为人体带电的等效电路。

能量大，固然易形成电磁干扰；能量微弱但在极短时间内起作用时，其瞬间的能量密度也可达到具有危害作用的程度。

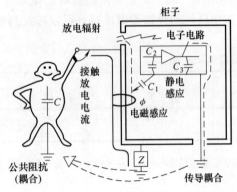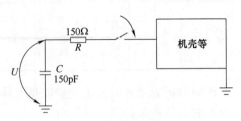

图 8-19 静电放电危害电子设备示意图　　　　图 8-20　人体带电的等效电路

(2) 静电放电干扰的传递

静电放电干扰传递有多种途径，大致可分为以下几种：

① 设备信号线与地线上的直接放电。对地线的放电使地电位发生变化，造成电子设备误动作。如键盘或显示装置等接口处的放电犹如"直击雷"，干扰后果极为严重。

② 在设备金属外壳上的放电。在电子设备金属外壳上放电是最常见的静电放电，放电电流流过金属外壳，产生电场和磁场，通过分布阻抗耦合到壳内的电源线、信号线等内部走线，引起误动作。该电流通过电感耦合、电容耦合、辐射电磁场以及放电电流在导线上引起电位差和相位差。

一般认为，感应耦合起主要作用，电感耦合比电容耦合影响更大，电磁场的辐射则能波及相当远的距离。感应电压的大小与脉冲有关，当脉宽为 10ns 时，感应电压幅值为 1.6V；当脉宽小于 10ns 时，感应电压幅值急剧升高，脉宽为 4ns 时，感应电压幅值为 9V。

注意：近距离时，高频电磁场的感应作用很大。

8.3.3　防静电方法

静电放电的危害很大，越是精密的仪器仪表，越是高科技的技术，静电的危害越大。因此，要尽量避免静电危害。由上述可知，静电放电通过电磁感应、静电感应、传导耦合和放电辐射危害电气设备。因此，可分别采取下列措施进行防护：

(1) 抑制静电放电

① 避免产生静电。机房工作面、地板等应铺设抗静电材料；接触和操作电气设备的人员切勿穿化纤等易带静电的衣服；操作人员应佩带有金属接地链的手镯；环境湿度应保持在 45％以上等。

② 提高电气设备表面的绝缘能力。如机壳涂绝缘漆或覆盖绝缘物质，操作开关等器件与机壳留有隔离间隔，使放电难以形成。

(2) 抑制静电感应

① 尽量缩短信号线，减少外露面积；

② 尽量降低电路的阻抗；

③ 信号线、电源线用屏蔽线或双绞线；

④ 整套设备放置在屏蔽室内；

⑤ 线间屏蔽，防止串扰；

⑥ 用差动输入输出电路，减少共模噪声的影响。

（3）抑制电磁感应

① 被保护电路应尽量远离有放电感应电流的部位；

② 信号线与感应线电流的导线应垂直交叉；

③ 尽量缩小信号回路和环流面积，采用双绞线；

④ 加粗设备之间的接地线，信号线与接地线平行；

⑤ 用高磁导率的材料覆盖信号回路；

⑥ 对微弱信号电路采用三层屏蔽。

（4）抑制传导耦合

① 配线时尽量缩短公共阻抗导线长度；

② 机柜接地和系统接地分开，通过良好的接地让放电电流只流经机壳表面，能减少对机壳内电子器件工作的影响；

③ 禁止使用串联型接地方式；

④ 提高电子设备本身的抗噪声能力，如信号线上采用共模扼流圈或铁氧体磁芯作为数字量线路滤波器，以及改进各种电磁屏蔽等措施。

（5）做好防静电接地工作

为防止可能产生或聚集静电荷，对设备、管道和容器等进行的接地，称为静电接地。设备在移动或物体在管道中流动，因摩擦产生的静电，聚集在管道、容器或加工设备上，形成很高电位，对人身安全和建筑物都有危害。静电接地的作用是当静电产生后，通过静电接地线，把静电引向大地，防止静电产生后对人体和设备产生危害。

因两种不同物质的物体相互摩擦或感应而产生的静电只有在带电体绝缘时才能保存，如果把它用导线与大地相连，电荷很快就会消失，所以仅仅为静电放电所设置接地电阻，只要不超过 100Ω 就能满足要求。

现在已进入数字化的时代，离不开计算机。计算机包含有大量的微功耗、低电平、高集成度、高电磁灵敏度的电路和元器件，所以，计算机是最容易受到静电危害的电子设备之一。

计算机的防静电放电有其相应的措施。首先要在安装环境和操作人员的服装材料和附加操作器具等方面加以注意，防止和抑制静电的产生；其次是降低设备对静电放电干扰的敏感度。

需要补充的是：对于实际设备，应根据使用条件，参照试验数据来确定其应有的静电放电敏感度，并采取相应的方法，如用翼片式静电放电发生器等来测量该设备实际具有的敏感度。如果实际值大于应有值，便能避免发生静电放电干扰故障。表 8-7 列出了按照设备所处环境的相对湿度和地板等的材料种类来确定的敏感度等级和数值。

表 8-7　静电放电敏感度等级和数值

等级	相对湿度/%	材料		敏感度值
		抗静电纤维	合成纤维	
1	35	√		2
2	10	√		4
3	50		√	9
4	10		√	15

8.3.4 国家对静电防护的要求

为了考核静电放电对设备的影响，从 1994 年开始，国际上先后制定了 IEC 801 标准《工业过程测量和控制装置的电磁兼容性》，包括 IEC 801-1《总论》、IEC 801-2《静电放电要求》、IEC 801-3《辐射电磁场要求》、IEC 801-4《电快速瞬变脉冲群的要求》、IEC 801-5《浪涌抗扰度的要求》、IEC 801-6《高于 9kHz 的由射频电磁场感应所引起的射频传导干扰的抗扰度》。我国对 IEC 801 标准相当重视，已于 1993 年起等效执行。对应标准是 GB/T 13926—92《工业过程测量和控制装置的电磁兼容性》，收入 IEC 801-1～IEC 801-4 共四个正式出版的分标准内。

8.4 电气安全与触电急救

在低压配电系统中，发生电击伤亡事故是难以杜绝的，即使在经济、技术发达的国家，国民文化水准较高的社会，也不例外。因此必须加强安全保护的技术措施。根据 IEC 标准得出的防电击三道防线中，第三道防线是防触电死亡措施，它是指人身受到电击后，如何减轻其危害程度，不致有生命危险。

8.4.1 电流对人体作用

(1) 电流对人体作用

电流通过人体时，人体内部组织将产生复杂的作用。人体触电可分为两大类：一是雷击或高压触电，较大的电流数量级通过人体所产生的热效应、化学效应和机械效应，将使人的机体受到严重的电灼伤、组织炭化坏死以及其他难以恢复的永久性伤害；二是低压触电，在几十至几百毫安的电流作用下，使人的机体产生病理、生理性反应，轻者出现针刺痛感，或痉挛、血压升高、心律不齐以致昏迷等暂时性功能失常，重的可引起呼吸停止、心搏骤停、心室纤颤等危及生命的伤害。

关于人体受电击时反应的研究，图 8-21 给出的是 1974 年 IEC 提出的 479 号权威性报告。

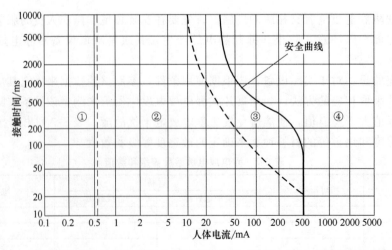

图 8-21　IEC 提出的人体触电时间和通过人体电流（50Hz）对人身机体反应的曲线

从图中可看到，人体触电可分为四个区：①区——人体对触电无反应区；②区——人体对触电有麻木感，但无病理生理反应，对人体无害；③区——人体触电后，可产生心律不齐、血压升高的现象，但一般无器质性损害；④区——人体触电后，可产生心室纤颤，严重的可导致死亡。通常将①、②、③区称为安全区，③区与④区间的曲线称为安全曲线。至 1994 年，IEC 又发表的 479-1 号报告，它对电击安全界限曲线作了新的修正，把有生命危险的电击能量从 30mA·s 改正为 50mA·s。此外，在 IEC 的 364-4 号标准中规定：

① 采用自动切断供电电源的保护措施时，低压系统的接地形式需与配电系统的制式、安全保护的方式及保护装置的特性相配合。

② 采用自动开关或熔断器自动切断发生故障的线路时，应保证接于该线路的手持式或移动式用电设备上任一点的接触电压，不超过表 8-8 所列的预期接触电压和持续时间规定。

(2) 安全电流及有关因素

安全电流就是人体触电后最大的摆脱电流。各国规定不完全一致。我国依 1974 年 IEC 提出的 479 号报告，规定安全电流为 30mA·s（50Hz）。

表 8-8　最大接触电压的持续时间

最大切断时间 t/s	预期接触电压/V	
	交流（有效值）	直流
∞	<50	<120
5	50	120
1	75	140
0.5	90	160
0.4	97	165
0.2	110	175
0.1	150	200
0.05	220	250
0.03	290	310

安全电流与下列因素有关：

① 触电时间。触电时间在 0.2s 以下与 0.2s 以上，电流对人体的危害程度是有很大区别的。触电时间 0.2s 以上时，致颤电流值将急剧降低。

② 电流性质。试验表明，直流、交流和高频电流触电对人体的危害是不同的，以 50～100Hz 的电流对人体的危害最为严重。

③ 电流路径。电流对人体的伤害程度主要取决于心脏受损的程度。试验表明，不同路径的电流对人体的危害是不同的，电流从手到脚特别是从手到胸对人体的危害最为严重。

④ 体重和健康状况。健康人的心脏和衰弱有病人的心脏对电流损害的抵抗能力是不同的。人的心理、情绪好坏以及人的体重等，也使电流对人的危害有所差别。

8.4.2　安全电压和人体电阻

安全电压就是不致使人直接死亡或致残的电压。实际上，从触电的角度来说，安全电压与人体电阻有关。

人体电阻由体内电阻和皮肤电阻两部分组成。体内电阻约 500Ω，与接触电压无关。皮肤电阻随皮肤表面的干湿、洁污状态和接触电压而变。从触电安全的角度考虑，人体电阻一般下限为 1700Ω。由于我国安全电流取 30mA，如人体电阻取 1700Ω，则人体允许持续接触的安全电压为：

$$U_{saf}=30\times1700\approx50V$$

这 50V 称为一般正常环境条件下允许持续接触的安全特低电压，见表 8-9。

表 8-9　安全电压

安全电压(交流有效值)/V		选用举例
额定值	空载上限值	
42	50	在有触电危险的场所使用的手持式电动工具等
36	43	在矿井、多导电粉尘等场所使用的行灯等
24	29	可供某些人体可能偶然触及的带电体设备使用
12	15	
6	9	

8.4.3　电气安全的一般措施

(1) 电气安全的一般措施

在供配电系统中，必须特别注意安全用电。这是因为，如果使用不当，可能会造成严重后果，如人身触电事故、火灾、爆炸等，给国家、社会和个人带来极大的损失。保证电气安全的一般措施有：

① 加强电气安全教育。无数电气事故的教训告诉人们：人员的思想麻痹大意，往往是造成人身事故的重要因素。因此必须加强安全教育，使所有人员都懂得安全生产的重大意义，人人树立安全第一的观点，个个都作安全教育工作，力争供电系统无事故运行，防患于未然。

② 严格执行安全工作规程。经验告诉我们，国家颁布和现场制定的安全工作规程，是确保工作安全的基本依据。只有严格执行安全工作规程，才能确保工作安全。例如，在变配电所中工作，就须严格执行《电业安全工作规程》的有关规定：

a. 电气工作人员须具备的条件：经医师鉴定，无妨碍工作的病症；具备必要的电气知识，且按其职务和工作性质，熟悉《电业安全工作规程》的有关部分，并经考试合格；学会紧急救护，特别要学会触电急救。

b. 人体与带电体的安全距离。在进行地电位带电作业时，人体与带电体的安全距离不得小于表 8-10 所规定的值。

表 8-10　人体与带电体安全距离

电压等级/kV	10	35	66	110	220	330
安全距离/m	0.4	0.6	0.7	1.0	1.9	2.6

c. 在高压设备上工作时的要求。在高压设备上工作时必须遵守：填写工作票和口头、电话命令；至少应有两人在一起工作；完成保证工作人员安全的组织措施和技术措施。

保证安全的组织措施有工作票制度，工作许可证制度，工作监护制度，工作间断、转移和终结制度。保证安全的技术措施有停电 、验电、装设接地线、悬挂标示牌和装设遮栏等。

③ 加强运行维护和检修试验工作。加强日常的运行维护工作和定期的检修试验工作，对于保证供电系统的安全运行，也具有很重要的作用。特别是电气设备的交接试验，应遵循《电气设备交接试验标准》的规定。

④ 采用安全电压和符合安全要求的相应电器。

a. 对于容易触电的场所和有触电危险的场所，应采用安全电压。

b. 在易燃、易爆场所，使用的电气设备和导线、电缆应采用符合要求的相应设备和导线、电缆。

c. 涉及易燃、易爆场所的供电设计与安装，应遵循国家相关的规定。

⑤ 确保供电工程的设计安装质量。经验告诉我们，国家制定的设计、安装规范，是确保设计、安装质量的基本依据。供电工程的设计安装质量，直接关系到供电系统的安全运行。如果设计或安装不合要求，将大大增加事故的可能性。因此必须精心设计和施工。要留给设计和施工足够的时间，并且不要因为赶时间而影响设计和施工的质量。严格按国家标准，如《供配电系统设计规范》《低电配电设计规范》《电力变压器、油浸电抗器、互感器施工及验收规范》《电缆线路施工及验收规范》《35kV 及以下架空电力线路施工及验收规范》等进行设计、施工、验收，确保供电系统质量。

⑥ 按规定采用电气安全用具。电气安全用具分为基本电气安全用具和辅助电气安全用具两类。

a. 基本电气安全用具。这类安全用具的绝缘足以承受电气设备的工作电压，操作人员必须使用它，才允许操作带电设备。如操作隔离开关的绝缘钩棒等。

b. 辅助电气安全用具。这类安全用具的绝缘不足以完全承受电气设备的工作电压，操作人员必须使用它，可使人身安全有进一步的保障。如绝缘手套、绝缘垫台及"禁止合闸，有人工作""止步，高压危险"等标示牌。

⑦ 普及安全用电常识。

a. 不得私自拉电线，私用电炉；

b. 不得超负荷用电；

c. 装拆电线和电器设备，应请电工，避免发生短路和触电事故；

d. 电线上不能晒衣服，以防电线上绝缘破损，漏电伤人；

e. 不得在架空线路和室外变配电装置附近放风筝，以免造成短路或接地故障；

f. 不得用弹弓等打电线上的鸟，以免电线上绝缘破损；

g. 不得攀登电杆和变配电所装置的构架；

h. 移动电器的插座，一般应采用带保护接地插孔的插座；

i. 所有可能触及的设备外露可导电部分必须接地；

j. 导线断落在地时，不可走近。对落地的高压线，应离开落地点 9～10m 以上，并及时报告供电部门前往处理。

⑧ 正确处理电气失火事故。

a. 电气失火的特点。失火电器设备可能带电，灭火时要注意防止触电，最好是尽快断开电源；失火电器设备可能充有大量的油，容易导致爆炸，使火势蔓延。

b. 带电灭火的措施和注意事项。

Ⅰ. 采用二氧化碳、四氯化碳等灭火器，这些灭火器均不导电，并且要求通风，有条件的戴上防毒面具；

Ⅱ. 不能用一般泡沫灭火器灭火，因其灭火剂具有一定的导电性；

Ⅲ. 可用干砂覆盖进行带电灭火，但只能是小面积时采用；

Ⅳ. 带电灭火时，应采取防触电的可靠措施。

(2) 触电的急救处理

触电者的现场急救是抢救过程中关键的一步。如能及时、正确地抢救，则因触电而呈假死的人有可能获救。反之，则可能带来不可弥补的损失。因此，《电业安全工作规程》将"特别要学会触电急救"规定为电气工作人员必须具备的条件之一。

① 脱离电源。触电急救，首先要使触电者迅速脱离电源，越快越好；触电时间越长，

伤害越严重。

a. 触电急救首先要将触电者接触的那部分带电设备的开关断开，或设法将触电者与带电设备脱离。在脱离电源时，救护人员既要救人，又要保护自己。触电者未脱离电源前，救护人员不得直接用手触及伤员。

b. 如果触电者接触低压带电设备，救护人员应设法迅速切断电源，如拉开电源开关，或使用绝缘工具、干燥的木棒等不导电的物体解脱触电者；也可抓紧触电者的衣服将其拖开。为使触电者与导体解脱，最好用一只手进行抢救。

c. 如果触电者接触高压带电设备，救护人员应设法迅速切断电源，或用适合该绝缘等级的绝缘工具解脱触电者。救护人员在抢救过程中，要注意保持自身与带电部分的安全距离。

d. 如果触电者处于高处，解脱电源后，可能会从高处坠落，要采取相应的措施，以防触电者摔伤。

e. 在切断电源后，应考虑事故照明、应急灯照明等，以便继续进行急救。

② 急救处理。当触电者脱离电源后，应根据具体情况，迅速救治，同时赶快通知医生。

a. 如触电者神志尚清，则应使之平躺，严密观察，暂时不要站立或走动。

b. 如触电者神志不清，则应使之仰面平躺，确保气道通畅，并用 5s 时间，呼叫伤员或轻拍其肩部，严禁摇动头部。

c. 如触电者失去知觉、停止呼吸，但心脏微有跳动时，应在通畅气道后，立即施行口对口的人工呼吸。

d. 如触电者伤害相当严重，心跳和呼吸已停止，完全失去知觉，则在通畅气道后，立即施行口对口的人工呼吸和胸外按压心脏的人工循环。先按心脏 4～9 次，再口对口的吹气 2～3 次；再按压心脏 4～9 次，再口对口的吹气 2～3 次。

人工呼吸要有耐心，不能急。不应放弃现场抢救。只有医生有权作出死亡诊断。

③ 人工呼吸法。人工呼吸法有仰卧压胸法、俯卧压背法和口对口吹气法等。最简便的是口对口吹气法，其步骤如下：

a. 迅速解开触电者的衣服、裤子，松开上身的紧身衣等，使其胸部能自由扩张，不致妨碍呼吸；

b. 使触电者仰卧，不垫枕头，头先侧向一边，清除其口腔内的血块、假牙及其他异物，将舌头拉出，使气道通畅，如触电者牙关紧闭可用小木片、金属片等小心地从口角伸入牙缝撬开牙齿，清除口腔内异物，然后将其头扳正，使之尽量后仰，鼻孔朝天，使气道通畅；

c. 救护人位于触电者头部的左侧或右侧，用一只手捏紧鼻孔，不使漏气，用另一只手将下颌拉向前下方，使嘴巴张开，嘴上可盖一层纱布，准备接受吹气；

d. 救护人作深呼吸后，紧贴触电者嘴巴，向他大口吹气，如图 8-22 所示，如果掰不开嘴巴，也可捏紧嘴巴，紧贴鼻孔吹气，吹气时要使胸部膨胀；

e. 救护人吹气完毕后换气时，应立即离开触电者的嘴巴，并放松紧捏的鼻，让其自由排气。

按上述要求对触电者反复地吹气、换气，每分钟约 12 次。对幼小儿童施行此法时，鼻子不必捏紧，可任其自由漏气。

④ 胸外按压心脏的人工循环法。按压心脏的人工循环法有胸外按压和开胸直接挤压心脏两种方法。后者由医生进行，这里介绍胸外按压心脏的人工循环法的操作步骤：

a. 同上述人工呼吸的要求一样，迅速解开触电者的衣服、裤子，松开上身的紧身衣等，使其胸部能自由扩张，使气道通畅；

b. 触电者仰卧，不垫枕头，头先侧向一边，清除其口腔内的血块、假牙及其他异物，将舌头拉出，使气道通畅，后背着地处的地面必须平整；

c. 救护人位于触电者一侧，最好是跨腰跪在触电者的腰部，两手相叠，手掌根部放在心窝稍高一点的地方，如图 8-23 所示；

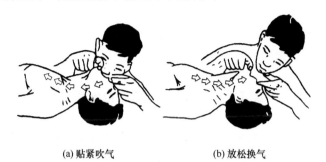

(a) 贴紧吹气   (b) 放松换气

图 8-22　口对口吹气法

图 8-23　胸外按压心脏的正确压点

d. 救护人找到触电者正确的压点后，自上而下、垂直均衡地用力向下按压，压出心脏里的血液，对儿童用力应小一点；

e. 按压后，掌根迅速放开，使触电者胸部自动复原，心脏扩张，血液又回到心脏里来，如图 8-24 所示。

按上述要求对触电者的心脏进行反复地按压和放松，每分钟约 60 次；按压时定位要准，用力要适当。在进行人工呼吸时，救护人应密切关注触电者的反应，只要发现触电者有苏醒迹象，应中止操作规程几秒钟，让触电者自行呼吸和心跳。

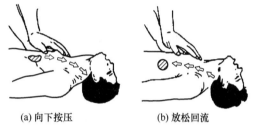

(a) 向下按压   (b) 放松回流

图 8-24　人工胸外按压心脏法

事实说明，只要正确地坚持施行人工救治，触电假死的人被抢救成活的可能性是非常大的。

====== 思考题 ======

1. 过电压有哪几类？它们分别是怎样产生的？
2. 什么叫雷暴日？它与电气防雷有什么关系？
3. 什么叫接触电压和跨步电压？
4. 避雷针的主要功能是什么？
5. 什么叫滚球法？如何用滚球法确定避雷针的保护范围？
6. 架空线有哪些防雷措施？
7. 高压电动机应该采用哪类避雷器？
8. 什么是接地和接零？
9. 静电是如何产生的？它有什么危害？

====== 习　题 ======

1. 对直击雷、感应雷和雷电侵入波分别采用什么防雷措施？

2. 变电所防直击雷的措施有哪些？

3. 避雷针、避雷器、避雷带各主要用在什么场合？

4. 什么是接地装置？它由哪几部分组成？有什么作用？

5. 什么叫工作接地？什么叫重复接地？什么叫保护接地？

6. 什么是接地电阻？它有哪几种？

7. 什么是等电位联结？为什么要用等电位联结？

8. 什么叫直接触电防护？什么叫间接触电防护？

9. 有人触电，如何急救？

10. 什么是安全电流？安全电流与哪些因素有关？我国规定的安全电流是多少？

11. 保证电气安全的一般措施是什么？

12. 某单位有一座防雷建筑物，高 10m，其屋顶最远的一角距离高 50m 的烟囱 150m 远，烟囱上装有一根 2.5m 高的避雷针，试验算该避雷针能否保护该建筑物。

第9章
供配电系统的运行维护和管理

本章预期学习结果

掌握供配电系统维护、监视的内容，掌握供配电系统异常运行处理的基本方法，掌握节约电能的一些常用方法。

2003 年 8 月，一场突如其来的大停电席卷了半个美国和加拿大的大部分地区，造成了 60 多亿美元的直接损失，而且给普通百姓带来了极大的不便。事后分析事故原因，虽然有各种各样的说法，但对整个供配电系统维护和管理不力也是一个不争的事实。随着社会生产活动的日益繁忙，电力系统规模逐步扩大，人们对电力系统的可靠性要求越来越高。所以，如何保证稳定而经济地向社会提供所需要的电力，成了维护和管理的一个重要课题。

9.1　变配电所的运行维护

变配电所内的变配电设备的正常运行，是保证变配电所能够安全、可靠和经济地供配电的关键所在。电气设备的运行维护工作，是用户及用户的电工日常最重要的工作。通过对变配电设备的缺陷和异常情况的监视，及时发现设备运行中出现的缺陷、异常情况和故障，及早采取相应措施防止事故的发生和扩大，从而保证变配电所能够安全可靠地供电。

9.1.1　变配电所的巡视检查

(1) 变配电所的值班制度

工厂变配电所的值班方式有：轮班制、在家值班制和无人值班制。如果变配电所的自动化程度高、信号监测系统完善，就可以采用在家值班制或无人值班制。随着科技进步，向自动化和无人值班的方向发展是必然的趋势。但是根据我国的国情，目前一般工厂变配电所仍以三班轮换的值班制度为主；车间变电所大多采用无人值班制，由工厂维修电工或高压变配电所值班人员每天定期巡查；有高压设备的变配电所，为确保安全，至少应有两人值班。

(2) 变配电所的巡视检查制度

变配电所的值班人员对设备应经常进行巡视检查。巡视检查分为定期巡视、特殊巡视和夜间巡视。

① 定期巡视。值班员每天按现场运行规程的规定时间和项目，对运行和备用设备及周围环境进行定期检查。

② 特殊巡视。在特殊情况下增加的巡视。如在设备过负荷或负荷有显著变化时，新装、检修和停运后的设备投入运行时，运行中有可疑现象时以及遇有特殊天气时的巡视。

③ 夜间巡视。其目的在于发现接点过热或绝缘子污秽放电等情况，一般在高峰负荷期和阴雨的夜间进行。

值班员巡视中发现的缺陷应记录在记录簿内，重大设备缺陷应及时汇报。

(3) 变配电所的巡视期限

① 有人值班的变配电所，应每日巡视一次，每周夜巡一次。35kV 及以上的变配电所，要求每班（三班制）巡视一次。

② 无人值班的变配电室，应在每周高峰负荷时段巡视一次，夜巡一次。

③ 在打雷、刮风、雨雪、浓雾等恶劣天气里，应对室外装置进行白天或夜间的特殊巡视。

④ 对于户外多尘或含腐蚀性气体等不良环境中的设备，巡视次数要适当增加。无人值班的设备，每周巡视不应少于两次，并应作夜间巡视。

⑤ 新投运或出现异常的变配电设备，要及时进行特殊巡视检查，密切监视变化。

(4) 变配电设备的巡视检查方法

变配电所电气设备巡视检查方法：通过看、听、闻、摸等主要检查手段，发现运行中设备的缺陷及隐患；使用工具和仪表，进一步探明故障性质。对于较小的障碍，也可在现场及时排除。常用的巡视检查方法有：

① 看。就是值班人员用肉眼对运行设备可见部位的外观变化进行观察来发现设备的异常现象。如变色、变形、位移、破裂、松动、打火冒烟、渗油漏油、断股断线、闪络痕迹、异物搭挂、腐蚀污秽等都可通过此法检查出来。另外，通过对监测仪表的监测，也可发现一些异常。因此，目测法是设备巡查中最常用的方法之一。

② 听。变电所的一、二次电磁式设备（如变压器、互感器、继电器、接触器），正常运行通过交流电后，其线圈铁芯会发出均匀节律和一定响度的"嗡嗡"声；而当设备出现故障时，会夹着噪声，甚至有"噼啪"的放电声。可以通过正常时和异常时的音律、音量变化来判断设备故障的性质。

③ 闻。电气设备的绝缘材料一旦过热会使周围的空气产生一种异味。当正常巡查中嗅到这种异味时，应仔细寻查观察，发现过热的设备与部位，直至查明原因。

④ 摸。对不带电且外壳可靠接地的设备，检查其温度或温升时可以用手去触试检查。二次设备出现发热或振荡时，也可用手触法进行检查。

9.1.2　电力变压器的运行与维护

(1) 变压器的巡视维护内容

① 通过仪表监视电压、电流，判断负荷是否在正常范围之内。变压器一次电压变化范围应在额定电压的 5％以内，避免过负荷情况，三相电流应基本平衡，对于 Yyn0 接线的变压器，中性线电流不应超过低压线圈额定电流的 25％。

② 监视温度计及温控装置，看油温及温升是否正常。上层油温一般不宜超过 85℃，最高不应超过 95℃。（干式变压器和其他型号的变压器参看各自的说明书）

③ 冷却系统的运行方式是否符合要求。如冷却装置（风扇、油、水）是否运行正常，各组冷却器、散热器温度是否相近。

④ 变压器的声音是否正常。正常的声响为均匀的"嗡嗡"声，如声响较平常沉重，表明变压器过负荷；如声音尖锐，说明电源电压过高。

⑤ 绝缘子（瓷瓶、套管）是否清洁，有无破损裂纹、严重油污及放电痕迹。

⑥ 油枕、充油套管、外壳是否有渗油、漏油现象，有载调压开关、气体继电器的油位、油色是否正常。油面过高，可能是冷却器运行不正常或内部故障（铁芯起火、线圈层间短路等），油面过低可能有渗油、漏油现象。变压器油通常为淡黄色，长期运行后呈深黄色。如果颜色变深变暗，说明油质变坏，如果颜色发黑，表明炭化严重，不能使用。

⑦ 变压器的接地引线、电缆、母线有无过热现象。

⑧ 外壳接地是否良好。

⑨ 冷却装置控制箱内的电气设备、信号灯的运行是否正常；操作开关、联动开关的位置是否正常；二次线端子箱是否严密，有无受潮及进水现象。

⑩ 变压器室门、窗、照明应完好，房屋不漏水，通风良好，周围无影响其安全运行的异物（如易燃、易爆和腐蚀性物体）。

⑪ 当系统发生短路故障或天气突变时，值班人员应对变压器及其附属设备进行特殊巡视，巡视检查的重点是：

a. 当系统发生短路故障时，应立即检查变压器系统有无爆裂、断脱、移位、变形、焦味、烧损、闪络、烟火和喷油等现象。

b. 下雪天气，应检查变压器引线接头部分有无落雪立即融化或蒸发冒气现象，导电部分有无积雪、冰柱。

c. 大风天气，应检查引线摆动情况以及是否搭挂杂物。

d. 雷雨电气，应检查瓷套管有无放电闪络现象（大雾天气也应进行此项检查），以及避雷器放电记录器的动作情况。

e. 气温骤变时，应检查变压器的油位和油温是否正常。

f. 大修及安装的变压器运行几个小时后，应检查散热器排管的散热情况。

(2) 变压器的投运与停运

① 变压器的投运。新装或检修后的变压器投入运行前，一般应进行全面检查，确认其符合运行条件，才可投入试运行。检查项目如下：

a. 变压器本体、冷却装置和所有附件无缺陷、不渗油。

b. 轮子的制动装置牢固。

c. 油漆完好，相色标志正确，接地可靠。

d. 变压器顶盖上无杂物遗留。

e. 事故排油设施完好，消防设施齐全。

f. 储油柜、冷却装置、净油器等油系统上的油门均打开，油门指示正确。

g. 电压切换装置的位置符合运行要求，有载调压切换装置的远方操作机构动作可靠，指示位置正确。

h. 变压器的相位和绕组的联结组别符合并列运行要求。

i. 温度指示正确，整定值符合要求。

j. 冷却装置试运行正常。

k. 保护装置整定值符合规定，操作和联动机构动作灵活、正确。

② 变压器的停运。进行主变压器停电操作时，操作的顺序是：停电时先停负荷侧，后停电源侧。这是因为：多电源的情况下，先停负荷侧，可以防止变压器反充电；若先停电源侧，一旦发生故障，可能造成保护装置误动或拒动，从而延长故障切除时间，并且可能扩大故障范围。

③ 变压器的试运行。所谓变压器试运行，就是指变压器开始送电并带一定负荷运行24h所经历的全部过程。变压器投入运行时，应先按照倒闸操作（见后面）的步骤，合上各侧的隔离开关，接通操作能源，投入保护装置和冷却装置等，使变压器处于热备用状态。变压器投入并列运行前，应先核对相位是否一致。送电后，检查变压器和冷却装置的所有焊缝和连接面，有无渗、漏油现象。

(3) 变压器故障及异常运行的处理

变压器是变电所的核心设备，如果发生了异常运行，轻者影响供电系统的正常运行，重者引发事故，带来经济、安全两方面的损失。所以，运行维护人员必须学会一定的基本处理方法。

① 响声异常的故障原因及处理方法。变压器正常运行时，会发出较低的均匀"嗡嗡"声。

a. 若"嗡嗡"声变得沉重且不断增大，同时上层油温也有所上升，但是声音仍是连续的，表明变压器过载。可开启冷却风扇等冷却装置，增强冷却效果，同时适当调整负荷。

b. 若发生很大且不均匀的响声，间有爆裂声和"咕噜"声，这可能是由于内部层间、匝间绝缘击穿；如果夹有"噼啪"放电声，很可能是内部或外部的局部放电所致。碰到这些情况，可将变压器停运，消除故障后再使用。

c. 若发生不均匀的振动声，可能是某些零件发生松动，可安排大修进行处理。

② 油温异常的原因和处理方法。温度过高，会使绝缘的老化速度比正常工作条件下快得多，从而缩短变压器的使用年限，甚至有时还会引发事故。

油浸式变压器的上层油温严格控制在95℃以下。若在同样负荷条件下油温比平时高出10℃以上，冷却装置运行正常，负荷不变但温度不断上升，则很可能是内部故障：如铁芯发热，匝间短路等。这时应立即停运变压器。

③ 油位异常的原因和处理方法。变压器严重缺油时，内部的铁芯、绕组就会暴露在空气中，使绝缘受潮，同时露在空气中的部分绕组因无油循环散热，导致散热不良而引发事故。

引起油位过低的原因有很多，如渗漏油、放油后未补充、负荷低而冷却装置过度冷却等。如果是过冷却引起的，则可适当增加负荷或停止部分冷却装置；如果出现"轻瓦斯"信号，在气体继电器窗口中看不见油位，则应将变压器停运。

油位过高可能是补油过多或负荷过大，这时，可放油或适当减少负荷。

此外，还要注意假油现象。如果在负荷变化、温度变化后，油位不发生变化，则可能是假油位。这是由于防爆管的通气管堵塞、油标管堵塞或油枕呼吸器堵塞等原因造成的。

④ 保护异常。

a. 轻瓦斯的动作。可取瓦斯气体分析，如不可燃，放气后继续运行，并分析原因，查出故障。如可燃，则停运，查明情况，消除故障。

b. 重瓦斯动作。很可能是内部发生短路或接地故障，这时不允许强送电，需进行内部检查，直至试验正常，才能把变压器重新投入运行。

⑤ 外表异常。

a. 渗油漏油。可能是连接部位的胶垫老化开裂或螺钉松动。

b. 套管破裂、内部放电、防爆管破损。这些故障严重时会导致防爆管玻璃破损，因此，应停用变压器，等待处理。

c. 变压器着火。将变压器立即从系统中隔离，同时采取正确的灭火措施。

9.1.3 配电设备的巡视与维护

配电装置担负着受电和配电任务，是变配电所的重要组成部分。对配电装置同样也应进行定期巡视检查，以便及时发现运行中出现的设备缺陷和故障，并采取相应措施及早予以消除。

(1) 断路器

断路器是高压开关中用途最广、技术要求最高、作用最为重要的电气设备。

① 断路器的巡视维护内容。

a. 分合位置的红绿信号灯、机械分合指示器与断路器的状态是否一致。

b. 负荷电流是否超过当时环境温度下的允许电流；三相电流是否平衡；内部有无异常声音。

c. 各连接头的接触是否良好；接头温度、箱体温度是否正常；有无过热现象。

d. 检查绝缘子（瓷瓶、套管）是否清洁完整、无裂纹和破损，有无放电、闪络现象。

e. 检查操作机构、操作电压、操作气压及操作油压是否正常，其偏差是否在允许范围内。

f. 检查端子箱内的二次接线端子是否受潮，有无锈蚀现象。

g. 检查高压带电显示器，看三相指示是否正常，是否亮度一致。

h. 检查设备的接地是否良好。

i. 检查油断路器的油色、油位是否正常，本体各充油部位是否有渗油、漏油现象。

j. 检查 SF_6 断路器的气体压力是否正常。

k. 检查真空断路器的真空是否正常，有无漏气声。

② 断路器的常见故障和处理。

a. 接头（触头）和箱体过热。可能是接头、触头接触不良或过负荷。可降低负荷，必要时进行停电处理。

b. 拒绝合闸。可能是本体或操作机构的原因（如弹簧储能故障），也可能是操作回路的原因。这时，应拉开隔离开关将故障断路器停电；如该回路必须马上合闸，送电可采用旁路断路器代替。

c. 拒绝跳闸。可能是机械方面的原因（如跳闸铁芯卡位，操作能源压力不足），也可能是操作回路的原因。这时可拉开该回路的母线侧隔离开关，使拒分的断路器脱离电源。如果油断路器出现爆裂、放电声，SF_6 断路器或真空断路器发生严重漏气，则应立即将故障断路器停电。

(2) 隔离开关和负荷开关

① 隔离开关和负荷开关的巡视检查内容（两者基本一致）。

a. 检查分合状态是否正确，是否符合运行方式的要求，其位置信号指示器、机械位置指示器与隔离开关的实际状态是否一致。

b. 检查负荷电流是否超过当时周围环境温度下开关的允许电流。

c. 检查开关的本体是否完好，三相触头是否同期到位。

d. 运行的开关，触头接触是否良好，有无过热及放电现象。拉开的开关，其断口距离及张开的角度是否符合要求。

e. 保持绝缘子清洁完整，表面无裂纹和破损、无电晕、无放电闪络现象。

f. 检查操动机构各部件是否变形、锈损，连接是否牢固，有无松动脱落现象。

g. 接地的隔离开关，接地是否牢固可靠，接地的可见部分是否完好。

② 隔离开关的异常及处理。

a. 接头或触头发热，可能是接触不良或过负荷。可适当降低负荷，也可将故障隔离开关退出运行；无法退出时，可加强通风冷却，同时创造条件，尽快停电处理。

b. 带负荷误拉、合隔离开关。

Ⅰ. 误拉隔离开关。如果刀片刚离开刀口（已起弧）应立即将未拉开的隔离开关合上。如果隔离开关已拉开，则不允许再合上，用同级断路器或上一级断路器断开电路后方可合隔离开关。

Ⅱ. 误合隔离开关。误合的隔离开关，不允许再拉开，只有用断路器先断开该回路电路，然后才能拉开。

(3) 互感器

互感器的巡视检查内容：

① 瓷瓶套管是否完好、清洁，有无裂纹放电现象。

② 检查油位、油色是否正常，有无渗油和漏油现象。

③ 呼吸器是否畅通，是否有受潮变色现象。

④ 接线端子是否牢固，是否有发热现象。

⑤ 运行中的互感器声音是否正常、是否冒烟及有异常气味。

⑥ 接地是否牢固且接触良好。

(4) 电力电容器

电力电容器的巡视检查内容：

① 检查电容器电流是否正常，三相是否平衡（电力电容器的各相之差应不大于 10%），有无不稳定及激振现象。

② 检查放电用电压互感器指示灯是否良好，放电回路是否完好。

③ 检查电容器的声音是否正常，有无"吱吱"放电声。

④ 检查外壳是否变形，有无渗漏油现象。

⑤ 检查套管是否清洁，有无放电闪络现象；回路导体应紧固，接头不过热；绝缘架、绝缘台的绝缘应良好，绝缘子应清洁无损。

⑥ 检查保护熔断器是否良好。

⑦ 无功补偿自动控制器应运行正常；电容器组的自动投切动作应正常；功率因数应在设定范围内。

⑧ 外壳接地是否良好、完整。

(5) 二次系统的巡视检查

① 硅整流电容储能直流装置的巡视检查。

a. 检查硅整流器的输入和输出电压是否在正常运行值范围内。

b. 接触器、继电器和调压器的触头接触是否良好，有无过热或放电现象。

c. 调压器转动手柄是否灵活，有无卡阻。

d. 硅整流器件应清洁，连接的焊点或螺栓应牢固无松动。

e. 检查电容器的开关应在充电位置，电容器外壳洁净、无变形、无放电；连接线无虚焊、断线。

② 铅酸蓄电池组的巡视检查。

a. 当蓄电池采用浮充电方式时，值班人员要根据直流负载的大小，监视或调整浮充电源的电流，使直流母线电压保持额定值，并使蓄电池总是处于浮充电状态下工作。每个蓄电池电压应保持在 2.15V，变动范围为 2.1～2.2V。如果电压长期高于 2.35V，会产生"过充"；低于 2.1V，则会产生"欠充"。过充或欠充都会影响蓄电池的使用寿命。

b. 蓄电池室及电解液温度应保持在 10～30℃之间，最低不低于 5℃，最高不高于 35℃。

c. 检查极板的颜色和形状，充好电后的正极板应是红褐色，负极板是深灰色的；极板应无断裂、弯曲现象，极板间应无短路或杂物充塞。

d. 电池外壳无破裂、无漏液。

e. 蓄电池各接头连接应紧固，无腐蚀现象。

9.2 供配电线路的运行与维护

9.2.1 架空线路的运行与维护

架空线路的建设取材容易、施工方便，但运行易受环境、外力等的影响，为了保证安全可靠的供电，应加强运行维护工作，及时发现缺陷并及早处理。

(1) 巡视的期限

对厂区或市区架空线路，一般要求每月进行一次巡视检查，郊区或农村每季一次，低压架空线路每半年一次，如遇恶劣气候、自然灾害及发生故障等情况时，应临时增加巡视次数。

(2) 巡视内容

① 检查线路负荷电流是否超过导线的允许电流。

② 检查导线的温度是否超过允许的工作温度，导线接头是否接触良好，有无过热、严重氧化、腐蚀或断落现象。

③ 检查绝缘子及瓷横档是否清洁，有否破损及放电现象。

④ 检查线路弧垂是否正常，三相是否保持一致，导线有无断股，上面是否有杂物。

⑤ 检查拉线有无松弛、锈蚀、断股现象，绝缘子是否拉紧，地锚有无变形。

⑥ 检查避雷装置及其接地是否完好，接地线有无断线、断股等现象。

⑦ 检查电杆（铁塔）有无歪斜、变形、腐朽、损坏及下陷现象。

⑧ 检查沿线周围是否堆放易燃、易爆、强腐蚀性物品以及是否有危险建筑物；并且要保证与架空线路有足够的安全距离。

9.2.2 电缆线路的运行与维护

电缆线路的作用与架空线路的作用相同，在电力系统中起到连接、输送电能、分配电能的作用。当架空线的走线或安全距离受到限制或输配电发生困难时，采用电缆线路就成为一种较好的选择。

电缆线路具有成本高、查找故障困难等缺点，所以必须作好线路的运行维护工作。

(1) 巡视期限

对电缆线路要做好定期巡视检查工作。敷设在土壤、隧道、沟道中的电缆，每三个月巡视一次；竖井内敷设的电缆，至少每半年巡视一次；变电所、配电室的电缆及终端头的检查，应每月一次。如遇大雨、洪水及地震等特殊情况或发生故障时，需临时增加巡视次数。

(2) 巡视检查内容

① 负荷电流不得超过电缆的允许电流。

② 电缆、中间接头盒及终端温度正常，不超过允许值。

③ 引线与电缆头接触良好，无过热现象。

④ 电缆和接线盒清洁、完整，不漏油，不流绝缘膏，无破损及放电现象。

⑤ 电缆无受热、受压、受挤现象；直埋电缆线路，路面上无堆积物和临时建筑，无挖掘取土现象。

⑥ 电缆钢铠正常，无腐蚀现象。

⑦ 电缆保护管正常。

⑧ 充油电缆的油压、油位正常，辅助油系统不漏油。

⑨ 电缆隧道、电缆沟、电缆夹层的通风、照明良好，无积水；电缆井盖齐全并且完整无损。

⑩ 电缆的带电显示器及护层过电压防护器均正常。

⑪ 电缆无鼠咬、白蚁蛀蚀的现象。

⑫ 接地线良好，外皮接地牢固。

9.2.3 车间配电线路的运行维护

车间是用电设备所在地，所以车间配电线路的维护尤其显得重要。要做好车间配电线路的维护，须全面了解车间配电线路的走向、敷设方式、导线型号规格以及配电箱和开关的位置等情况，还要了解车间负荷规律以及车间变电所的相关情况。

(1) 巡视期限

车间配电线路一般由车间维修电工每周巡视检查一次，对于多尘、潮湿、高温、有腐蚀性及易燃易爆物等特殊场所应增加巡视次数。线路停电超过一个月以上，重新送电前亦应作一次全面检查。

(2) 巡视项目

① 检查导线发热情况。裸母线正常运行时最高允许温度一般为 70℃。若过高，母线接头处的氧化加剧，接触电阻增大，电压损耗加大，供电质量下降，甚至可能引起接触不良或断线。

② 检查线路负荷是否在允许范围内。负荷电流不得超过导线的允许载流量，否则导线过热会使绝缘层老化加剧，严重时可能引起火灾。

③ 检查配电箱、开关电器、熔断器、二次回路仪表等的运行情况，着重检查导体连接处有无过热变色、氧化、腐蚀等情况，连线有无松脱、放电和烧毛现象。

④ 检查穿线铁管、封闭式母线槽的外壳接地是否良好。

⑤ 敷设在潮湿、有腐蚀性气体的场所的线路和设备，要定期检查绝缘。绝缘电阻值不得低于 0.5Ω。

⑥ 检查线路周围是否有不安全因素存在。

在巡视中发现的异常情况，应记入专用记录本内，重要情况应及时汇报。

（3）线路运行中突遇停电的处理

电力线路在运行中，可能会突然停电，这时应按不同情况分别处理。

① 电压突然降为零时，说明是电网暂时停电。这时总开关不必拉开，但各路出线开关应全部拉开，以免突然来电时用电设备同时启动，造成过负荷，从而导致电压骤降，影响供电系统的正常运行。

② 双电源进线中的一路进线停电时，应立即进行切换操作（即倒闸操作），将负荷特别是重要负荷转移到另一路电源。若备用电源线路上装有电源自动投入装置，则切换操作会自动完成。

③ 厂内架空线路发生故障使开关跳闸时，如开关的断流容量允许，可以试合一次。由于架空线路的多数故障是暂时性的，所以一次试合成功的可能性很大。但若试合失败，即开关再次跳开，说明架空线路上故障还未消除，并且可能是永久性故障，应进行停电隔离检修。

④ 放射式线路发生故障使开关跳闸时，应采用"分路合闸检查"方法找出故障线路，并使其余线路恢复供电。

【例 9-1】 如图 9-1 所示的供配电系统，假设故障出现在 WL8 线路上，由于保护装置失灵或选择性不好，使 WL1 线路的开关越级跳闸，分路合闸检查故障的具体步骤是什么？

解：a. 将出线 WL2～WL6 开关全部断开，然后合上 WL1 的开关，由于母线 WB1 正常运行，所以合闸成功。

b. 依次试合 WL2～WL6 的开关，当合到 WL5 的开关时，因其分支线 WL8 存在故障，再次跳闸，其余出线开关均试合成功，恢复供电。

c. 将分支线 WL7～WL9 的开关全部断开，然后合上 WL5 的开关。

d. 依次合 WL7～WL9 的开关，当合到 WL8 的开关时，因其线路上存在故障，开关再次自动跳开，其余线路均恢复供电。

这种分路合闸检查故障的方法，可将故障范围逐步缩小，并最终查出故障线路，同时恢复其他正常线路的供电。

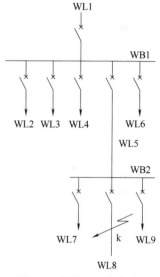

图 9-1 供配电系统分路
合闸检查故障说明图

9.3 倒闸操作

电气设备通常有三种状态，分别为运行、备用（包括冷备用及热备用）、检修。电气设备由于周期性检查、试验或处理事故等原因，需操作断路器、隔离开关等电气设备来改变电气设备的运行状态，这种将设备由一种状态转变为另一种状态的过程叫倒闸，所进行的操作叫倒闸操作。

倒闸操作是电气值班人员及电工的一项经常性的重要工作，操作人员在进行倒闸操作时，必须具备高度的责任心，严格执行有关规章制度。因为，在倒闸操作时，稍有疏忽就可能造成严重事故，给人身和设备安全带来危险，铸成难以挽回的损失。

实际上，事故处理时所进行的操作，是特定条件下的一种紧急倒闸操作。

9.3.1 倒闸操作的基本知识

(1) 设备工作状态的类型

电气设备的工作状态通常分为如下四种：

① 运行中。隔离开关和断路器已经合闸，使电源和用电设备连成电路。

② 热备用。电气设备由于断路器的断开已停止运行，但断路器两端的隔离开关仍处于合闸位置。

③ 冷备用。设备所属线路上的所有隔离开关和断路器均已断开。

④ 检修中。不仅设备所属线路上的所有隔离开关和断路器已经全都断开，而且悬挂"有人工作，禁止合闸"的警告牌，并装设遮栏及安装临时接地线。

区别以上几种状态的关键在于判定各种电气设备是处于带电状态还是断电状态。可以通过观察开关所处的状态、电压表的指示、信号灯的指示及验电器的测试反应来判定。

(2) 电力系统设备的标准名称及编号

为了便于操作、利于管理、保证操作的正确性，应熟悉电力系统设备的标准名称，并对设备进行合理编号。电力系统的标准名称见表9-1。

表 9-1 电力系统主要设备标准名称

编号	设备名称		调度操作标准名称	编号	设备名称	调度操作标准名称
1	母线	母线	××(正、副或号)	4	变压器 系统主变压器	×号主变
		电抗母线	电抗母线		变电所用变压器	×号所用变
		旁路母线	旁路母线		系统联络变压器	×呈联变
2	开关	油断路器、空气断路器、真空断路器、SF₆断路器	××断路线（×号断路器）		系统中性点接地变压器	接地变
		母线联络开关	母线(×)开关(×号开关)	5	电流互感器	流变
		旁路、旁联开关	旁路开关、旁联开关	6	电压互感器	压变
		母线分段开关	分段(×)开关	7	电缆	电缆
3	隔离开关	隔离开关	××刀闸(×号刀闸)	8	电容器	×号电容器
		母线侧隔离开关	母线刀闸(×母刀闸)	9	避雷器	××避雷器
		线路侧隔离开关	线路刀闸	10	消弧线圈	×消弧线圈
		变压器侧隔离开关	变压器刀闸	11	调压变压器	×号调压变
		变压器中性点接地用隔离开关	主变(××kV)中性点接地刀闸	12	电抗器	电抗器
				13	耦合电容器	耦合电容器
		避雷器隔离开关	避雷器刀闸	14	阻波器	阻波器
		电压互感器隔离开关	压变刀闸	15	三相重合闸	重合闸
				16	过载连切装置	过载连切装置

设备的编号全国目前还没有统一的标准，但有些电力系统和有些地区按照历史延续下来的习惯对设备进行编号，以便调度工作及倒闸操作。所以，各供电部门可按照本部门的历史习惯对设备进行编号。在编号时要注意——对应，无重号现象，要能体现设备的电压等级、性质、用途以及与馈电线的相关关系，并且有一定的规律性，便于掌握和记忆。

(3) 电力系统常用的操作术语

为了准确进行倒闸操作，应熟悉电力系统的操作术语，见表9-2。

表 9-2 电力系统常见操作术语

编号	操作术语	含　义
1	操作命令	值班调度员对其所管辖的设备为变更电气接线方式和事故处理而发布的倒闸操作命令
2	合上	把开关或刀闸放在接通位置
3	拉开	把开关或刀闸放在切断位置
4	跳闸	设备自动从接通位置改成断开位置(开关或主气门等)
5	倒母线	母线刀闸从一组母线倒换至另一组母线
6	冷倒	开关在热备用状态,拉开母线刀闸,合上(另一组)母线刀闸
7	强送	设备因故障跳闸后,未经检查后即送电
8	试送	设备因故障跳闸后,经初步检查后再送电
9	充电	不带电设备与电源接通
10	验电	用校验工具验明设备是否带电
11	放电	设备停用后,用工具将静电放去
12	挂(拆)接地线或 合上(拉开)接地刀闸	用临时接地线(或接地刀闸)将设备与大地接通(或拆开)
13	带电拆装	在设备带电状态下进行拆断或接通安装
14	短接	用临时导线将开关或刀闸等设备跨越(旁路)连接
15	拆引线或接引线	架空线的引下线或弓字线的接头拆断或接通
16	消弧线圈从 * 调到 *	消弧线圈调分接头
17	线路事故抢修	线路已转为检修状态,当检查到故障点后,可立即进行事故抢修工作
18	拉路	将向用户供电的线路切断停止送电
19	校验	预测电气设备是否良好状态,如安全自动装置、继电保护等
20	信号掉牌	继电保护动作发出信号
21	信号复归	将继电保护的信号牌恢复原位
22	放上或取下熔断器(或压板)	将保护熔断器(或继电保护压板)放上或取下
23	启用(或停用) * * (设备) * * (保护) * 段	将 * * (设备) * * (保护) * 段跳闸压板投入(或断开)
24	* * 保护由跳 * * 开关改为跳 * * 开关	* * 保护由投跳 * * 开关,改为投跳 * * 开关而不跳原来开关(如同时跳原来开关,则应说明改为跳 * * * 开关)

9.3.2　倒闸操作技术

电气设备的操作、验电、挂地线是倒闸操作的基本功。为了保证操作的正常进行,需熟练掌握这些基本功。

(1) 电气设备的操作

① 断路器的操作。

a. 断路器不允许现场带负载手动合闸,因为手动合闸速度慢,易产生电弧灼烧触头,从而导致触头损坏。

b. 断路器拉合后,应先查看有关的信息装置和测量仪表的指示,判断断路器的位置,而且还应该到现场查看其实际位置。

c. 断路器合闸送电或跳闸后试发,工作人员应远离现场,以免因带故障合闸造成断路器损坏时,发生意外。

d. 拒绝拉闸或保护拒绝跳闸的断路器,不得投入运行或列为备用。

② 高压隔离开关的操作。

a. 手动闭合高压隔离开关时，应迅速果断，但在合到底时不能用力过猛，防止产生的冲击导致合过头或损坏支持绝缘子。如果一合上隔离开关就发生电弧，应将开关迅速合上，并严禁往回拉，否则，将会使弧光扩大，导致设备损坏更严重。如果误合了隔离开关，只能用断路器切断回路后，才允许将隔离开关拉开。

b. 手动拉开高压隔离开关时，应慢而谨慎，一般按"慢—快—慢"的过程进行操作。刚开始要慢，便于观察有无电弧，如有电弧应立即合上，停止操作，并查明原因，如无电弧，则迅速拉开。当隔离开关快要全部拉开时，反应稍慢些，避免冲击绝缘子。切断空载变压器、小容量的变压器、空载线路和拉系统环路等时，虽有电弧产生，也应果断而迅速地拉开，促使电弧迅速熄灭。

c. 对于单相隔离开关，拉闸时，先拉中相，后拉边相；合闸操作则相反。

d. 隔离开关拉合后，应到现场检查其实际位置；检修后的隔离开关，应保持在断开位置。

e. 当高压断路器与高压隔离开关在线路中串联使用时，应按顺序进行倒闸操作，合闸时，先合隔离开关，再合断路器；拉闸时，先拉开断路器，再拉隔离开关。这是因为隔离开关和断路器在结构上的差异：隔离开关在设计时，一般不考虑直接接通或切断负荷电流，所以没有专门的灭弧装置，如果直接接通或切断负荷电流会引起很大的电弧，易烧坏触头，并可能引起事故；而断路器具有专门的灭弧装置，所以能直接接通或者切断负荷电流。

(2) 验电操作

为了保证倒闸过程的安全顺利进行，验电操作必不可少。如果忽视这一步，可能会造成带电挂地线、相与相短路等故障，从而造成经济损失和人身伤害等事故，所以验电操作是一项很重要的工作，切不可忽视。

① 验电的准备。验电前，必须根据所检验的系统电压等级来选择与电压相配的验电器。切忌"高就低"或"低就高"。为了保证验电结果的正确，有必要先在有电设备上检查验电器，确认验电器良好。如果是高压验电，操作人员还必须戴绝缘手套。

② 验电的操作。

a. 一般验电。不必直接接触带电导体，验电器只要靠近导体一定距离，就会发光（或有声光报警），而且距离愈近，亮度（或声音）就愈强。

b. 对架构比较高的室外设备，须借助绝缘拉杆验电。如果绝缘杆勾住或顶着导体，即使有电也不会有火花和放电声，为了保证观察到有电现象，绝缘拉杆与导体应保持虚接或在导体表面来回蹭，如果设备有电，就会产生火花和放电声。

(3) 装设接地线

验明设备已无电压后，应立即安装临时接地线，将停电设备的剩余电荷导入大地，以防止突然来电或感应电压。接地线是电气检修人员的安全线和生命线。

① 接地线的装设位置。

a. 对于可能送电到停电检修设备的各方面均要安装接地线。如变压器检修时，高低压侧均要挂地线。

b. 停电设备可能产生感应电压的地方，应挂地线。

c. 检修母线时，母线长度在 10m 及以下，可装设一组接地线。

d. 在电气上不相连接的几个检修部位，如隔离开关、断路器分成的几段，各段应分别验电后，进行接地短路。

e. 在室内，短路端应装在装置导电部分的规定地点，接地端应装在接地网的接头上。

② 接地线的装设方法。必须由两人进行：一人操作规程，一人监护；装设时，应先检查地线，然后将良好的接地线接到接地网的接头上。

9.3.3　倒闸操作步骤

倒闸操作有正常情况下的操作和事故情况下的操作两种。在正常情况下应严格执行"倒闸操作票"制度。《电业安全工作规程》规定：在 1kV 以上的设备上进行倒闸操作时，必须根据值班调度员或值班负责人的命令，受令人复诵无误后执行。操作人员应按规定格式（见表 9-3）填写操作票。

表 9-3　倒闸操作票

操作开始时间		终了时间	
操作任务：			
	顺序	操作项目	
		全面检查	
		以下空白	
备注：已执行章			

操作人：　　　　　　监护人：　　　　　　值长：

可以参照下列步骤进行：

(1) 接受主管人员的预发命令

在接受预发命令时，要停止其他工作，并将记录内容向主管人员复诵，核对其正确性。对枢纽变电所等处的重要倒闸操作应有二人同时听取和接受主管人员的命令。

(2) 填写操作票

值班人员根据主管人员的预发令，核对模拟图，核对实际设备，参照典型操作票，认真填写操作票，在操作票上逐项填写操作项目。填写操作票的顺序不可颠倒，字迹清楚，不得涂改，不得用铅笔填写。在事故处理、单一操作、拉开接地刀闸或拆除全所仅有的一组接地线时，可不用操作票，但应该将上述操作记录于运行日志或操作记录本上。操作票里应填入如下内容：应拉合的开关和刀闸；检查开关和刀闸的位置；检查负载分配；装拆接地线；安装或拆除控制回路、电压互感器回路的熔断器；切换保护回路并检验是否确无电压。

(3) 审查操作票

操作票填写完毕后，写票人自己应进行核对，认为确定无误后，再交监护人审查。监护人应对操作票的内容逐项审查，对上一班预填的操作票，即使不是在本班执行，也要根据规定进行审查。审查中若发现错误，应由操作人重新填写。

(4) 接受操作命令

在主管人员发布操作任务或命令时，监护人和操作人应同时在场，仔细听清主管人员发布的命令，同时要核对操作票上的任务与主管人员所发布的是否完全一致，并由监护人按照填写好的操作票向发令人复诵，经双方核对无误后，在操作票上填写发令时间，并由操作人和监护人签名。这样，这份操作票才合格可用。

(5) 预演

操作前，操作人、监护人应先在模拟图上按照操作票所列的顺序逐项唱票预演，再次对操作票的正确性进行核对，并相互提醒操作的注意事项。

(6) 核对设备

到达操作现场后，操作人应先站准位置核对设备名称和编号，监护人核对操作人所站的位置、操作设备名称及编号是否正确无误。检查核对后，操作人穿戴好安全用具，眼看编号，准备操作。

(7) 唱票操作

当操作人准备就绪，监护人按照操作票上的顺序高声唱票，每次只准唱一步。严禁凭记忆不看操作票唱票，严禁看编号唱票。此时操作人应仔细听监护人唱票并看准编号，核对监护人所发命令的正确性。当操作人认为无误时，开始高声复诵并用手指向编号，做出操作手势。严禁操作人不看编号瞎复诵。在监护人认为操作人复诵正确，两人一致认为无误后，监护人发出"对，执行"的命令，操作人方可进行操作并记录操作开始时间。

(8) 检查

每一步操作完毕后，应由监护人在操作票上打一个"√"号，同时两人应到现场检查操作的正确性，如设备的机械指示、信号指示灯、表计变化情况等，用以确定设备的实际分合位置。监护人勾票后，应告诉操作人下一步的操作内容。

(9) 汇报

操作结束后，应检查所有操作步骤是否全部执行，然后由监护人在操作票上填写操作的结束时间，并向主管人员汇报。对已执行的操作票，在工作日志和操作记录本上做好记录，并将操作票归档保存。

(10) 复查评价

变配电所值班负责人要召集全班，对本班已执行完毕的各项操作进行复查，评价总结经验。

9.3.4 倒闸操作实例

执行某一操作任务时，首先要掌握电气接线的运行方式、保护的配置、电源及负荷的功率分布情况，然后依据命令的内容填写操作票。操作项目要全面，顺序要合理，以保证操作的正确、安全。

下面是某 66/10kV 变配电所的部分倒闸操作实例。

【例 9-2】 图 9-2 为该变配电所的电气系统图。任务：填写线路 WL1 的停电操作票。

解： ① 图 9-2 中的运行方式。欲停电检修 101 断路器，填写 WL1 停电倒闸操作票，其停电操作详见表 9-4。

② 101 断路器检修完毕，恢复 WL1 线路送电的操作要与线路 WL1 停电操作票的操作顺序相反，但应注意恢复送电票的第（1）项应是"收回工作票"；第（2）项应是"检查 WL1 线路上 101 断路器、101 甲刀开关间、2 号接地线一组和 WL1 线路上的 101 断路器、101 乙刀开关间、1 号接地线一组确定已拆除"或"检查 1 号、2 号接地线，共两组确已拆除"；之后从第（3）项开始按停电操作票的相反顺序填写。

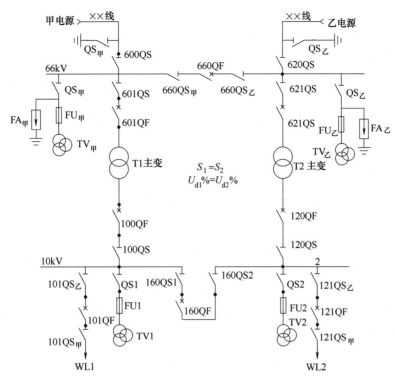

图 9-2   66/10kV 某工厂变配电所电气主接线运行方式图

表 9-4   变配电所倒闸操作票（编号 12-11）

顺序	操作项目
（1）	拉开 WL1 线路 101 断路器
（2）	检查 WL1 线路 101 断路器确在开位，开关盘表计指示正确 0A
（3）	取下 WL1 线路 101 断路器操作直流保险
（4）	拉开 WL1 线路 101 甲刀开关
（5）	检查 WL1 线路 101 甲刀开关确在开位
（6）	拉开 WL1 线路 101 乙刀开关
（7）	检查 WL1 线路 101 乙刀开关确在开位
（8）	停用 WL1 线路保护跳闸压板
（9）	在 WL1 线路 101 断路器至 101 乙刀开关间三相验电确无电压
（10）	在 WL1 线路 101 断路器至 101 乙刀开关间装设 1 号接地线一组
（11）	在 WL1 线路 101 断路器至 101 甲刀开关间三相验电确无电压
（12）	在 WL1 线路 101 断路器至 101 甲刀开关间装设 2 号接地线一组
（13）	全面检查
	以下空白

操作人：　　　　　　　监护人：　　　　　　　值长：

9.4   电力节能

9.4.1   电能节约的意义

　　能源是人类社会活动的物质基础，是从事物质资料生产的原动力，在其中电能占据一个重要的位置。由于电能在输送、分配和控制上和其他能源比较，既简便又经济，所以电能是应用最为广泛的一种二次能源。而且随着时代的发展，其应用范围愈来愈广。不过，由于电能来源于煤、油等一次能源的加工（特别是在我国，煤电占到 76％左右），对我国的可持续发展造成了极大的影响。再加上经济的快速发展，造成电力供需之间矛盾十分突出，2003年、2004 年两年夏秋之间席卷全国的"电荒"给我国的经济发展带来了巨大的负面影响，也给普通人民的生活带来麻烦。所以我们必须高度重视电能的节约工作。

节约电能就是通过采用技术上可行、经济上合理、对环境保护无妨碍的措施，消除供电浪费，提高电能的利用率。

9.4.2 节约电能的基本措施

就目前我国实际情况来看，节约电能主要是通过以下几种途径实现的。

(1) 加强管理，计划用电

根据供电系统的电能供应情况及各类用户不同的用电规律，合理地安排各类用户的用电时间，降低负荷高峰，填补负荷的低谷（即所谓的"削峰填谷"），实现计划用电，充分发挥发电和变电设备的潜力，提高系统的供电能力。其具体措施有：

① 积极错峰。同一地区各工厂的厂休日错开，同一工厂内各车间的上、下班时间错开，使各车间的高峰负荷分散。

② 主动躲峰。调整大量用电设备的用电时间，使其避开高峰负荷时间用电，做到各时段负荷均衡。

③ 计划用电。用电单位要按地区电网下达的指标，并根据实际情况，实行计划用电，必要时需采取限电措施，把电能的供应、分配和使用纳入计划。

(2) 采用新技术

① 远红外加热技术。过去电热设备通常采用常规的电阻发热元件，加热主要依靠热对流，由于电阻发热元件热辐射性能差，故加热时间长，电能损耗较大，使电热设备的耗电量很大。我国电热设备消耗的电量就占到总用电量的 15％左右。为了节约电能，近几年推广了远红外加热技术。通过电热设备采用远红外线加热器或远红外线涂料，提高了发热元件的热辐射性能，远红外加热技术用于电加热设备上，可有 10％～30％的节能效果。

② 变频调速技术。设备在运行中进行速度调节时，会产生一定的损耗，而很多时候，这种调节是频繁的，所以会产生很高的调节损耗。如果设备容量选择不对，出现"大马拉小车"时，能量的损耗就显得更为突出。由电动机的有关知识可知，交流电动机的转速与电源频率成正比，因此，只要通过变频器平滑改变电源的频率，就可平滑调节电动机的转速，从而满足机械负荷的需求，减小调节损耗，达到节电目的。

变频调速技术目前比较成熟，在调速的各个领域都得到了广泛的使用，已成为当今主要的节电措施之一。虽然其结构复杂，初期投资大，但由于节电量高达 20％～70％，所以效益是巨大的。

③ 软启动技术。对于交流电动机，传统的启动方式虽然控制简单，但启动电流的变化所引起的电网电压的波动会造成一定的电能损失。而采用变频器启动虽然很理想，但价格昂贵。因此，具有一定节电功能，而且价格适中的软启动技术，就得到了极大的推广。

所谓软启动就是交流电动机启动时接入软启动器的一种启动控制方式。软启动器是一个不改变电源频率，而能改变电压的调节器，采用软启动技术可以减少电动机的铁损，提高功率因数，从而达到节电的目的。

④ 蓄冷空调技术。蓄冷空调技术，就是利用后半夜电网的低谷电制冰或制冷水，并大量储存，在白天高峰期间将制冷机停用，用储存的冷量供空调使用。这种技术，在一定程度上缓解了电网后半夜的调峰问题。

（3）改造旧设备

高耗能设备之所以能耗过多，其中一个重要的原因就是结构上有缺陷和不合理的地方。所以，对高耗能设备进行技术改造，也是降低能耗达到节电目的的有效方法之一。比如变压器，可以利用其原有的外壳、铁芯，重新绕制线圈，就可以降低损耗，取得满意的经济效果。对于电动机，可以采取一些简易办法，如：采用磁性槽楔降低铁损；更换节能风扇降低通风损耗；换装新型定子绕组以降低铜损。

（4）采用高效节能产品

要逐步淘汰现有的低效率的供电设备，通过设备的更新带来巨大的节电效果。

① S9、SH-M 等系列低能耗变压器的空载损耗 ΔP_0、短路损耗 ΔP_k 要比 S7、SJ、SJL 等高能耗变压器低。如 SH-M 的 ΔP_0 要比 S7 低 80％左右。

② 推广使用 Y 系列及 YX 系列电动机。Y 系列节能电动机，效率比老产品 JS 系列高 2％～3％，YX 系列可以把损耗降低 20％～30％，效率提高 3％。

③ 采用高效的电光源及灯具。白炽灯的光效最差，钠灯光效较高，电子节能灯的功率因数高，而且发光效率高，9W、11W 的亮度相当于 50W、60W 的普通白炽灯；ZJD 型系列高光效金属卤化物灯是目前一种理想的节能新光源，它比普通白炽灯节电 75％左右。

（5）改进供配电系统，降低线路损耗

对现有的不尽合理的供配电系统应进行技术改造，降低线路损耗，节约电能。比如：单相供电改多相供电，因为，三相供电的损耗只有单相的六分之一。加大导线截面，使线路的电阻及损耗成比例下降。在技术经济合理的情况下，适当提高供电设备的额定电压，因为电压提高一倍，线损将降低 75％。优化供电半径，改单端供电为负荷中心放射式多路供电，可有效降低损耗。将变压器放在厂区的负荷中心形成放射式多路供电，便能有效缩短供电半径，从而降低线损。

（6）实行经济运行方式

所谓经济运行方式是指能够降低电力系统的电能损耗，并能获得最佳经济效益的运行方式。具体措施有：

① 使设备在经济区运行。设备在经济区运行效率是最高的。要改变"大马拉小车"的状况，对于容量选择过大、长期不合理轻载运行的设备，应当调换容量适当的设备。

② 变压器的经济运行。

a. 单台变压器运行的经济负荷计算。综合考虑变压器的有功损耗和无功损耗，可得变压器的经济负荷 S_{ECT} 为：

$$S_{ECT} = S_N \sqrt{\frac{\Delta P_0 + K_q \Delta Q_0}{\Delta P_k + K_q \Delta Q_N}} \tag{9-1}$$

式中，S_N 为变压器的额定容量；ΔQ_0 为变压器的空载无功损耗，$\Delta Q_0 \approx \frac{I_0\%}{100} S_N$（$I_0\%$ 为空载电流占额定电流的百分值，可查表）；ΔQ_N 为额定负载时的无功损耗，$\Delta Q_N \approx \frac{U_k\%}{100} S_N$（$U_k\%$：变压器的短路电压占额定电压的百分值，可查表）；$\Delta P_k$ 为变压器的短路

有功损耗；K_q 为无功功率经济当量，对于发电机电压直配的工厂，取 $0.02 \sim 0.04$，经两级变压的工厂，取 $0.05 \sim 0.08$，经三级以上变压的工厂取 $0.01 \sim 0.15$，一般情况，工厂变配电所平均取 0.1。

【例 9-3】 试计算 S9-630/10 型变压器的经济负荷。

解： 查表得 S9-630/10 型变压器的有关技术数据：$\Delta P_0 = 1.2\text{kW}$，$\Delta P_k = 6.2\text{kW}$，$I_0\% = 0.9$，$U_k\% = 4.5$，所以：

$$\Delta Q_0 \approx \frac{I_0\%}{100} S_N = 630 \times 0.009\text{kvar} = 5.67\text{kvar}$$

$$\Delta Q_N \approx \frac{U_K\%}{100} S_N = 630 \times 0.045\text{kvar} = 28.35\text{kvar}$$

$$S_{ECT} = S_N \sqrt{\frac{\Delta P_0 + K_q \Delta Q_0}{\Delta P_k + K_q \Delta Q_N}} = 0.44 \times 630\text{kvar} = 277.2\text{kV} \cdot \text{A}$$

因此，该台变压器的经济运行负荷为 277.2kV·A。

b. 多台并列运行变压器的经济运行。输送同样的负荷，单台变压器并不见得比两台并列运行的变压器节电，有时甚至相反。通过分析，两台变压器经济运行的临界负荷 S_{cr} 的计算公式为：

$$S_{cr} = S_N \sqrt{2 \times \frac{\Delta P_0 + K_q \Delta Q_0}{\Delta P_k + K_q \Delta Q_N}} \tag{9-2}$$

当负荷 $S > S_{cr}$ 时，宜两台运行，当负荷 $S < S_{cr}$ 时，宜一台运行。

【例 9-4】 某厂变电所装有两台 S9-630/10 型变压器，试计算两台变压器经济运行的临界负荷 S_{cr}。

解： 利用例 9-3 的数据，取 $K_q = 0.1$，所以：

$$S_{cr} = S_N \sqrt{2 \times \frac{\Delta P_0 + K_q \Delta Q_0}{\Delta P_k + K_q \Delta Q_N}} = 394\text{kV} \cdot \text{A}$$

所以，当负荷 $S < 394\text{kV} \cdot \text{A}$ 时，宜一台运行；当负荷 $S > 394\text{kV} \cdot \text{A}$ 时，宜两台运行。

(7) 提高功率因数

提高供电系统的功率因数，可以降低电力系统的电压损失，减少电压波动，减小输、变、配电设备中的电流，从而降低电能的损耗。

通常，采用自然调整和人工调整这两种方法来提高功率因数。

① 自然调整功率因数的措施：尽量减小变压器和电动机的初装容量，避免出现"大马拉小车"现象，使变压器和电动机的实际负荷在 75% 以上；调整负荷，提高设备利用率，减少空载运行的设备；当电动机轻载运行时，在不影响照明质量的前提下，适当降低变压器二次电压；三角形接线的电动机，其负荷在 50% 以下时，可改为星形接线。

② 人工调整功率因数的措施：安装电容器，这是提高功率因数最经济和最有效的方法；使大容量绕线式异步电动机同步运行；长期运行的大型机械设备，采用同步电动机传动或者使其空载过励运行。

9.4.3 并联电容器的使用

(1) 并联电容器的补偿方式

当前，工厂常采用并联电力电容器的方法来补偿无功功率，提高功率因数。

在工厂供电系统中，按照电容器的装设位置，可以把补偿方式分为集中补偿和单独补偿两类，其中集中补偿又可分为高压集中补偿和低压集中补偿。

① 高压集中补偿。高压电容器集中装设在工厂变配电所的6～10kV母线上，并由一组专用的开关控制设备进行控制。

采用这种补偿方式，电容器的利用率较高，能减少电力系统和用户主变压器及供电线路的无功负载。但是这种补偿方式只能补偿6～10kV母线前所有线路的无功功率，而母线后的系统并未得到补偿。不过由于这种方式初投资较小，便于集中运行维护，所以过去在一些大中型工厂的应用较普遍。近年来，由于装设高压电容器和低压电容器在补偿效果相当的条件下，投资差不多，所以采用高压集中补偿的做法在10kV变配电所中已不常见。

图9-3是接在变配电所6～10kV母线上集中补偿的电容器组电路图。

② 低压集中补偿。低压电容器集中装设在车间变电所的低压母线上。

这种补偿方式能补偿车间变电所低压母线前系统的无功功率，可使车间主变压器的视在功率减小，从而使主变压器容量选得较小，因而比较经济。这种补偿方式在工厂中应用非常普遍，尤其是6～10kV供电的中小型工厂的变电所多采用这种方式。

图9-4是低压集中补偿的电容器组电路图。图示的白炽灯既作电容器运行的指示灯，同时灯丝电阻也作放电电阻。

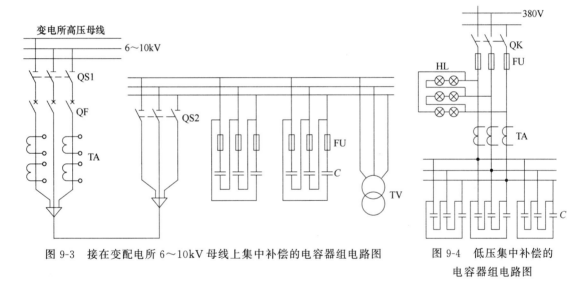

图9-3　接在变配电所6～10kV母线上集中补偿的电容器组电路图

图9-4　低压集中补偿的电容器组电路图

③ 单独就地补偿，又称个别补偿，是将补偿电容器组装设在需要进行无功补偿的各个用电设备附近。

这种方式可补偿安装部位前系统的所有无功功率。所以此种补偿方式补偿范围最广，效果最好。但总投资较大，且在用电设备停止工作时，电容器组也一并切除，所以利用率低。

（2）并联电容器的接线方式

电容器组的接线方式，应根据电容器的电压、保护方式和容量等来选择。通常有三角形接线和星形接线两种。当电容器的额定电压与母线额定电压一致时，应采用三角形接线；当电容器的额定电压低于母线额定电压时，可采用星形接线，或者经串、并联组合后，再按星形接线。

① 三角形接线。在10kV电网中，额定电压为10.5kV和11kV的电容器，应采用三角

形接线。低压电容器多数是三相的，其内部已接成三角形。

② 星形接线。额定电压为 6.3kV 和 $11/\sqrt{3}$ kV 的电容器应采用星形接线；额定电压为 3.15kV 和 $11/2\sqrt{3}$ kV 的电容器应两台串接后再按星形接线。

思考题

1. 做好供配电系统的运行维护工作有什么重要意义？
2. 发生突然停电事故时，变电所值班人员应该如何处理？
3. 倒闸操作的步骤主要有哪些？我国节约电能主要通过哪几种途径实现？

习　题

1. 油浸式变压器出现的异常情况主要有哪些？如何处理？
2. 断路器常见故障有哪些？如何处理？
3. 某车间变电所有两台 S9-1000/10 型电力变压器并列运行，但变电所负荷只有 750kV·A。试问采用一台还是两台变压器运行较为经济合理（取 $K_q = 0.1$）？

第10章
供配电系统的继电保护

本章预期学习结果

了解继电保护装置的任务、要求，掌握继电保护常用的继电器、保护装置的接线方式，掌握带时限的过电流保护、电力线路的单相接地保护、低压配电系统的保护及晶体管继电保护。

10.1 继电保护装置的概念

10.1.1 继电保护装置的任务

(1) 故障时跳闸

在供电系统出现短路故障时，作用于前方最靠近的控制保护装置，使之迅速跳闸，切除故障部分，恢复其他无故障部分的正常运行，同时发出信号，以便提醒值班人员检查，及时消除故障。

(2) 异常状态发出报警信号

在供电系统出现不正常工作状态，如过负荷或有故障苗头时发出报警信号，提醒值班人员注意并及时处理，以免发展成故障。

10.1.2 继电保护装置的基本要求

继电保护装置应满足以下的基本要求：

(1) 选择性

继电保护动作的选择性是指在供配电系统发生故障时，只使电源一侧距离故障点最近的继电保护装置动作，通过开关电器将故障切除，而非故障部分仍然正常运行。如图 10-1 所示，当 k-1 点发生短路时，继电保护装置动作只应使断路器 1QF 跳闸，切除电动机 M。而其他断路器都不跳闸；满足这一要求的运作称为"选择性动作"。如果 1QF 不动作，其他断路器跳闸，则称为"失去选择性动作"。

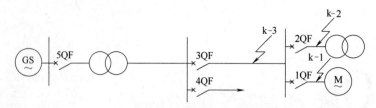

图 10-1　继电保护装置动作选择性示意图

(2) 速动性

速动性就是快速切除故障。当系统内发生短路故障时，保护装置应尽快动作，快速切除故障，使电压降低的时间缩短，减少对用电设备的影响，缩小故障影响的范围，提高电力系统运行的稳定性；速动性还可减少故障对电气设备的损坏程度（如果故障能在 0.2s 内切除，则一般电动机就不会停转）。

(3) 可靠性

可靠性指保护装置该动作时就应动作（不拒动），不该动作时不误动。前者为信赖性，后者为安全性，即可靠性包括信赖性和安全性。为了提高可靠性，继电保护装置接线方式应力求简单、触点回路少。

(4) 灵敏性

灵敏性是指保护装置在其保护范围内对故障和不正常运行状态的反应能力。如果保护装置对其保护区内极轻微的故障都能及时地反应动作，则说明保护装置的灵敏度高。灵敏性通常用灵敏系数 S_p 来衡量。

对于过电流保护装置，其灵敏系数 S_p 为：

$$S_p = I_{kmin} / I_{op(1)} \tag{10-1}$$

式中，I_{kmin} 为被保护区内最小运行方式下的最小短路电流；$I_{op(1)}$ 为保护装置的一次侧动作电流。

注：系统的最小运行方式，是指电力系统处于短路时总阻抗最大、短路电流最小的一种运行方式。例如两台并列运行的变压器，有一台退出时或双回路线路只有一回路运行时，都属于最小运行方式。

对于低电压保护装置，其灵敏系数 S_p 为：

$$S_p = U_{op(1)} / U_{kmax} \tag{10-2}$$

式中，U_{kmax} 为被保护区内发生短路时，连接该保护装置的母线上最大残余电压，V；$U_{op(1)}$ 为保护装置的一次动作电压，即保护装置动作电压换算到一次电路的电压，V。

以上四项要求对熔断器和低压断路器保护也是适用的。但这四项要求对于一个具体的继电保护装置，则不一定都是同等重要，应根据保护对象而有所侧重。例如对电力变压器，一般要求灵敏性和速动性较好；对一般的电力线路，灵敏度可略低一些，但对选择性要求较高。

继电保护装置除满足上面的基本要求外，还要求投资省、便于调试及维护，并尽可能满足系统运行时所要求的灵活性。

10.1.3　继电保护装置的组成及常用保护继电器

(1) 继电保护装置的组成

继电保护装置是由若干个继电器组成的，如图 10-2 所示，当线路上发生短路时，启动用的电流继电器 KA 瞬时动作，使时间继电器 KT 启动，KT 经整定的一定时限后，接通信号继电器 KS 和中间继电器 KM，KM 触头接通断路器 QF 的跳闸回路，使断路器 QF 跳闸。

（2）常用的保护继电器

继电器是继电保护装置的基本元件，继电器的分类方式很多，按其应用分，有控制继电器和保护继电器两大类。机床控制电路应用的继电器多属于控制继电器；供电系统中应用的继电器多属于保护继电器。

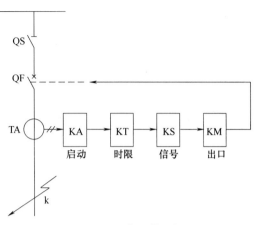

图 10-2　继电保护装置框图

保护继电器按其组成元件分，有机电型和晶体管型两大类。机电型按其结构原理分，又分为电磁式和感应式等。由于机电型继电器具有简单可靠、便于维护等优点，故我国工厂供电系统中仍普遍采用。

保护继电器按其反应的物理量分，有电流继电器、电压继电器、功率继电器、瓦斯继电器等。

保护继电器按其反应的数量变化分，有过量继电器和欠量继电器。如过电流继电器和欠电压继电器等。

保护继电器按其在保护装置中的功能分，有启动继电器、时间继电器、信号继电器和中间继电器或出口继电器等。

保护继电器按其与一次电路的联系分，有一次式继电器和二次式继电器。一次式继电器的线圈是与一次电路直接相连的，如低压断路器的过电流脱扣器和失电压脱扣器，实际上都是一次式继电器。二次式继电器的线圈是连接在电流互感器或电压互感器二次侧的，通过互感器与一次电路相联系，高压系统应用的保护继电器一般都属于二次式继电器。

在供电系统中常用的保护继电器，有电磁型继电器、感应型继电器以及晶体管继电器。前两种是机电式继电器，它们工作可靠，而且有成熟的运行经验，所以目前仍普遍使用。晶体管继电器具有动作灵敏、体积小、能耗低、耐震动、无机械惯性、寿命长等一系列优点，但由于晶体管元件的特性受环境温度变化影响大，元件的质量及运行维护的水平都影响到保护装置的可靠性，目前国内较少采用。但随着电力系统向集成电路和微机保护的方向发展，晶体管继电器的应用也不断增加。本章将主要介绍机电式保护继电器及对应的继电保护电路。

常用的机电式继电器分电磁型和感应型两种。

① 电磁式继电器。

a. 电磁式电流继电器。电磁式电流继电器在继电保护装置中，通常用作启动元件，因此又称启动继电器。常用的 DL-10 系列电磁式电流继电器的基本结构如图 10-3 所示，其内部接线和图形符号如图 10-4 所示。

继电器型号的含义如下：

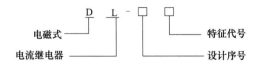

注：其他代号　G—感应式，S—时间继电器，Z—中间继电器，X—信号继电器，Y—电压继电器。

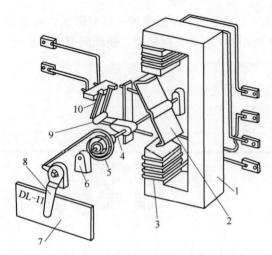

图 10-3　DL-10 系列电磁式电流继电器的内部结构
1—电磁铁；2—钢舌簧片；3—线圈；4—转轴；
5—反作用弹簧；6—轴承；7—标度盘（铭牌）；
8—启动电流调节转杆；9—动触点；10—静触点

由图 10-3 所示，当线圈 3 通过电流时，电磁铁 1 中产生磁通，力图使 Z 型钢舌簧片 2 向凸出磁极偏转。与此同时轴 4 上的弹簧 5 又力图阻止钢舌簧片偏转。当继电器线圈中的电流增大到使钢舌簧片所受到的转矩大于弹簧的反作用力矩时，钢舌簧片便被吸近磁极，使常开触点闭合，常闭触点断开，这就叫继电器的动作或启动。

能使过电流继电器动作（触点闭合）的最小电流称继电器的"动作电流"，用 I_{op} 表示。（对于欠量继电器，例如欠电压继电器，其动作电压 U_{op} 则为继电器线圈中的使继电器动作的最大电压。）

过电流继电器动作后，减小通入继电器线圈的电流到一定值时，钢舌簧片在弹簧作用下返回起始位置（触点断开）。使继电器由动作状态返回到起始位置的最大电流，称为继电器的"返回电流"，用 I_{re} 表示。（对于欠量继电器，例如欠电压继电器，其返回电压则为继电器线圈中的使继电器返回的最小电压。）

继电器"返回电流"与"动作电流"的比值，称为继电器的返回系数，用 K_{re} 表示，即：

$$K_{re} = \frac{I_{re}}{I_{op}} \tag{10-3}$$

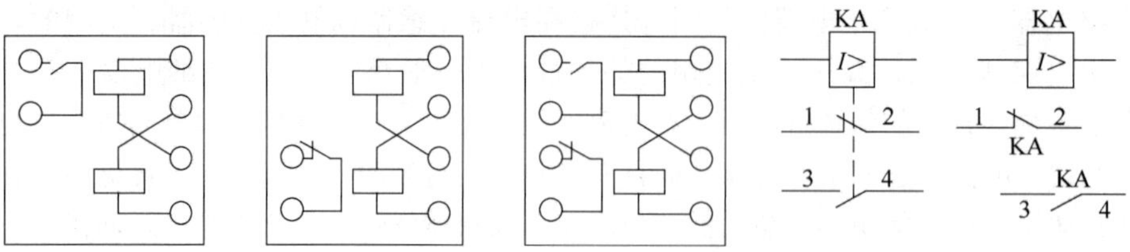

(a) DL-11型接线　(b) DL-12型接线　(c) DL-13型接线　(d) 集中表示的图形符号　(e) 分开表示的图形符号

图 10-4　DL-10 系列电磁式电流继电器的内部接线和图形符号

电磁式电流继电器的动作极为迅速，可认为是瞬时动作，因此这种继电器也称为瞬时继电器。

电磁式电流继电器的动作电流调节有两种方法：一种是平滑调节，即拨动转杆 8（图 10-3）来改变弹簧 5 的反作用力矩；另一种是级进调节，即改变线圈联结方式，当线圈并联时，动作电流将比线圈串联时增大一倍。DL-10 系列电磁式继电器的电流时间特性如图 10-5 所示。只要通入继电器的电流超过某一预先整定的数值时，它就能动作，动作时限是固定的，与外加电流无关，这种特性称作定时限特性。

b. 电磁式时间继电器。电磁式时间继电器在继电保护装置中，用作时限元件，使保护

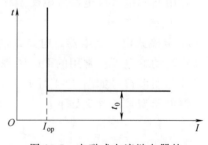

图 10-5　电磁式电流继电器的定时限特性

装置的动作获得一定的延时。

供电系统中常用的 DS-110、120 系列电磁式时间继电器的基本结构如图 10-6 所示，内部接线和图形符号如图 10-7 所示。

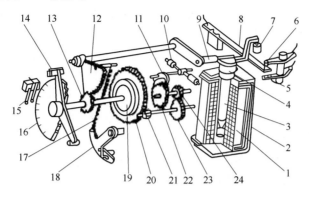

图 10-6　DS-110、120 系列时间继电器的内部结构

1—线圈；2—铁芯；3—可动铁芯；4—返回弹簧；5,6—瞬时静触点；7—绝缘杆；8—瞬时动触点；9—压杆；
10—平衡锤；11—摆动卡板；12—扇形齿轮；13—传动齿轮；14—主动触点；15—主静触点；16—标度盘；17—拉引弹簧；
18—弹簧拉力调节器；19—摩擦离合器；20—主齿轮；21—小齿轮；22—掣轮；23,24—钟表机构传动齿轮

由图 10-6 可知，当继电器的线圈通电时，可动铁芯被吸入，压杆失去支持，使被卡住的一套钟表机构启动，同时切换瞬时触点。在拉引弹簧的作用下，经过整定的延时，使主触点闭合。继电器的延时，是用改变主静触点的位置（即它与主动触点的相对位置）来调整。调整的时间范围，在标度盘上标出。

当线圈失电后，继电器在拉引弹簧的作用下返回起始位置。

DS-100 型系列时间继电器有两种，一种为 DS-110 型，另一种为 DS-120 型。前者为直流，后者为交流。

为了缩小继电器的尺寸和节约材料，有的时间继电器线圈不是按长期通电设计的，因此若需要长期接上电压的时间继电器，如图 10-7 所示的 DS-111C 型等，应在继电器启动后，利用其瞬时转换触点，使线圈串入电阻，以限制线圈电流。

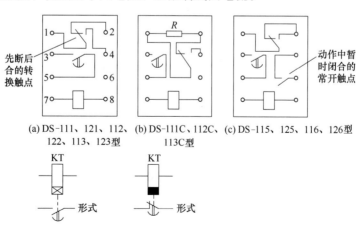

图 10-7　DS-110、120 系列时间继电器的内部接线和图形符号

c. 电磁式信号继电器。电磁式信号继电器在继电保护装置中，用来发出指示信号，指示保护装置已经动作，提醒运行值班人员注意。

供电系统中常用的 DX-11 型电磁式信号继电器，有电流型和电压型两种，两者线圈阻抗和反应参量不同。电流型可串联在二次回路中而不影响其他二次元件的动作。电压型因线圈阻抗大，必须并联在二次回路内。

DX-11 型电磁式信号继电器的内部结构如图 10-8（a）所示。信号继电器在正常状态时，其信号牌是被衔铁支持住的。当继电器线圈通电时，衔铁被吸向铁芯而使信号牌掉下，显示其动作信号（可由窗孔观察），同时带动转轴旋转 90°，使固定在转轴上的导电条（动触点）与静触点接通，从而接通信号回路，发出音响或灯光信号。要使信号停止，可旋动外壳上的复位旋钮，断开信号回路，同时使信号牌复位。

DX-11 型信号继电器的内部接线和图形符号如图 10-8（b）所示，其中线圈符号为 GB 4728—2000 规定的机械保持继电器线圈，其触点上附加符号表示定位或非自动复位。

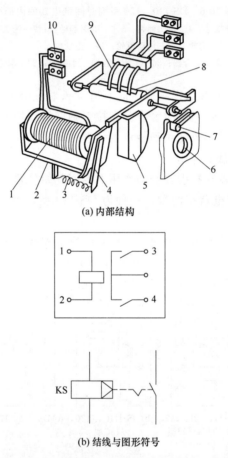

(a) 内部结构

(b) 结线与图形符号

图 10-8　DX-11 型电磁式信号继电器的内部结构和图形符号

1—线圈；2—电磁铁；3—弹簧；4—衔铁；5—信号牌；6—玻璃窗孔；
7—复位旋钮；8—动触点；9—静触点；10—接线端子

d. 电磁式中间继电器。电磁式中间继电器主要用于各种保护和自动装置中，以增加保护和控制回路的触点数量和触点容量。它通常用在保护装置的出口回路中，用来接通断路器的跳闸回路，故又称为出口继电器。

工厂供电系统中常用的 DZ-10 系列中间继电
器的基本结构如图 10-9 所示，它一般采用吸引衔
铁式结构。当线圈通电时，衔铁被快速吸合，常
闭触点断开，常开触点闭合。当线圈断电时，衔
铁被快速释放，触点全部返回起始位置。其内部
接线和图形符号如图 10-10 所示，其中线圈符号为
GB 4728—2000 规定的快吸和快放线圈。

② 感应式电流继电器。供电系统中常用的
GL-10/20 感应式电流继电器的内部结构如图 10-11
所示。它由感应系统和电磁系统两大部分组成。感
应系统主要包括线圈 1、带短路环 3 的电磁铁 2 及
装在可偏转的框架 6 上的转动铝盘 4 等元件。电磁
系统主要包括线圈 1、电磁铁 2 和衔铁 15。线圈 1
和电磁铁 2 是两组系统共用的。

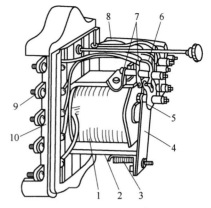

图 10-9　DZ-10 系列中间继电器的内部结构
1—线圈；2—铁心；3—弹簧；4—衔铁；
5—动触点；6,7—静触点；8—连接线；
9—接线端子；10—底座

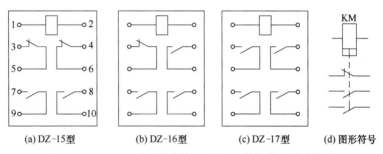

(a) DZ-15型　　(b) DZ-16型　　(c) DZ-17型　　(d) 图形符号

图 10-10　DZ-10 系列中间继电器的内部接线和图形符号

感应系统的工作原理可参看图 10-12。

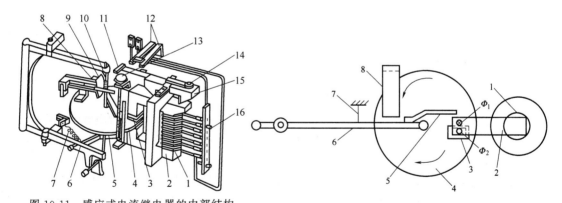

图 10-11　感应式电流继电器的内部结构
1—线圈；2—铁心；3—短路环；4—铝盘；
5—钢片；6—铝框架；7—调节弹簧；8—制动永久磁铁；
9—扇形齿轮；10—蜗杆；11—扁杆；12—触点；
13—时限调节螺杆；14—速断电流调节螺钉；
15—衔铁；16—动作电流调节插销

图 10-12　感应式电流继电器的工作原理
1—线圈；2—铁心；3—短路环；4—铝盘；5—钢片；
6—铝框架；7—调节弹簧；8—制动永久磁铁

这种继电器还装有瞬动元件，当流入继电器线圈的电流继续增加到某一预先整定的倍数
（例如为 8 倍）时，则瞬动元件启动，继电器的电流时间特性如图 10-13 中曲线的 $c'd'$，这

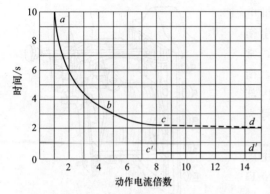

图 10-13　感应式电流继电器的反时限特性

就是"瞬时速断特性"。因此这种电磁元件又称为电流速断元件。动作曲线上对应于开始速断时间的动作电流倍数，称速断电流倍数，即：

$$n_{qb} = I_{qb}/I_{op} \tag{10-4}$$

式中，I_{op} 为感应式电流继电器的动作电流；I_{qb} 为感应式电流继电器的速断电流，即继电器线圈中使速断元件动作的最小电流。

当线圈 1 有电流流过时，电磁铁 2 在短路环 3 的作用下，产生在时间和空间位置上不相同的两个磁通 Φ_1 和 Φ_2，且 Φ_1 超前于 Φ_2。这两个磁通均穿过铝盘 4，根据电磁感应原理，这两个磁通在磁盘上产生一个始终由超前磁通 Φ_1 向落后磁通 Φ_2 方向的转动力矩。根据电能表的工作原理可知，此时作用于铝盘上的转动力矩为：

$$M_1 \propto \Phi_1 \Phi_2 \sin\Psi \tag{10-5}$$

式中，Ψ 为 Φ_1 与 Φ_2 之间的相位差，此值为一常数。

由于 $\Phi_1 \propto I_{KA}$，$\Phi_2 \propto I_{KA}$，且 Ψ 为常数，因此：

$$M_1 \propto I_{KA}^2 \tag{10-6}$$

在 M_1 的作用下，铝盘开始转动。铝盘转动后，切割永久磁铁 8，产生反向的制动力矩 M_2。由电度表工作原理知，M_2 与铝盘的转速 n 成正比，即：

$$M_2 \propto n \tag{10-7}$$

这个制动力矩在某一转速下，与电磁铁产生的转动力矩相平衡，因而在一定的电流下保持铝盘匀速旋转。

在上述 M_1 和 M_2 的作用下，铝盘受力虽有使框架 6 和铝盘 4 向外推出的趋势，但由于受到弹簧 7 的拉力，仍保持在初始位置，见图 10-12。

当继电器线圈的电流增大到继电器的动作电流时，由电磁铁产生的转动力矩亦增大，并使铝盘转速随之增大，永久磁铁产生的制动力矩也随之增大。这两个力克服弹簧的反作用力矩，从而使铝盘带动框架前偏（见图 10-11 和图 10-12），使蜗杆 10 与扇形齿轮 9 啮合，这叫作"继电器动作"。由于铝盘继续转动，使扇形齿轮沿着蜗杆上升，最后使触点 12 切换，同时使信号牌（图 10-11 上未表示）掉下，从观察孔内看到其红色或白色的信号指示，表示继电器已经动作。

实际的 GL-10/20 系列电流继电器的速断电流整定为动作电流的 2～8 倍，在速断电流调节螺钉上面标度。

感应式电流继电器的这种有一定限度的反时限动作特性，称为"有限反时限特性"。

继电器的动作电流则是利用插销 16 选择插孔位置来进行调节，实际上是改变线圈 1 的匝数来进行动作电流的级进调节，也可利用调节弹簧 7 的拉力来进行平滑的微调。

继电器的速断电流倍数 n_{qb} 可利用螺钉 14 改变衔铁 15 与电磁铁 2 之间的气隙大小来调节。气隙越大，n_{qb} 越大。

继电器感应元件的动作时间（动作时限），是利用螺杆 13 来改变扇形齿轮顶杆行程的起点，以使动作特性曲线上下移动。不过要注意，继电器动作时限调节螺杆的标度尺，是以 10 倍动作电流的动作时限来标度的，也就是标度尺上所标示的动作时间，是继电器线圈通过的电流为其整定的动作电流的 10 倍时的动作时间。因此继电器实际的动作时间，与实际通过继电器线圈的电流大小无关，须从相应的动作特性曲线上去查得。如图 10-14 所示为 GL-11/15/21/25 系列感应式电流继电器的电流时间特性曲线族，横坐标是动作电流倍数，曲线族上的每根曲线都标明有动作时限，0.5、0.7、1.0 等，是表示继电器通过 10 倍的整定动作电流所对应的动作时限。某继电器被调整至 10 倍整定动作电流且动作时限为 2.0s 的曲线上时，若其线圈通入 3 倍的整定动作电流值，可从该曲线上查得此时继电器的动作时限 $t_{op}=3.5s$。

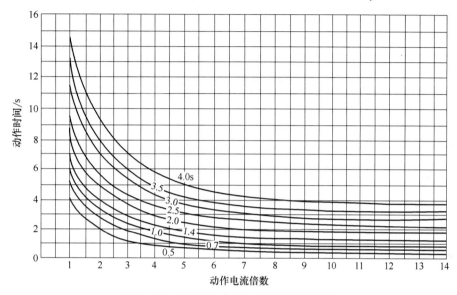

图 10-14　感应式电流继电器的反时限特性

GL-11/15/21/25 型感应式电流继电器的内部接线及图形符号和文字符号如图 10-15 所示。

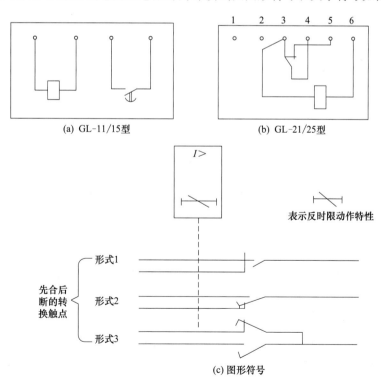

图 10-15　感应式电流继电器的内部接线和图形符号

感应式电流继电器机械结构复杂、精度不高、瞬动时限误差大，但它的触点容量大，同时兼有电磁式电流继电器、时间继电器、信号继电器和中间继电器的功能，即它在继电保护装置中，既能作为启动元件，又能实现延时、给出信号和直接接通跳闸回路；既能实现带时限的过电流保护，又能同时实现电流速断保护，从而使保护装置的元件减少、接线简单。此外，感应式电流继电器采用交流操作电源，可减少投资。因而在 6～10kV 供电系统中应用广泛。

至于晶体管式继电器完全可以利用电子元件模拟上述的特性，国内已有定型产品，在此不再赘述。

10.2 高压配电电网的继电保护

10.2.1 概述

按 GB/T 50062—2008《电力装置的继电保护和自动装置设计规范》规定：对 3～66kV 电力线路，应装设相间短路保护、单相接地保护和过负荷保护。

作为线路的相间短路保护，主要采用带时限的过电流保护和瞬时动作的电流速断保护（按 GB/T 50062—2008 规定，过电流保护的时限不大于 0.5～0.7s 时，可不装设瞬时动作的电流速断保护）。相间短路保护应动作于断路器的跳闸机构，使断路器跳闸，切除短路故障部分。

作为单相接地保护，一般有两种方式：①绝缘监视装置，装设在变配电所的高压母线上，动作于信号；②有选择性地单相接地保护（零序电流保护），亦动作于信号，但当危及人身和设备安全时，则应动作于跳闸。

对可能经常过负荷的电缆线路，按 GB/T 50062—2008 规定，应装设过负荷保护，动作于信号。

10.2.2 保护装置的接线方式

保护装置的接线方式是指启动继电器与电流互感器之间的连接方式。6～10kV 高压线路的过电流保护装置，通常采用两相两继电器式接线和两相一继电器式接线两种。

(1) 两相两继电器式接线

如图 10-16 所示，这种接线，如一次电路发生三相短路或任意两相短路，至少有一个继电器动作，且流入继电器的电流 I_{KA} 就是电流互感器的二次电流 I_2。

为了表征继电器电流 I_{KA} 与电流互感器二次电流 I_2 间的关系，特引入一个接线系数 K_W。

$$K_W = I_{KA}/I_2 \tag{10-8}$$

两相两继电器式接线属相电流接线，在一次电路发生任何形式的相间短路时 $K_W = 1$，即保护灵敏度都相同。

(2) 两相一继电器式接线

如图 10-17 所示，这种接线，又称两相电流差式接线，或两相交叉接线。正常工作和三相短路时，流入继电器的电流 I_{KA} 为 A 相和 C 相两相电流互感器二次电流的相量差，即 $\dot{I}_{KA} = \dot{I}_a - \dot{I}_c$，而量值上 $I_{KA} = \sqrt{3} I_2$，如图 10-18（a）所示。在 A、C 两相短路时，流进继电器的电流为电流互感器二次侧电流的 2 倍，如图 10-18（b）所示。在 A、B 或 B、C 两相短路时，流进电流继电器的电流等于电流互感器二次侧的电流，如图 10-18（c）所示。

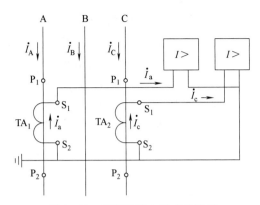

图 10-16　两相两继电器式接线图

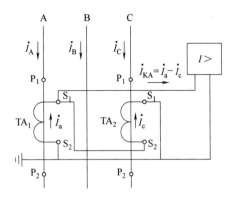

图 10-17　两相一继电器式接线图

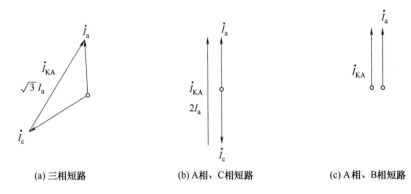

图 10-18　两相电流差接线在不同短路形式下电流相量图

可见，两相电流差接线的接线系数与一次电路发生短路的形式有关，不同的短路形式，其接线系数不同。

三相短路：$K_W = \sqrt{3}$；

A 相与 B 相或 B 相与 C 相短路：$K_W = 1$；

A 相与 C 相短路：$K_W = 2$。

因为两相电流差接线在不同短路时接线系数不同，故在发生不同形式的故障情况下，保护装置的灵敏度也不同。有的甚至相差一倍，这是不够理想的。然而这种接线所用设备较少、简单经济，因此在工厂高压线路、小容量高压电动机和车间变压器的保护中仍有采用。

10.2.3　带时限的过电流保护

带时限的过电流保护，按其动作时间特性分，有定时限过电流保护和反时限过电流保护两种。定时限，就是保护装置的动作时间是固定的，与短路电流的大小无关。反时限，就是保护装置的动作时间与反映到继电器中的短路电流的大小成反比关系，短路电流越大，动作时间越短，所以反时限特性也称为反比延时特性或反延时特性。

(1) 定时限过电流保护

① 定时限过电流保护装置的组成及动作原理。如图 10-19 所示，它由启动元件（电磁

式电流继电器)、时限元件(电磁式时间继电器)、信号元件(电磁式信号继电器)和出口元件(电磁式中间继电器)四部分组成。其中 YR 为断路器的跳闸线圈,QF 为断路器操动机构的辅助触点,TA1 和 TA2 为装于 A 相和 C 相上的电流互感器。

当一次电路发生相间短路时,电流继电器 KA$_1$、KA$_2$ 中至少一个瞬时动作,闭合其动合触点,使时间继电器 KT 启动。KT 经过整定限时后,其延时触点闭合,使串联的信号继电器(电流型)KS 和中间继电器 KM 动作。KM 动作后,其触点接通断路器的跳闸线圈 YR 的回路,使断路器 QF 跳闸,切除短路故障。与此同时,KS 动作,其信号指示牌掉下,接通灯光和音响信号。在断路器跳闸时,QF 的辅助触点随之断开跳闸回路,以切断其回路中的电流,在短路故障被切除后,继电保护装置中除 KS 外的其他所有继电器均自动返回起始状态,而 KS 可手动复位。

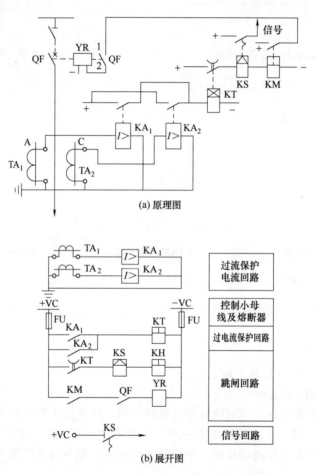

图 10-19 定时限过电流保护的原理电路图

QF—高压断路器;TA$_1$、TA$_2$—电流互感器;KA$_1$、KA$_2$—D1 型电流继电器;

KT—DS 型时间继电器;KS—DX 型信号继电器;KM—DZ 型中间继电器;YR—跳闸线圈

② 动作电流的整定:

动作电流的整定必须满足下面两个条件。

a. 应该躲过线路的最大负荷电流(包括正常过负荷电流和尖峰电流),以免在最大负荷通过时保护装置误动作。

b. 保护装置的返回电流也应该躲过线路的最大负荷电流，以保证保护装置在外部故障切除后，能可靠地返回到原始位置，避免发生误动作。为说明这一点，现以图 10-20 为例来说明。

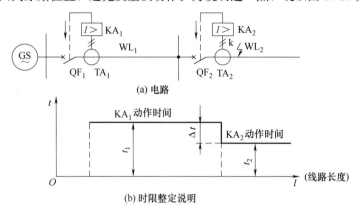

(a) 电路

(b) 时限整定说明

图 10-20　线路定时限过电流保护整定说明图

当线路 WL_2 的首端 k 点发生短路时，由于短路电流远远大于正常最大负荷电流，所以沿线路的过电流保护装置 KA_1、KA_2 等都要启动。在正确动作情况下，应该是靠近故障点 k 的保护装置 KA_2 动作，断开 QF_2，切除故障线路 WL_2。这时线路 WL_1 恢复正常运行，其保护装置 KA_1 应该返回起始位置。若 KA_1 在整定时其返回电流未躲过线路 WL_1 的最大负荷电流，即 KA_1 返回系数过低，则 KA_2 切除 WL_2 后，WL_1 虽然恢复正常运行，但 KA_1 继续保持启动状态（由于 WL_1 在 WL_2 切除后，还有其他出线，因此还有负荷电流），从而达到它所整定的时限（KA_1 的动作时限比 KA_2 的动作时限长）后，必将错误地断开 QF_1 造成 WL_1 停电，扩大了故障停电范围，这是不允许的。所以保护装置的返回电流也必须躲过线路的最大负荷电流。线路的最大负荷电流 I_{Lmax}，应据线路实际的过负荷情况，特别是尖峰电流（包括电动机的自启动电流）情况来确定。

设电流互感器的变比为 K_i，保护装置的接线系数为 K_W，保护装置的返回系数为 K_{re}，线路最大负荷电流换算到继电器中的电流为 $\dfrac{K_W}{K_i}I_{Lmax}$。由于继电器的返回电流也要躲过 I_{Lmax}，即 $I_{re} > \dfrac{K_W}{K_i}I_{Lmax}$。而 $I_{re} = K_{re}I_{op}$，因此 $K_{re}I_{op} > \dfrac{K_W}{K_i}I_{Lmax}$，也就是 $I_{op} > \dfrac{K_W}{K_{re}K_i}I_{Lmax}$，将此式写成等式，计入一个可靠系数 K_{rel}，由此得到过电流保护动作整定公式：

$$I_{op} = \frac{K_{rel}K_W}{K_{re}K_i}I_{Lmax} \tag{10-9}$$

式中，K_{rel} 为保护装置的可靠系数，对 DL 型继电器可取 1.2，对 GL 型继电器可取 1.3；K_W 为保护装置的接线系数，按三相短路来考虑，对两相两继电器接线（相电流接线）为 1，对两相一继电器接线（两相电流差接线）为 $\sqrt{3}$；I_{Lmax} 为线路的最大负荷电流（含尖峰电流），可取为 $(1.5 \sim 3)I_{30}$，I_{30} 为线路的计算电流。

如果用断路器手动操作机构中的过电流脱扣器 YR 作过电流保护，则脱扣器动作电流按下式整定：

$$I_{op} = \frac{K_{rel}K_W}{K_i}I_{Lmax} \tag{10-10}$$

式中，K_{rel} 为保护装置的可靠系数，取可靠系数 $2 \sim 2.5$，这里已考虑了脱扣器的返回系数。

③ 动作时间整定。为了保证前后级保护装置动作时间的选择性，过电流保护装置的动作时间（也称动作时限）应按"阶梯原则"进行整定，也就是在后一级保护装置所保护的线路首端［如图 10-20（a）中的 k 点］发生三相短路时，前一级保护的动作时间应比后一级保护中最长的动作时间 t_2 都要大一个时间差 Δt，如图 10-20（b）所示。

当 k 点发生短路故障时，设置在定时限过电流装置中的电流继电器 KA_1、KA_2 等都将同时启动，根据保护动作选择性要求，应该由距离 k 点最近的保护装置 KA_2 动作，使断路器 QF_2 跳闸，故保护装置中时间继电器 KT_2 的整定值应比装置 KT_1 的整定值小一个 Δt 值。即：

$$t_1 \geqslant t_2 + \Delta t \tag{10-11}$$

在确定 Δt 时，应考虑到断路器的动作时间，前一级保护装置动作时限可能发生提前动作的负误差，后一级保护装置可能滞后动作的正误差，还考虑保护的动作有一定的惯性误差，为了确保前后级保护的动作选择性，还应该考虑加上一个保险时间。于是，Δt 大约在 $0.5 \sim 0.7s$ 之间。

对于定时限过电流保护，可取 $\Delta t = 0.5s$；对于反时限过电流保护，可取 $\Delta t = 0.7s$。

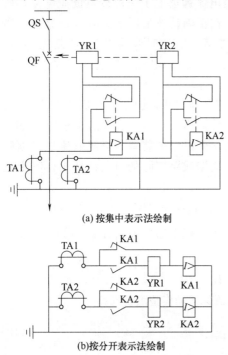

(a) 按集中表示法绘制

(b) 按分开表示法绘制

图 10-21　反时限过电流保护的原理电路图
TA1、TA2—电流互感器；
KA1、KA2—感应型电流继电器；
YR1、YR2—断路器跳闸线圈

（2）反时限过电流保护

反时限，就是保护装置的动作时间与反映到继电器中的短路电流的大小成反比关系，短路电流越大，动作时间越短，所以反时限特性也称为反比延时特性或反延时特性。其电流时间特性如图 10-14 所示。

① 电路组成及原理。图 10-21 是一个交流操作的反时限过电流保护装置图，KA1、KA2 为 GL 型感应式带有瞬时动作元件的反时限过电流继电器，继电器本身动作带有时限，并有动作及指示信号牌，所以回路不需要时间继电器和信号继电器。

当一次电路发生相间短路时，电流继电器 KA1、KA2 至少有一个动作，经过一定延时后（延时长短与短路电流大小成反比关系），其常开触点闭合，紧接着其常闭触点断开，这时断路器跳闸线圈 YR 因"去分流"而通电，从而使断路器跳闸，切除短路故障部分。在继电器去分流跳闸的同时，其信号牌自动掉下，指示保护装置已经动作。在短路故障被切除后，继电器自动返回，信号牌则需手动复位。

一般继电器转换触点的动作顺序都是常闭触点先断开后，常开触点再闭合。而这种继电器的常开、常闭触点，动作时间的先后顺序必须是：常开触点先闭合，常闭触点后断开（如图 10-22 所示）。这里采用具有特殊结构的先合后断的转换触点，不仅保证了继电器的可靠动作，而且还保证了在继电器触点转换时电流互感器二次侧不会带负荷开路。

② 动作电流的整定。动作电流的整定方式与定时限过电流保护相同，只是式（10-9）

中的 K_{rel} 取 1.3。

【例 10-1】 某高压线路的计算电流为 90A，线路末端的三相短路电流为 1300A。现采用 GL-15 型电流继电器，组成两相电流差接线的相间短路保护，电流互感器变流比为 315/5。试整定此继电器的动作电流。

解： 取 $K_{re}=0.8$，$K_W=\sqrt{3}$，$K_{rel}=1.3$，$I_{Lmax}=2I_{30}=2\times90A=180A$，根据式（10-9）得此继电器的动作电流：

$$I_{op}=\frac{K_{rel}K_W}{K_{re}K_i}I_{kmax}=\frac{1.3\times\sqrt{3}}{0.8\times(315/5)}\times180A\approx8.04A$$

根据 GL-15 型继电器的规格，动作电流可整定为 8A。

③ 动作时间的整定。由于 GL 型继电器的时限调节机构是按 10 倍动作电流的动作时间来标度的，而实际通过继电器的电流一般不会恰恰为动作电流的 10 倍，因此必须根据继电器的动作特性曲线来整定。

假设图 10-23（a）所示电路中，后一级保护 KA2 的 10 倍动作电流动作时间已经整定为 t_2，现在要求整定前一级保护 KA1 的 10 倍动作电流动作时间，整定计算步骤如下［参看图 10-23（b）］。

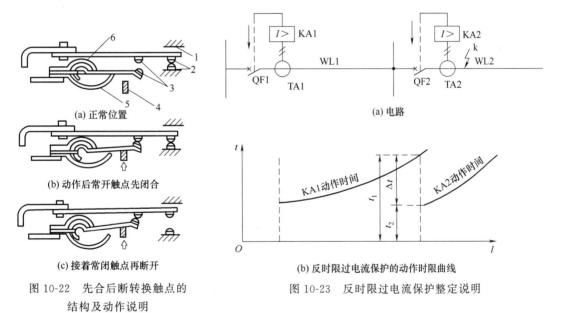

图 10-22 先合后断转换触点的结构及动作说明

1—上止挡；2—常闭触点；3—常开触点；
4—衔铁杠杆；5—下止挡；6—簧片

(a) 正常位置
(b) 动作后常开触点先闭合
(c) 接着常闭触点再断开

(a) 电路
(b) 反时限过电流保护的动作时限曲线

图 10-23 反时限过电流保护整定说明

a. 计算 WL2 首端（WL1 末端）三相短路电流 I_k 反映到 KA2 中的电流值：

$$I'_{k(2)}=\frac{K_{W(2)}}{K_{i(2)}}I_k \tag{10-12}$$

式中，$K_{W(2)}$ 为 KA2 与 TA2 的接线系数；$K_{i(2)}$ 为 TA2 的变流比。

b. 计算 $I'_{k(2)}$ 对 KA2 的动作电流倍数：

$$n_2=I'_{k(2)}/I_{op(2)} \tag{10-13}$$

c. 确定 KA2 的实际动作时间。在图 10-24 所示 KA2 的动作特性曲线的横坐标轴上，找出 n_2，然后向上找到该曲线上 b 点，该点所对应的动作时间 t'_2 就是 KA2 在通过 $I'_{k(2)}$ 时的实际动作时间。

d. 计算 KA1 的实际动作时间 $t_1' = t_2' + \Delta t = t_2' + 0.7\mathrm{s}$。（$\Delta t = 0.7\mathrm{s}$）

e. 计算 WL2 首端三相短路电流反映到 KA1 中的电流值，即：

$$I_{k(1)}' = \frac{K_{W(1)}}{K_{i(1)}} I_k \tag{10-14}$$

式中，$K_{W(1)}$ 为 KA1 与 TA1 的接线系数；$K_{i(1)}$ 为 TA1 的变流比。

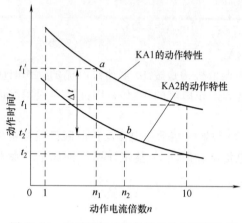

图 10-24　反时限过电流保护的动作时间整定

f. 计算 $I_{k(1)}'$ 对 KA1 的动作电流倍数：

$$n_1 = \frac{I_{k(1)}'}{I_{op(1)}} \tag{10-15}$$

式中，$I_{op(1)}$ 为 KA1 的动作电流（已整定）。

g. 确定 KA1 的 10 倍动作电流的动作时间。先从图 10-24 所示 KA1 的动作特性曲线的横坐标上找出 n_1，再根据 n_1 与 KA1 的实际动作时间 t_1'，从 KA1 的动作特性曲线的坐标图上找到其坐标点 a 点，则此点所在曲线的 10 倍动作电流的动作时间 t_1 即为所求。如果 a 点不在两条曲线之间，则只能从上下两条曲线来粗略地估计其 10 倍动作电流的动作时间。

【例 10-2】　图 10-23（a）所示高压线路中，已知 TA1 的 $K_{i(1)} = 160/5$，TA2 的 $K_{i(2)} = 100/5$。WL1 和 WL2 的过电流保护均采用两相两继电器式接线，继电器均为 GL-15/10 型。KA1 已经整定，$I_{op(1)} = 8\mathrm{A}$，10 倍动作电流动作时间 $t_1 = 1.4\mathrm{s}$。WL2 的 $I_{Lmax} = 75\mathrm{A}$，WL2 首端的 $I_k^{(3)} = 1100\mathrm{A}$，末端的 $I_k^{(3)} = 400\mathrm{A}$。试整定 KA2 的动作电流和动作时间。

解：　a. 整定 KA2 的动作电流。取 $K_{rel} = 1.3$，$K_W = 1$，$K_{re} = 0.8$，故：

$$I_{op(2)} = \frac{K_{rel} K_W}{K_{re} K_{i(2)}} I_{Lmax} = \frac{1.3 \times 1}{0.8 \times (100/5)} \times 75\mathrm{A} \approx 6.09\mathrm{A}$$

据 GL-15/10 型继电器的规格，其动作电流整定为 6A。

b. 整定 KA2 动作时间。先确定 KA1 的动作时间。由于 I_k 反映到 KA1 的电流 $I_{k(1)} = 1100 \times 1/(160/5) \approx 34.4\mathrm{A}$，故 $I_{k(1)}$ 的动作电流倍数 $n_1 = 34.4/8 = 4.3$。利用 $n_1 = 4.3$ 和 $t_1 = 1.4\mathrm{s}$，查表和图 10-14 中 GL-15 型电流继电器的动作特性曲线，可得 KA1 的实际动作时间 $t_1' = 1.9\mathrm{s}$。

因此 KA2 的实际动作时间应为：

$$t_2' = t_1' - \Delta t = 1.9 - 0.7 = 1.2\mathrm{s}$$

现在确定 KA2 的 10 倍动作电流的动作时间。由于 I_k 反映到 KA2 中的电流 $I_{k(2)} = 1100 \times 1/(100/5) = 55\mathrm{A}$，故 KA2 的动作电流倍数 $n_2 = 55/6 \approx 9.17$。利用 $n_2 = 9.17$ 和 KA2 的实际动作时间 $t_2 = 1.2\mathrm{s}$，查图 10-14 中 GL-15 型电流继电器的动作特性曲线，可得 KA2 的 10 倍动作电流的动作时间即整定时间为 $t_2 \approx 1.2\mathrm{s}$。

（3）定时限与反时限过电流保护的比较

定时限过电流保护的优点是：动作时间较为准确，容易整定，误差小。缺点是：所用继电器的数目比较多，因此接线较为复杂，继电器触点容量较小，需直流操作电源，投资较大；此外，靠近电源处的保护动作时间较长，而此时的短路电流又较大，故对设备的危害较大。反时限过电流保护的优点是：继电器的数量大为减少，故其接线简单，只用一套 GL 系列继电器就可实现不带时限的电流速断保护和带时限的过电流保护；由于 GL 继电器触点容量大，因此可直接接通断路器的跳闸线圈，而且适于交流操作。缺点是：动作时间的整定和配合比较麻烦，而且误差较大，尤其是瞬时动作部分，难以进行配合；且当短路电流较小时，其动作时间可能很长，延长了故障持续时间。

由以上比较可知，反时限过电流保护装置具有继电器数目少、接线简单，以及可直接采用交流操作跳闸等优点，所以在 6～10kV 供电系统中广泛采用。

(4) 过电流保护的灵敏度及提高灵敏度的措施——低电压闭锁保护

① 过电流保护的灵敏度。根据式 (10-1)，灵敏系数 $S_p = I_{kmin}/I_{op(1)}$。对于线路过电流保护，I_{kmin} 应取被保护线路末端在系统最小运行方式下的两相短路电流 $I_{kmin}^{(2)}$。而 $I_{op(1)} = (K_i/K_W)I_{op}$。因此按规定过电流保护的灵敏系数必须满足的条件为：

$$S_p = \frac{K_W I_{kmin}^{(2)}}{K_i I_{op}} \geqslant 1.5 \tag{10-16}$$

当过电流保护作后备保护时，如满足上式有困难，可以取 $S_p \geqslant 1.2$。

当过电流保护灵敏系数达不到上述要求时，可采用下述的低电压闭锁保护来提高灵敏度。

② 低电压闭锁的过电流保护。如图 10-25 所示的保护电路，低电压继电器 KV 通过电压互感器 TV 接于母线上，而 KV 的常闭触点则串入电流继电器 KA 的常开触点与中间继电器 KM 的线圈回路中。

在供电系统正常运行时，母线电压接近于额定电压，因此 KV 的常闭触点是断开的。由于 KV 的常闭触点与 KA 的常开触点串联，所以这时 KA 即使由于线路过负荷而动作，其常开触点闭合，也不致造成断路器误跳闸。正因为如此，凡有低电压闭锁的这种过电流保护装置的动作电流就不必按躲过线路最大负荷电流 I_{Lmax} 来整定，而只需按躲过线路的计算电流 I_{30} 来整定，当然保护装置的返回电流也应躲过计算电流 I_{30}。故此时过电流保护的动作电流的整定计算公式为：

$$I_{op} = \frac{K_{rel} K_W}{K_{re} K_i} \times I_{30} \tag{10-17}$$

式中各系数的取值与式 (10-9) 相同。由于其 I_{op} 减小，从式 (10-16) 可知，能提高保护的灵敏度 S_p。

上述低电压继电器的动作电压按躲过母线正常最低工作电压 U_{min} 整定，当然，其返回电压也应躲过 U_{min}，也就是说，低电压继电器高于 U_{min} 时不动作，只有在母线电压低于 U_{min} 时才动作。因此低电压继电器动作电压的整定计算公式为

$$U_{op} = \frac{U_{min}}{K_{rel} K_{re} K_u} \approx (0.57 \sim 0.63)\frac{U_N}{K_u} \tag{10-18}$$

式中，U_{min} 为母线最低工作电压，取 $(0.85 \sim 0.95)U_N$，U_N 为线路额定电压；K_{rel} 为保护装置的可靠系数，可取 1.2；K_{re} 为低电压继电器的返回系数，可取 1.25；K_u 为电压互感器变化。

10.2.4 电流速断保护

(1) 电流速断保护的组成及速断电流的整定

电流速断保护实际上就是一种瞬时动作的过电流保护。其动作时限仅仅为继电器本身的

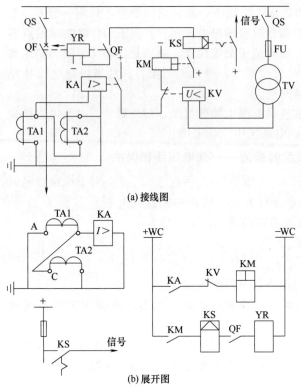

(a) 接线图

(b) 展开图

图 10-25 低电压闭锁的过电流保护电路

QF—高压断路器；TA—电流互感器；TV—电压互感器；

KA—电流继电器；KM—中间继电器；

KS—信号继电器；KV—低电压继电器；YR—断路器跳闸线圈

固有动作时间，它的选择性不是依靠时限，而是依靠选择适当的动作电流来解决。对于 GL 型电流继电器，直接利用继电器本身结构，既可完成反时限过电流保护，又可完成电流速断保护，不用额外增加设备，非常简单经济。

对于 DL 型电流继电器，其电流速断保护电路如图 10-26 和图 10-27 所示。

图 10-26、图 10-27 是同时具有电流速断和定时限电流保护的接线图和展开图（图 10-27 是按分开表示法绘制的展开图），KA1、KA2、KT、KS1 与 KM 构成定时限过电流保护，KA3、KA4、KS2 与 KM 构成电流速断保护。与图 10-19 比较可知，电流速断保护装置只是比定时限过电流保护装置少了时间继电器。

为了保证保护装置动作的选择性，电流速断保护继电器的动作电流（即速断电流）I_{qb} 应按躲过它所保护线路末端的最大短路电流（即三相短路电流）来整定。只有这样，才能避免在后一级速断保护所保护线路的首端发生三相短路时，它可能发生的误跳闸。（因后一段线路距离很近，阻抗很小，所以速断电流应躲过其保护线路末端的最大短路电流。）

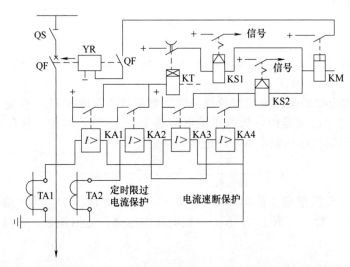

图 10-26 电力线路定时限过电流保护和电流速断保护接线图（按集中表示法绘制）

QF—断路器；KA—电流继电器（DL 型）；KT—时间继电器（DS 型）；

KS—信号继电器（DX 型）；KM—中间继电器（DZ 型）；YR—跳闸线圈

（KA1、KA2、KT、KS1、KM—定时限保护；KA3、KA4、KS2、KM—电流速断保护）

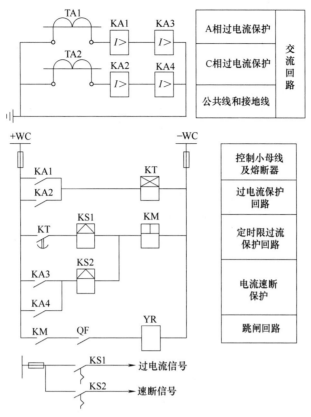

图 10-27 电力线路定时限过电流保护和电流速断保护展开图

如图 10-28 所示电路中，WL1 末端 k-1 点的三相短路电流，实际上与其后一段 WL2 首端 k-2 点的三相短路电流是近乎相等的。

因此可得电流速断保护动作电流（速断电流）的整定计算公式为：

$$I_{qb} = \frac{K_{rel} K_W}{K_i} I_{kmax} \qquad (10\text{-}19)$$

式中，K_{rel} 为可靠系数，对 DL 型继电器，取 1.2～1.3，对 GL 型继电器，取 1.4～1.5，对脱扣器，取 1.8～2.0。

(2) 电流速断保护的"死区"及其弥补

由于电流速断保护的动作电流是按躲过线路末端的最大短路电流来整定的，因

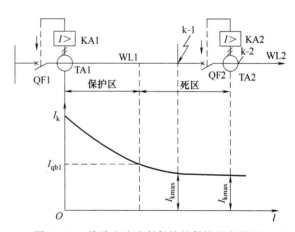

图 10-28　线路电流速断保护的保护区和死区

I_{kmax}—前一级保护应躲过的最大短路电流；

I_{qb1}—前一级保护整定的一次速断电流

此在靠近线路末端的一段线路上发生的不一定是最大的短路电流（例如两相短路电流）时，电流速断保护装置就不可能动作，也就是说电流速断保护实际上不能保护线路的全长，这种保护装置不能保护的区域，就称为"死区"，如图 10-28 所示。

为了弥补速断保护存在死区的缺陷，一般规定，凡装设电流速断保护的线路，都必须装设带时限的过电流保护，且过电流保护的动作时间比电流速断保护至少长一个时间级差

$\Delta t=0.5\sim0.7\mathrm{s}$，而且前后级过电流保护的动作时间符合前面所说的"阶梯原则"，以保证选择性。

在速断保护区内，速断保护作为主保护，过电流保护作为后备保护；而在速断保护的"死区"内，则过电流保护为基本保护。

（3）电流速断保护的灵敏度

按规定，电流速断保护的灵敏度应按其保护装置安装处（即线路首端）的最小短路电流（可用两相短路电流来代替）来校验。因此电流速断保护的灵敏度必须满足的条件是：

$$S_p=\frac{K_W I_k^{(2)}}{K_i I_{qb}}\geqslant1.5\sim2 \qquad (10\text{-}20)$$

式中，$I_k^{(2)}$为线路首端在系统最小运行方式下的两相短路电流。

【例 10-3】 试整定例 10-1 中的 GL-15/10 型电流继电器的电流速断倍数。

解：已知线路末端 $I_k^{(3)}=1300\mathrm{A}$，且 $K_W=\sqrt{3}$，$K_i=315/5$，取 $K_{rel}=1.5$，故由式（10-19）得：

$$I_{qb}=\frac{1.5\times\sqrt{3}}{315/5}\times1300\approx53.6\mathrm{A}$$

而在例 10-1 已经整定的 $I_{op}=8\mathrm{A}$，故速断电流倍数应整定为：

$$n_{qb}=\frac{53.6}{8}=6.7$$

由于 GL 型电流继电器的速断电流倍数 n_{qb} 在 2～8 间可平滑调节，因此 n_{qb} 不必修正为整数。

【例 10-4】 试整定例 10-2 所示的装于 WL2 首端 KA2 的 GL-15/10 型电流继电器的速断电流倍数，并校验其过电流保护和电流速断保护的灵敏度。

解：①整定速断电流倍数。取 $K_{rel}=1.5$，$K_W=1$，$K_i=100/5$，WL2 末端 $I_k^{(3)}=400\mathrm{A}$，故由式（10-19）得：

$$I_{qb}=\frac{1.5\times1}{100/5}\times400=30\mathrm{A}$$

而在例 10-2 中已经整定了 $I_{op}=6\mathrm{A}$，故速断电流倍数应整定为：

$$n_{qb}=\frac{30\mathrm{A}}{6\mathrm{A}}=5$$

② 过电流保护的灵敏度校验。根据式（10-16），其中 $I_{kmin}^{(2)}=0.866I_k^{(3)}=0.866\times400\mathrm{A}\approx346\mathrm{A}$，故其保护灵敏系数为：

$$S_p=\frac{1\times346\mathrm{A}}{20\times6\mathrm{A}}\approx2.88>1.5$$

由此可见，KA2 整定的动作电流（6A）满足灵敏度要求。

③ 电流速断保护灵敏度的校验。根据式（10-20），其中 $I_k^{(2)}=0.866\times1100\mathrm{A}\approx953\mathrm{A}$，故其保护灵敏系数为：

$$S_p=\frac{1\times953\mathrm{A}}{20\times30\mathrm{A}}\approx1.59>1.5$$

由此可见，KA2 整定的动作电流（倍数）也满足灵敏度要求。

10.2.5　中性点不接地系统的单相接地保护

6～10kV 电网为小接地电流系统。由前文已知，中性点不接地系统发生单相接地故障时，只有很小的接地电容电流，而线电压值不变，故障相对地电压为零，非故障相的电压要升高为原对地电压的$\sqrt{3}$倍，所以对线路的绝缘增加了威胁，如果长期下去，可能引起非故障相对地绝缘击穿而导致两相接地短路，这时将引起线路开关跳闸，造成停电。为此，对于中性点不接地的供电系统，一般应装设绝缘监察装置或单相接地保护装置，用它来发出信号，通知值班人员及时发现和处理。

(1) 绝缘监测装置（如图 10-29 所示）

这种装置是利用系统接地后出现的零序电压给出信号，图 10-29 中在变电所的母线上接一个三相五芯式电压互感器，其二次侧的星形联结绕组接有电压表，以测量各相对地电压；另一个二次对地绕组接成开口三角形，接入电压继电器，用来反映线路单相接地时出现的零序电压。

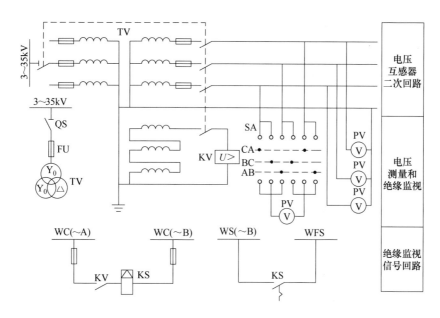

图 10-29 绝缘监测装置接线图

系统正常运行时，三相电压对称，开口三角形两端电压接近于零，继电器不动作，在系统发生一相接地时，接地相电压为零，其他两相对地电压升高到$\sqrt{3}$倍，开口处出现 100V 的零序电压，使继电器动作，发出报警的灯光和音响信号。

这种保护装置简单，虽然能给出故障信号，但没有选择性，难以找到故障线路。值班人员根据信号和电压表指示可以知道发生了接地故障且知道故障的类别，但不能判断哪一条线路发生了接地故障。因此这种监视装置一般用于出线不太多、并且允许短时停电的供电系统中。

(2) 有选择性地单相接地保护装置

① 单相接地时，系统中的电容电流分布如图 10-30 所示。

供电电网中有若干线路，当系统中的某一线路的某相发生接地时（如 C 相），全系统该相对地电压都为零，于是，所有流经该相对地电容电流也为零。各线路上非故障相（A、B 相）的电容电流和 I_{C1}、I_{C2}、I_{C3} 等都通过故障线路流过接地点构成回路，如图 10-30 中的箭头所示。单相接地时每回线路的电容电流为：

$$I_{C1} = 3I_{C0.1} = 3U_\Phi \omega C1 \tag{10-21}$$
$$I_{C2} = 3I_{C0.2} = 3U_\Phi \omega C2 \tag{10-22}$$
$$I_{C3} = 3I_{C0.3} = 3U_\Phi \omega C3 \tag{10-23}$$

式中的下标 1、2、3 表示线路的编号，I_{C0} 是正常情况下每相的电容电流；流经非故障线路 WL1、WL2 的电流互感器 TA1、TA2 的电容电流分别是 I_{C1}、I_{C2}，但流经故障线路 WL3 的电流互感器 TA3 的是接地故障电流 $I_E^{(1)}$：

$$I_E^{(1)} = I_{C\Sigma} - I_{C3} = (I_{C1} + I_{C2} + I_{C3}) - I_{C3} = 3I_{C0.1} + 3I_{C0.2} \tag{10-24}$$

它是所有非故障线路正常电容电流 I_{C0} 之和的 3 倍，电流的流向由线路指向母线。

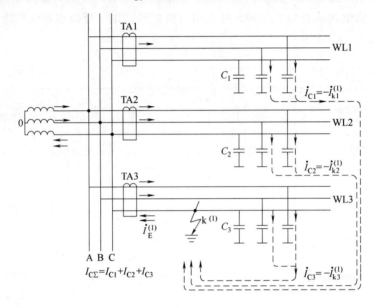

图 10-30　中性点不接地系统单相接地时电容电流分布

② 单相接地保护。单相接地保护又称"零序电流保护"，它利用单相接地故障线路的零序电流（较非故障电流大）通过零序电流互感器，在铁芯中产生磁通，二次侧相应地感应出零序电流，使电流继电器动作接通信号回路，发出报警信号。如图 10-31 所示，在电力系统正常运行及三相对称短路时，因在零序电流互感器二次侧由三相电流产生的三相磁通相量之和为零，即在零序电流互感器中不会感应出零序电流，继电器不动作。当发生单相接地时，就有接地电容电流通过，此电流在二次侧感应出零序电流，使继电器动作，并发出信号。

这种单相接地保护装置能够较灵敏地监察小接地电流系统的对地绝缘，而且从各条线路的接地保护信号可以准确判断出发生单相接地故障的线路，它适用于高压出线较多的供电系统。

架空线路的单相接地保护，一般采用由三个电流互感器同极性并联所组成的零序电流互感器，如图 10-31（a）所示。但一般供电用户的高压线路不长，很少采用。

对于电缆线路，则采用图 10-31（b）和专用零序电流互感器的接线。注意电缆头的接地线必须穿过零序电流互感器的铁芯，否则零序电流（不平衡电流）不穿过零序电流互感器的铁芯，保护就不会动作。

③ 单相接地保护动作电流的整定。对于架空线路，采用图 10-31（a）的电路，电流继电器的整定值需要躲过正常负荷电流下产生的不平衡电流 I_{dqlk} 和其他线路接地时在本线路

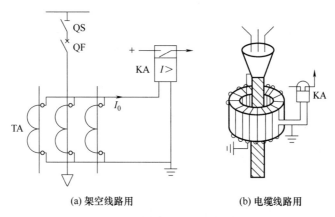

(a) 架空线路用   (b) 电缆线路用

图 10-31　零序电流保护装置

上引起的电容电流 I_C，即：

$$I_{op(E)} = K_{rel}(I_{dqlk} + I_C/K_i) \tag{10-25}$$

式中，K_{rel} 为可靠系数，其值与动作时间有关，保护装置不带时限时，其值取 4～5，以躲过本身线路发生两相短路时所出现的不平衡电流，保护装置带时限时，其值取 1.5～2，这时接地保护装置的动作时间应比相间短路的过电流保护的动作时间大一个 Δt，以保证选择性；I_{dqlk} 为正常运行的不平衡负荷电流在零序电流互感器输出端反映的不平衡电流；I_C 为其他线路接地时，在本线路的电容电流，如果是架空电路，$I_C \approx (U_N l)/350$，若是电缆线路 $I_C \approx (U_N l)/10$，其中 U_N 为线路的额定电压，kV；l 为线路长度，km；K_i 为零序电流互感器的变流比。

对于电缆电路，则采用图 10-31（b）的电路，整定动作电流只需躲过本线路的电容电流 I_C 即可，因此：

$$I_{op(E)} = \frac{K_{rel}}{K_i} I_C \tag{10-26}$$

式中，$I_C \approx (U_N l)/10$。

④ 单相接地保护的灵敏度。无论是架空或电缆线路，单相接地保护的灵敏度，应按被保护线路末端发生单相接地故障时流过电缆头接地线的不平衡电容电流来检验，而这一电容电流为与被保护电路有电气联系的总电网电容电流与该线路本身电容电流 $I_{C\Sigma}$ 之差，即 $I_E^{(1)} = I_{C\Sigma} - I_C$。$I_{C\Sigma}$ 和 I_C 均按公式 $I_C = \dfrac{U_N (l_{oh} + 35 l_{cab})}{350}$ 计算，式中，I_C 为系统的单相接地电容电流，A；U_N 为系统的额定电压，kV；l_{oh} 为同一电压 U_N 具有电气联系的架空线路总长度，km；l_{cab} 为同一电压 U_N 的具有电气联系的电缆线路总长度，km。式 $I_C = \dfrac{U_N (l_{oh} + 35 l_{cab})}{350}$ 中 l（含 l_{oh} 和 l_{cab}）对 $I_{C\Sigma}$ 取与被保护线路有电气联系的所有架空线路和电缆线路的总长度，而计算 I_C，只取本身线路长度。因此单相接地保护的灵敏度必须满足的条件为：

$$S_p = \frac{I_{C\Sigma} - I_C}{K_i I_{op(E)}} \geqslant 1.2 \tag{10-27}$$

式中，K_i 为零序电流互感器的变流比。

10.3　电力变压器的继电保护

10.3.1　概述

电力变压器是供电系统中的重要设备，它的故障对供电的可靠性和用户的生产、生活将产生严重的影响。因此，必须根据变压器的容量和重要程度装设适当的保护装置。

变压器故障一般分为内部故障和外部故障两种。

变压器的内部故障主要有绕组的相间短路、绕组匝间短路和单相接地短路。内部故障是很危险的，因为短路电流产生的电弧不仅会破坏绕组绝缘，烧坏铁芯，还可能使绝缘材料和变压器油受热而产生大量气体，引起变压器油箱爆炸。

变压器常见的外部故障是引出线上绝缘套管的故障。该故障可能导致引出线的相间短路和接地短路。

变压器的不正常工作状态有：由于外部短路和过负荷而引起的过电流、油面的过度降低和温度升高等。

变压器的内部故障和外部故障均应动作于跳闸；对于外部相间短路引起的过电流，保护装置应带时限动作于跳闸；对过负荷、油面降低、温度升高等不正常状态的保护一般只作用于信号。

① 高压侧为 6~10kV 的车间变电所的主变压器，通常装设有带时限的过电流保护和电流速断保护。如果过电流保护的动作时间范围为 0.5~0.7s，也可不装设电流速断保护。

② 容量在 800kV·A 及以上的油浸式变压器（如安装在车间内部，则容量在 400kV·A 及以上时），还需装设瓦斯保护。

③ 并列运行的变压器容量（单台）在 400kV·A 及以上，以及虽为单台运行但又作为备用电源用的变压器有可能过负荷时，还需装设过负荷保护，但过负荷保护只动作于信号，而其他保护一般动作于跳闸。

④ 如果单台运行的变压器容量在 10000kV·A 及以上、两台并列运行的变压器容量（单台）在 6300kV·A 及以上时，则要求装设纵联差动保护来取代电流速断保护。

⑤ 高压侧为 35kV 及以上的工厂总降压变电所主变压器，一般应装设过电流保护、电流速断保护和瓦斯保护。

本节只介绍中小型工厂常用的 6~10kV 配电变压器的继电保护，包括过电流保护、电流速断保护和过负荷保护，着重介绍变压器的瓦斯保护。

10.3.2　变压器的瓦斯保护（气体继电保护）

变压器的瓦斯保护是保护油浸式变压器内部故障的一种基本保护。瓦斯保护又称气体继电保护，其主要元件是瓦斯继电器（气体继电器），它装在变压器的油箱和油枕之间的联通管上，如图 10-32 所示；图 10-33 所示为 FJ-80 型开口杯式瓦斯继电器的结构示意图。

在变压器正常工作时，瓦斯继电器的上下油杯中都是充满油的，油杯因其平衡锤的作用使其上下触点都是断开的。当变压器油箱内部发生轻微故障致使油面下降时，上油杯因其中盛有剩余的油使其力矩大于平衡锤的力矩而降落，从而使上触点接通，发出报警信号，这就是轻瓦斯动作。当变压器油箱内部发生严重故障时，由于故障产生的气体很多，带动油流迅猛地由变压器油箱通过联通管进入油枕，在油流经过瓦斯继电器时，冲击挡板，使下油杯降落，从而使下触点接通，直接动作于跳闸，这就是重瓦斯动作。

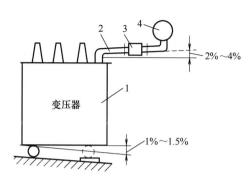

图 10-32　瓦斯继电器在变压器上的安装
1—变压器油箱；2—联通管；3—瓦斯继
电器；4—油枕（储油柜）

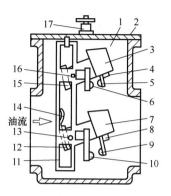

图 10-33　FJ-80 瓦斯继电器的结构示意图
1—容器；2—盖；3—上油杯；4—永久磁铁；5—上动触点；
6—上静触点；7—下油杯；8—永久磁铁；9—下动触点；
10—下静触点；11—支架；12—下油杯平衡锤；13—下油杯转轴；
14—挡板；15—上油杯平衡锤；16—上油杯转轴；17—放气阀

如果变压器出现漏油，将会使瓦斯继电器内的油慢慢流尽，这时继电器的上油杯先降落，接通上触点，发出报警信号，当油面继续下降时，会使下油杯降落，下触点接通，从而使断路器跳闸。

瓦斯继电器只能反映变压器内部的故障，包括漏油、漏气、油内有气、匝间故障、绕组相间短路等。而对变压器外部端子上的故障情况则无法反映。因此，除设置瓦斯保护外，还需设置过电流、速断或差动等保护。

10.3.3　变压器的过电流保护、电流速断保护和过负荷保护

（1）变压器的过电流保护

变压器的过电流保护装置一般都装设在变压器的电源侧。无论是定时限还是反时限，变压器过电流保护的组成和原理与电力线路的过电流保护完全相同。

图 10-34 为变压器的定时限过电流保护、电流速断保护和过负荷保护的综合电路，全部继电器均为电磁式。图 10-35 是按分开表示法绘制的展开图。

变压器过电流保护的动作电流整定计算公式，也与电力线路过电流保护基本相同，只是式（10-9）和式（10-10）中的 I_{Lmax} 应取为（1.5～3）I_{1NT}，这里的 I_{1NT} 为变压器的额定一次电流。变压器过电流保护的动作时间，也按"阶梯原则"整定。但对车间变电所来说，由于它属于电力系统的终端变电所，因此其动作时间可整定为最小值 0.5s。

变压器过电流保护的灵敏度，按变压器低压侧母线在系统最小运行方式时发生两相短路（换算到高压侧的电流值）来校验。其灵敏度的要求也与线路过电流保护相同，即 $S_p \geqslant 1.5$；当作为后备保护时 $S_p \geqslant 1.2$。

（2）变压器的电流速断保护

变压器的过电流保护动作时限大于 0.5s 时，必须装设电流速断保护。电流速断保护的组成、原理，也与电力线路的电流速断保护完全相同。

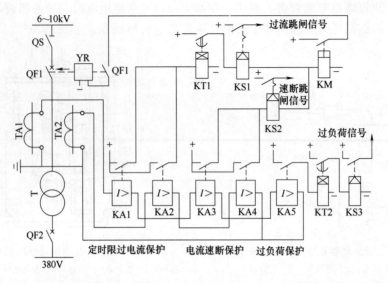

图 10-34　变压器的定时限过电流保护、电流速断保护和过负荷保护的综合电路（集中法）
KA1，KA2，KT1，KS1，KM—定时限过电流保护；KA3，KA4，KS2，KM—电流速断保护；
KA5，KT2，KS3—过负荷保护

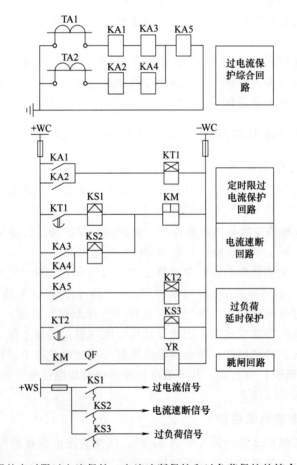

图 10-35　变压器的定时限过电流保护、电流速断保护和过负荷保护的综合电路的展开图

变压器电流速断保护的动作电流（速断电流）的整定计算公式，也与电力线路的电流速断保护基本相同，只是式（10-19）中的 I_{kmax} 应取低压母线三相短路电流周期分量有效值换算到高压侧的电流值，即变压器电流速断保护的动作电流按躲过低压母线三相短路电流来整定。

变压器速断保护的灵敏度，按变压器高压侧在系统最小运行方式时发生两相短路的短路电流 $I_k^{(2)}$ 来校验，要求 $S_p \geqslant 1.5$。

变压器的电流速断保护，与电力线路的电流速断保护一样，也有死区（不能保护变压器的全部绕组）。弥补死区的措施，也是配备带时限的过电流保护。

考虑到变压器在空载投入或突然恢复电压时将出现一个冲击性的励磁涌流，为避免速断保护误动作，可在速断保护整定后，将变压器空载试投若干次，以检验速断保护是否会误动作。根据经验，当速断保护的一次动作电流比变压器额定一次电流大 2～3 倍时，速断保护一般能躲过励磁涌流，不会误动作。

【例 10-5】 某降压变电所装有一台 10/0.4kV、1000kV·A 的电力变压器。已知变压器低压母线三相短路电流 $I_k^{(3)} = 13$kA，高压侧继电保护用电流互感器电流比为 100/5，继电器采用 GL-25 型，接成两相两继电器式。试整定该继电器的反时限过电流保护的动作电流、动作时间及电流速断保护的速断电流倍数。

解： ①过电流保护的动作电流整定。取 $K_{rel} = 1.3$，而 $K_W = 1$，$K_{re} = 0.8$，$K_i = 100/5 = 20$，则：

$$I_{Lmax} = 2I_{1NT} = 2 \times 1000 kV \cdot A/(\sqrt{3} \times 10kV) \approx 115.5A$$

故：
$$I_{op} = \frac{1.3 \times 1}{0.8 \times 20} \times 115.5A \approx 9.38A$$

因此，动作电流 I_{op} 整定为 9A。

② 过电流保护动作时间的整定。考虑此为终端变电所的过电流保护，故其 10 倍动作电流的动作时间整定为最小值 0.5s。

③ 电流速断保护的速断电流的整定。取 $K_{rel} = 1.5$，而：

$$I_{kmax} = 13kA \times \frac{0.4kV}{10kV} = 520A$$

$$I_{qb} = \frac{1.5 \times 1}{20} \times 520A = 39A$$

因此，速断电流倍数整定为：

$$n_{qb} = 39/9 \approx 4.3$$

(3) 变压器的过负荷保护

变压器的过负荷保护是用来反映变压器正常运行时出现的过负荷情况，只在变压器确有过负荷可能的情况下才予以装设，一般动作于信号。

变压器的过负荷在大多数情况下都是三相对称的，因此过负荷保护只需要在一相上装一个电流继电器。在过负荷时，电流继电器动作，再经过时间继电器给予一定延时，最后接通信号继电器发出报警信号。

过负荷保护的动作电流按躲过变压器额定一次电流 I_{1NT} 来整定，其计算公式为：

$$I_{op(OL)} = (1.2 \sim 1.5)I_{1NT}/K_i \qquad (10\text{-}28)$$

式中，K_i 为电流互感器的电流比。

过负荷保护的动作时间一般取 10～15s。

10.3.4 变压器低压侧的单相短路保护

变压器低压侧的单相短路保护,可采取下列措施之一:

(1) 低压侧装设三相均带过电流脱扣器的低压断路器

这种低压断路器,既作低压侧的主开关,操作方便,便于自动投入,提高供电可靠性,又可用来保护低压侧的相间短路和单相短路。这种措施在低压配电保护电路中得到广泛的应用。DW16 型低压断路器还具有所谓"第四段保护",专门用作单相接地保护(注意:仅对 TN 系统的单相金属性接地有效)。

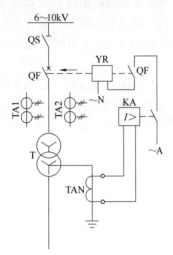

图 10-36 变压器的零序过电流保护
QF—高压断路器;TAN—零序电流互感器;
KA—电流继电器;YR—断路跳闸线圈

(2) 低压侧三相装设熔断器保护

这种措施既可以保护变压器低压侧的相间短路也可以保护单相短路,但由于熔断器熔断后更换熔体需要一定的时间,所以它主要适用于供电要求不高、不太重要负荷的小容量变压器。

(3) 在变压器中性点引出线上装设零序过电流保护

如图 10-36 所示,这种零序过电流保护的动作电流,按躲过变压器低压侧最大不平衡电流来整定,其整定计算公式为:

$$I_{op(0)} = \frac{K_{rel}K_{dsq}}{K_i}I_{2NT} \qquad (10-29)$$

式中,I_{2NT} 为变压器的额定二次电流;K_{dsq} 为不平衡系数,一般取 0.25;K_{rel} 为可靠系数,一般取 1.2~1.3;K_i 为零序电流互感器的电流比。

零序过电流保护的动作时间一般取 0.5~0.7s。

零序过电流保护的灵敏度,按低压干线末端发生单相短路校验。对架空线 $S_p \geqslant 1.5$,对电缆线 $S_p \geqslant 1.2$,这一措施保护灵敏度较高,但不经济,一般较少采用。

(4) 采用两相三继电器接线或三相三继电器接线的过电流保护

如图 10-37 所示接线,这两种接线既能实现相间短路保护,又能实现对变压器低压侧的单相短路保护,且保护灵敏度比较高。

这里必须指出,通常作为变压器保护的两相两继电器式接线和两相一继电器式接线均不宜作为低压单相短路保护的接线方式。

① 两相两继电器式接线(如图 10-38 所示)。这种接线适用于作相间短路保护和过负荷保护,而且它属于相电流接线,接线系数为 1,因此无论何种相间短路,保护装置的灵敏系数都是相同的。但若变压器低压侧发生单相短路,情况就不同了。如果是装设有电流互感器的那一相(A 相或 C 相)所对应的低压相发生单相短路,继电器中的电流反映的是整个单相短路电流,这当然是符合要求的。但如果是未装有电流互感器的那一相(B 相)所对应的低压相(b 相)发生单相短路,由下面的分析可知,继电器的电流仅仅反映单相短路电流的 1/3,这就达不到保护灵敏度的要求,因此这种接线不适于作低压侧单相短路保护。

图 10-38 (a) 是未装电流互感器的 B 相所对应的低压侧 b 相发生单相短路时短路电流的分布情况。根据不对称三相电路的"对称分量分析法",可将低压侧 b 相的单相短路电流

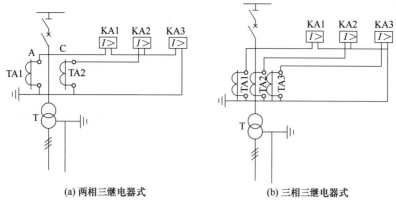

(a) 两相三继电器式   (b) 三相三继电器式

图 10-37 适用于变压器低压侧单相短路保护的两种接线方式

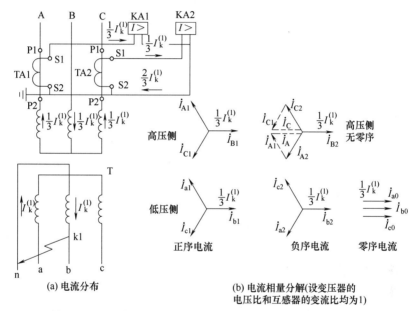

(a) 电流分布   (b) 电流相量分解(设变压器的
电压比和互感器的变流比均为1)

图 10-38 YynO 联结的变压器，高压侧采用两相两继电器的过电流保护（在低压侧发生单相短路时）

分解为正序 $\dot{I}_{b1}=\dot{I}_b/3$，负序 $\dot{I}_{b2}=\dot{I}_b/3$ 和零序 $\dot{I}_{b3}=\dot{I}_b/3$。由此可绘出变压器低压侧各相电流的正序、负序和零序相量图，如图 10-38（b）所示。

低压侧的正序电流和负序电流通过三相三芯柱变压器都要感应到高压侧去，但低压侧的零序电流 $\dot{I}_{a0}$、$\dot{I}_{b0}$、$\dot{I}_{c0}$ 都是同相的，其零序磁通在三相三芯柱变压器铁芯内不可能闭合，因而也不可能与高压侧绕组相交连，变压器高压侧则无零序分量。所以高压侧各相电流就只有正序和负序分量的叠加，如图 10-38（b）所示。

由以上分析可知，当低压侧 b 相发生单相短路时，在变压器高压侧两相两继电器接线的继电器中只反映 1/3 的单相短路电流，因此灵敏度过低，所以这种接线方式不适用于作低压侧单相短路保护。

② 两相一继电器式接线（图 10-39）。这种接线也适于作相间短路保护和过负荷保护，但对不同相间短路保护灵敏度不同，这是不够理想的。然而由于这种接线只用一个继电器，比较经济，因此小容量变压器也有采用这种接线。

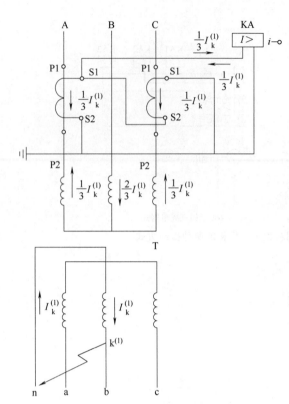

图 10-39　YynO 联结的变压器，高压侧采用
两相一继电器的过电流保护
（在低压侧发生单相短路时电流分布）

值得注意的是，采用这种接线时，如果未装电流互感器的那一相对应的低压相发生单相短路，由图 10-39 可知，继电器中根本无电流通过，因此这种接线也不能作低压侧的单相短路保护。

10.3.5　变压器的差动保护

前面主要介绍了变压器的过电流保护、电流速断保护和瓦斯保护。它们各有优点和不足之处。过电流保护动作时限较长，切除故障不迅速；电流速断保护由于"死区"的影响使保护范围受到限制；瓦斯保护只能反映变压器内部故障，而不能保护变压器套管和引出线的故障。

变压器的差动保护，主要用来保护变压器内部以及引出线和绝缘套管的相间短路故障，并且也可用于保护变压器内的匝间短路，其保护区在变压器一、二次侧所装电流互感器之间。

差动保护分纵联差动和横联差动两种形式，纵联差动保护用于单回路，横联差动保护用于双回路。这里将重点讲述变压器的纵联差动保护。

按 GB 50062—2008 规定：10000kV·A 及以上的单独运行变压器和 6300kV·A 及以上的并列运行变压器，应装设纵联差动保护；10000kV·A 及以下单独运行的重要变压器，也可装设纵联差动保护。当电流速断保护灵敏度不符合要求时，亦可装设纵联差动保护。

（1）变压器的差动保护基本原理

图 10-40 是变压器差动保护的单相原理电路图。将变压器两侧的电流互感器同极性串联起来，使继电器跨接在两联线之间，于是流入差动继电器的电流就是两侧电流互感器二次电流之差，即 $I_{KA} = I_1'' - I_2''$。在变压器正常运行或差动保护的保护区外 k-1 点发生短路时，流入继电器 KA（或差动继电器 KD）的电流相等或相差极小，继电器 KA（或 KD）不动作，而在差动保护的保护区内 k-2 点短路时，对于单端供电的变压器来说，$I_2'' = 0$，所以 $I_{KA} = I_1''$，超过继电器 KA（或 KD）所整定的动作电流

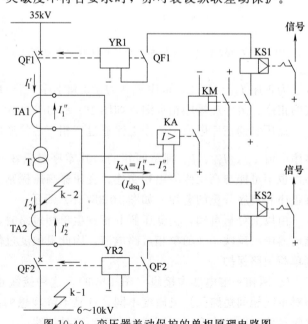

图 10-40　变压器差动保护的单相原理电路图

$I_{\mathrm{op(d)}}$，使 KA（或 KD）瞬时动作，然后通过出口继电器 KM 使断路器 QF1、QF2 同时跳闸，将故障变压器退出，切除短路故障，同时由信号继电器发出信号。

综上所述，变压器差动保护的工作原理是：正常工作或外部故障时，流入差动继电器的电流为不平衡电流，在适当选择好两侧电流互感器的变压比和接线方式的条件下，该不平衡电流值很小，并小于差动保护的动作电流，故保护不动；在保护范围内发生故障，流入继电器的电流大于差动保护的动作电流，差动保护动作于跳闸。因此它不需要与相邻元件的保护在整定值和动作时间上进行配合，可以构成无延时速动保护。其保护范围包括变压器绕组内部及两侧套管和引出线上所出现的各种短路故障。

通过对变压器差动保护工作原理分析可知，为了防止保护误动作，必须使差动保护的动作电流大于最大的不平衡电流。为了提高差动保护的灵敏度，又必须设法减小不平衡电流。

(2) 变压器差动保护动作电流的整定

变压器差动保护的动作电流 $I_{\mathrm{op(d)}}$ 应满足以下三个条件：

① 应躲过变压器差动保护区外短路时出现的最大不平衡电流 I_{dsqmax}，即：

$$I_{\mathrm{op(d)}} = K_{\mathrm{rel}} I_{\mathrm{dsqmax}} \tag{10-30}$$

式中，K_{rel} 为可靠系数，可取 1.3。

② 应躲过变压器励磁涌流，即：

$$I_{\mathrm{op(d)}} = K_{\mathrm{rel}} I_{\mathrm{1NT}} \tag{10-31}$$

式中，I_{1NT} 为变压器额定一次电流；K_{rel} 为可靠系数，可取 1.3～1.5。

③ 动作电流应大于变压器最大负荷电流，防止在电流互感器二次回路断线且变压器处于最大负荷时，差动保护误动作，因此：

$$I_{\mathrm{op(d)}} = K_{\mathrm{rel}} I_{\mathrm{Lmax}} \tag{10-32}$$

式中，I_{Lmax} 为最大负荷电流，取 (1.2～1.3)I_{1NT}；K_{rel} 为可靠系数，取 1.3。

10.4　低压配电系统的保护

10.4.1　熔断器保护

(1) 熔断器及其安秒特性曲线

熔断器包括熔管（又称熔体座）和熔体。通常它串接在被保护的设备前或接在电源引出线上。当被保护区出现短路故障或过电流时，熔断器熔体熔断，使设备与电源隔离，免受电流损坏。因熔断器结构简单、使用方便、价格低廉，所以应用广泛。

熔断器的技术参数包括熔断器（熔管）的额定电压和额定电流、分断能力、熔体的额定电流和熔体的安秒特性曲线。250V 和 500V 是低压熔断器，3～110kV 属高压熔断器。决定熔体熔断时间和通过电流的关系曲线称为熔断器熔体的安秒特性曲线，如图 10-41 所示，该曲线由实验得出，它只表示时限的平均值，其时限相对误差会高达±50%。

(2) 熔断器的选用及其与导线的配合

图 10-42 是由变压器二次侧引出的低压配电图。如采用熔断器保护，应在各配电线路的首端装设熔断器。熔断器只装在各相相线上，中性线是不允许装设熔断器的。

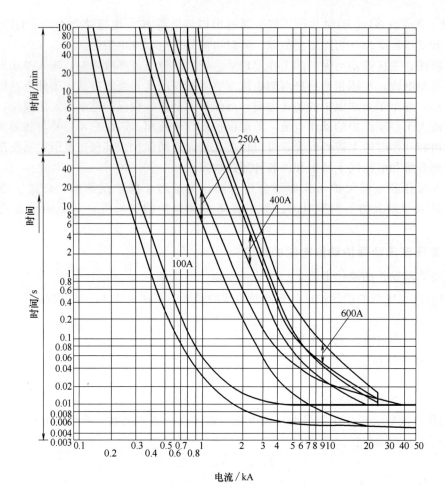

图 10-41 熔断器熔体的安秒特性曲线

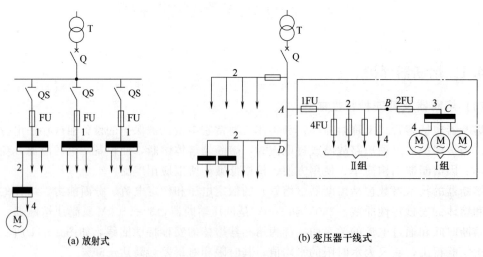

(a) 放射式　　　　　　　　　(b) 变压器干线式

图 10-42 低压配电系统示意图

1—干线；2—分干线；3—支干线；4—支线；Q—低压断路器（自动空气开关）

① 对保护电力线路和电气设备的熔断器，其熔体电流的选用可按以下条件进行：

a. 熔断器的熔体电流应不小于线路正常运行时的计算电流 I_{30}，即：

$$I_{NFE} \geq I_{30} \tag{10-33}$$

b. 熔断器熔体电流还应躲过由于电动机启动所引起的尖峰电流 I_{pk}，以使线路出现正常的尖峰电流而不致熔断。因此：

$$I_{NFE} \geq k I_{pk} \tag{10-34}$$

式中，k 为选择熔体时用的计算系数，其值应根据熔体的特性和电动机的拖动情况来决定。设计规范中提供的数据如下：轻负荷启动时启动时间在 3s 以下者，$k = 0.25 \sim 0.35$；重负荷启动时，启动时间在 3~8s 者，$k = 0.35 \sim 0.5$；超过 8s 的重负荷启动或频繁启动、反接制动等，$k = 0.5 \sim 0.6$。I_{pk} 为尖峰电流。对一台电动机，尖峰电流为 $k_{stM} I_{NM}$；对多台电动机 $I_{pk} = I_{30} + (k_{stMmax} - 1) I_{NMmax}$；$k_{stMmax}$ 为启动电流最大的一台电动机的启动电流倍数。I_{NMmax} 为启动电流最大的一台电动机的额定电流。

c. 为使熔断器可靠地保护导线和电缆，避免因线路短路或过负荷损坏甚至起燃，熔断器的熔体额定电流 I_{NFE} 必须和导线或电缆的允许电流 I_{al} 相配合，因此要求：

$$I_{NFE} \leq k_{OL} I_{al} \tag{10-35}$$

式中，k_{OL} 为绝缘导线和电缆的允许短路过负荷系数。对电缆或穿管绝缘导线，$k_{OL} = 2.5$；对明敷绝缘导线，$k_{OL} = 1.5$；对于已装设有其他过负荷保护的绝缘导线、电缆线路而又要求用熔断器进行短路保护时，$k_{OL} = 1.25$。

② 对于保护电力变压器的熔断器，其熔体电流可按下式选定，即：

$$I_{FE} = (1.5 \sim 2.0) I_{NT} \tag{10-36}$$

式中，I_{NT} 为变压器的额定一次电流。熔断器装设在哪一侧，就选用哪侧的额定值。

③ 用于保护电压互感器的熔断器，其熔体额定电流可选 0.5A，熔管可选用 RN2 型。可以分别参考常用高压熔断器和低压熔断器的技术数据。

（3）熔断器保护灵敏度校验

为了保证熔断器在其保护范围内发生最轻微的短路故障时都能可靠地熔断，熔断器保护的灵敏度 S_P 必须满足下列条件：

$$S_P = \frac{I_{kmin}}{I_{NFE}} \geq K \tag{10-37}$$

式中，I_{kmin} 为熔断器保护线路末端在系统最小运行方式下的短路电流。对中性点不接地系统，取两相短路电流；对中性点直接接地系统，取单相短路电流；对于保护降压变压器的高压熔断器来说，应取低压母线的两相短路电流换算到高压之值。I_{NFE} 为熔断器熔体的额定电流。K 为检验熔断器保护灵敏度的最小比值，按 GB 50054—2011《低压配电设计规范》规定，见表 10-1。

表 10-1　检验熔断器保护灵敏度的最小值

熔体额定电流/A		4~10	16~32	40~63	80~200	250~500
熔断时间/s	切断故障回路时间≤5s	4.5	5	5	6	7
	切断故障回路时间≤0.4s	8	9	10	11	—

（4）上下级熔断器的相互配合

用于保护线路短路故障的熔断器，它们上下级之相的相互配合应是这样：设上一级熔体

的理想熔断时间为 t_1，下一级为 t_2；因熔体的安秒特性曲线误差约为 $\pm 50\%$，设上一级熔体为负误差，则 $t_1' = 0.5t_1$，下一级为正误差，即 $t_2' = 1.5t_2$。如欲在某一电流下使 $t_1' > t_2'$，以保证它们之间的选择性，这样就应使 $t_1 > 3t_2$。对应这个条件可从熔体的安秒特性曲线上分别查出这两个熔体的额定电流值。一般使上、下级熔体的额定值相差 2 个等级即能满足动作选择性的要求。

(5) 熔断器（熔管或熔座）的选择和校验

选择熔断器（熔管或熔座）时应满足下列条件：

① 熔断器的额定电压应不低于被保护线路的额定电压。

② 熔断器的额定电流应不小于它所安装的熔体的额定电流。

③ 熔断器的类型应符合安装条件及被保护设备的技术要求。

④ 熔断器的分断能力应满足：

$$I_{oc} > I_{sh}^{(3)} \tag{10-38}$$

式中，$I_{sh}^{(3)}$ 为流经熔断器的三相短路冲击电流有效值。

【例 10-6】 图 10-42（b）的虚线框内是某车间部分的配电系统图。其负荷分布见表 10-2，各电动机均属轻负荷启动，试选定各熔断器的额定电流及导线截面。

解：a. 第Ⅰ组负荷各熔断器及导线截面可根据式（10-33）、式（10-34）计算：

$$I_{NFE\,I} \geqslant 21.4A, 并且\ I_{NFE\,I} \geqslant kI_{pk} = (0.25 \sim 0.4) \times 139.1 \approx 34.8 \sim 55.6A$$

查常用低压熔断器的技术数据，选 RTO-100 熔断器，熔体额定电流 $I_{NFE} = 50A$。

表 10-2 例 10-6 负荷资料分配表

第Ⅰ组负荷参数	BC 段支干线参数	第Ⅱ段负荷参数	AB 段分干线参数
10kW(3 台),380V, $\cos\varphi = 0.74$, $\eta = 0.96$, $I_{NM} = 21.4A$, $k_{\xi M} = 6.5$, $I_{\xi M} = 139.1A$	$k_d = 0.8, k_\Sigma = 1$, $I_{30} = 51.3A$	7.5kW(4 台),380V, $K_d = 0.8$, $\cos\varphi = 0.765$, $\eta = 0.98$, $I_{NM} = 15.2A$, $k_{\xi M} = 6.5$, $I_{\xi M} = 98.8A$	$I_{30.\,I} = 51.3A, k_\Sigma = 1$, $I_{30.\,II} = 48.6A$, $I_{30} = 99.9A$
选用 BLV 穿管、10kW 三台、导线	选用 BLV 明敷导线	选用 BLV 明敷导线	选用 BLV 穿管导线

选用塑料绝缘铝导线 BLV-3×4，穿管，车间环境温度 25℃时，查绝缘导线的允许载流量，得 $I_{al} = 25A$，$I_{NFE} = 50A$，$I_{NFE} < 2.5I_{al}$，合格。

b. 同理选择第Ⅱ组负荷的熔断器及导线截面如下：

因 $I_{NFE\,II} \geqslant (0.25 \sim 0.4) \times 98.8 \approx 24.7 \sim 39.5A$，选 RTO-50 型熔断器，熔体规格 $I_{NFE} = 40A$，配用 BLV-3×2.5，穿管，查绝缘导线的允许载流量，得 $I_{al} = 19A > I_{NM} = 15.2A$，同时 $I_{NFE\,II} < 2.5I_{al} = 2.5 \times 19 = 47.5A$，合格。

c. BC 段支干线选择如下：$I_{pk} = [51.3 + (6.5-1) \times 21.4] = 169A$（根据式 10-34 中 I_{pk} 确定）。由 $I_{NFE\,II} \geqslant I_{30} = 51.3A$ 及 $I_{NFE} \geqslant (0.25 \sim 0.40) \times 169 \approx 42.3 \sim 67.6A$，选用 RTO-100 型熔断器，考虑到要与Ⅰ级负荷熔断器相差两个等级，选熔体电流 $I_{NFE} = 80A$，导线用 BLV-3×10 的明敷铝芯塑料绝缘导线，查绝缘导线的允许载流量，得 $I_{al} = 55A > I_{30} = 51.3A$，因 $I_{al} > I_{30}$，$I_{NFE} > I_{30}$，$I_{NFE} < 1.5I_{al}$，合格。

d. 选择 AB 段干线时，由于 AB 段后接电动机较多，可按频繁启动考虑。

$$I_{\text{NFE}} \geqslant I_{30} = 99.9\text{A}$$

或电动机频繁启动时，

$$I_{\text{NFE}} = I_{\text{pk}}(0.5 \sim 0.6) = (0.5 \sim 0.6)[99.9 + (6.5 - 1) \times 21.4] = 108.8 \sim 130.56\text{A}$$

考虑到和 BC 段的配合，选 $I_{\text{NFE}} = 120\text{A}$，选用 RTO-200 型熔断器。

导线选用 BLV-3×25 明敷铝芯塑料绝缘导线，查绝缘导线的允许载流量，得：

$$I_{\text{al}} = 100\text{A} \quad \text{因} \quad I_{\text{al}} > I_{30}, I_{\text{NFE}} > I_{30}, I_{\text{NFE}} < 1.5 I_{\text{al}}$$

校验合格。

10.4.2 低压断路器保护

低压断路器又称低压自动开关。它既能带负荷通断电路，又能在短路、过负荷和失压时自动跳闸，其原理及结构参见第 2 章。本节将重点讲述其在配电系统中的配置和型号选择。

(1) 低压断路器在低压配电系统中的配置

低压断路器在低压配电系统中的配置方式如图 10-43 所示。

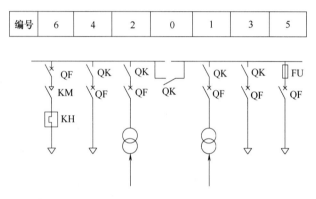

图 10-43　低压断路器在低压系统中常用的配置方式

QF—低压断路器；QK—刀开关；KM—接触器；KH—热继电器；FU—熔断器

在图 10-43 中，3、4 的接法适用于低压配电出线；1、2 的接法适用于两台变压器供电的情况。配置的刀开关 QK 是为了安全检修低压断路器用。如果是单台变压器供电，其变压器二次侧出线只需设置一个低压断路器即够。图中 6 出线是低压断路器与接触器 KM 配合运用，低压断路器用作短路保护，接触器用作电路控制器，供电动机频繁启动用；其次热继电器 KH 用作过负荷保护。5 出线是低压断路器与熔断器的配合方式，适用于开关断流能力不足的情况，此时靠熔断器进行短路保护，低压断路器只在过负荷和失压时才断开电路。

(2) 低压断路器中的过电流脱扣器

配电用低压断路器分为选择型和非选择型两种，因此，所配备的过电流脱扣器有三种：①具有反时限特性的长延时电磁脱扣器，动作时间可以不小于 10s；②延时时限分别为 0.2s、0.4s、0.6s 的短延时脱扣器；③动作时限小于 0.1s 的瞬时脱扣器。对于选择型低压断路器必须装有第②种短延时脱扣器；而非选择型低压断路器一般配置第①和③种脱扣器，其中长延时用作过负荷保护，瞬时用于短路故障保护。我国目前普遍应用的为非选择型低压断路器，短路保护特性以瞬时动作方式为主。

低压断路器各种脱扣器的电流整定如下：

① 长延时过电流脱扣器（即热脱扣器）的整定。这种脱扣器主要用于线路过负荷保护，故其整定值比线路计算电流稍大即可：

$$I_{op(1)} \geqslant 1.1 I_{30} \tag{10-39}$$

式中，$I_{op(1)}$ 为长延时脱扣器（即热脱扣器）的整定动作电流。但是，热元件的额定电流 I_{HN} 应比 $I_{op(1)}$ 大 $10\%\sim25\%$ 为好，即：

$$I_{HN} \geqslant (1.1\sim1.25) I_{op(1)} \tag{10-40}$$

② 瞬时（或短延时）过电流脱扣器的整定。瞬时或短延时脱扣器的整定电流应躲开线路的尖峰电流 I_{pk}，即：

$$I_{op(0)} \geqslant k_{rel} I_{pk} \tag{10-41}$$

式中，$I_{op(0)}$ 为瞬时或短延时过电流脱扣器的整定电流值。规定短延时过电流脱扣器整定电流的调节范围对于容量在 2500A 及以上的断路器为 $3\sim6$ 倍脱扣器的额定值，对 2500A 以下为 $3\sim10$ 倍；瞬时脱扣器整定电流调节范围对 2500A 及以上的选择型自动开关为 $7\sim10$ 倍，对 2500A 以下则为 $10\sim20$ 倍，对非选择型开关约为 $3\sim10$ 倍。k_{rel} 为可靠系数，对动作时间 $t_{op} \geqslant 0.4s$ 的 DW 型断路器，取 $k_{rel}=1.35$，对动作时间 $t_{op} \leqslant 0.2s$ 的 DZ 型断路器，$k_{rel}=1.7\sim2$，对有多台设备的干线，可取 $k_{rel}=1.3$。

③ 灵敏系数：

$$S_p = I_{kmin}/I_{op(0)} \geqslant 1.5 \tag{10-42}$$

式中，I_{kmin} 为线路末端最小短路电流；$I_{op(0)}$ 为瞬时或短延时脱扣器的动作电流。

④ 低压断路器过电流脱扣器整定值与导线的允许载电流 I_{al} 的配合要使低压断路器在线路发生过负荷或短路故障时，能够可靠地保护导线不致过热而损坏，必须满足：

$$I_{op(1)} < I_{al} \tag{10-43}$$

或

$$I_{op(0)} < 4.5 I_{al} \tag{10-44}$$

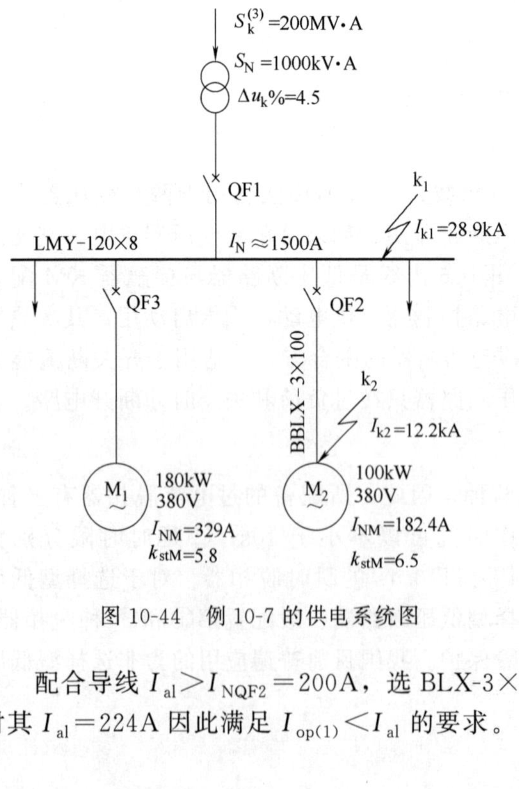

图 10-44　例 10-7 的供电系统图

【例 10-7】　供电系统如图 10-44 所示，所需的数据均标在图上，试选择低压断路器（导线按 40℃ 温度校验）。

解：a. 选用保护电动机用的 DZ 系列低压断路器，其整定计算如下：

因 $I_{30} = I_{NM} = 182.4A$，故选定低压断路器的额定电流 $I_{NQF2} = 200A$。

长延时脱扣器的整定电流为 $I_{op(1)} = 1.1 I_{30} \approx 200A$。

瞬时过电流脱扣器的整定电流整定为（k_{rel} 取 1.7）：

$$\begin{aligned}
I_{op(0)} &= k_{rel} I_{stM} \\
&= 1.7 \times (6.5 \times 182.4) \approx 2016A
\end{aligned}$$

选定 $I_{op(0)} = 2000A$（10 倍额定值）。

灵敏系数：

$$S_p = \frac{I_{k2}^{(2)}}{I_{op(0)}} = \frac{\sqrt{3}}{2} \times \frac{12.2}{2} \approx 5.29 > 1.5，合格。$$

配合导线 $I_{al} > I_{NQF2} = 200A$，选 BLX-3×100，查绝缘导线的允许载流量，得 $T=40℃$ 时其 $I_{al} = 224A$ 因此满足 $I_{op(1)} < I_{al}$ 的要求。

查表，QF2 选用的型号为 DZ20-200，I_{NQF2} 为 200A。

b. QF1 选用 DW 系列低压断路器用以保护变压器。因变压器二次侧额定电流 $I_N \approx$ 1500A，查 DW15 系列低压断路器（1000～4000A）的技术数据得，低压断路器的额定电流 $I_{NQF1} = 1500A$；

查 DW15 系列低压断路器（1000～4000A）过电流脱扣器技术数据得选用的长延时脱扣器电流整定为 $I_{al} = 1500A$；短延时脱扣器动作时间整定为 0.4s。

整定瞬时电流要考虑电动机启动时产生的峰值电流 I_{pk}，取 $K_{rel} = 1.35$，于是得：

$$I'_{op(0)} = K_{rel} I_{pk} = 1.35 \times [1500 + (5.8 - 1) \times 329]A \approx 4157A$$

可选定 $I'_{op(0)} = 4000A$（3 倍额定电流以下），灵敏系数：

$$S_p = \frac{I_{k1}^{(2)}}{I'_{op(0)}} = \frac{\sqrt{3}}{2} \times \frac{28.9}{4} \approx 6.3 > 1.5$$

选用 LMY-120×8 矩形铝母线，$T = 40℃$ 时，$I_{al} = 1550A > I_N$。

10.4.3　低压断路器与熔断器在低压电网保护中的配合

低压断路器与熔断器在低压电网中的设置方案如图 10-45 所示。若能正确选定其额定参数，使上一级保护元件的特性曲线在任何电流下都位于下一级保护元件安秒特性曲线的上方，便能满足保护选择性的动作要求。图 10-45（a）是能满足上述要求的。因此这种方案应用得最为普遍。

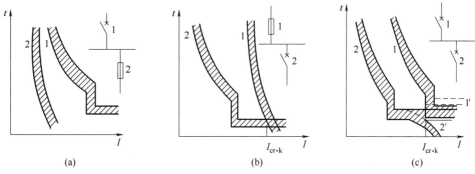

图 10-45　低压断路器与熔断器的设置

在图 10-45（b）中，如果电网被保护范围内的故障电流大于临界短路电流（图中两条曲线交点处对应的短路电流），则无法满足有选择地动作。图 10-45（c）中，如果要使两级低压断路器的动作满足选择性要求，必须使 1 处的安秒特性曲线位于 2 处的特性曲线之上。否则，必须使 1 处的特性曲线为 1′ 或 2 处的特性曲线为 2′。

由于安秒特性曲线是非线性的，为使保护满足选择性的要求，设计计算时宜用图解方法。而在工程实际中，这种配合可通过调试解决。

10.5　电子技术在继电保护中的应用

10.5.1　晶体管定时限过电流保护和电流速断保护的基本组成

晶体管继电保护装置，是由若干具有不同功能的晶体管电路所构成的一种继电保护装置。与机电型定时限过电流保护包括启动元件、时限元件、信号元件和出口元件相对应，晶体管定时限过电流保护包括启动回路、时限回路、信号回路和出口回路等。与机电型电流速断继电保护包括启动元件、信号元件和出口元件相对应，晶体管电流速断继电保护包括启动回路、信号回路和出口回路等。但由于晶体管保护回路全是弱电系统，而供配电线路为强电系统，因此在晶体管保护的启动回路之前，必须增加一个电压形成回路，其功能就是将来自供配电线路电流互感器二次侧的交流强电信号转换为晶体管保护装置所能接受的直流弱电信号，同时也用以使晶体管直流弱电系统与供配电线路交流强电系统相隔离。电压形成回路包括电流变换器、整流器和滤波器。晶体管定时限过电流保护和电流速断保护的框图如图 10-46 所示。

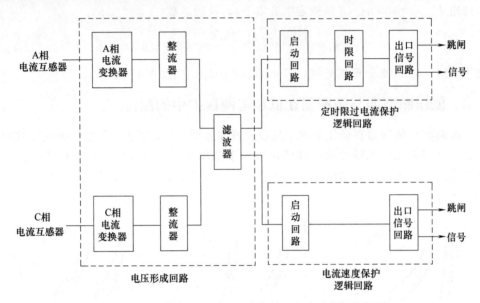

图 10-46　晶体管定时限过电流保护和电流速断保护框图

10.5.2　晶体管定时限过电流保护电路分析

图 10-47 是一种晶体管定时限过电流保护的电路图。

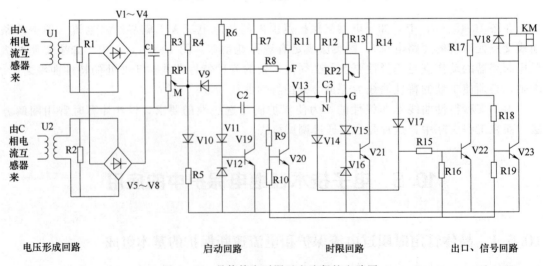

图 10-47　晶体管定时限过电流保护电路图

(1) 电压形成回路

它由电流变换器 U1、U2，负载电阻 R1、R2，桥式整流 V1～V8，滤波电容 C1，滤波电阻 R3 和定值电位器 RP1 等组成，其主要功能是将来自供电线路电流互感器二次侧的交流强电信号转换为相应的直流弱电信号。

(2) 启动回路

它是由三极管 V19 和 V20 构成的一种单稳态触发器。

当供电线路正常运行时，通过电压形成回路反映到电位器 RP1 上的输出电压低于比较电压（V10 和 R5 上的电压降），因 M 点呈现正电位。适当选择 R6 和 R7 的阻值及三极管 V19 的电流放大倍数，可使 V19 由 R6 取得基极电流而处于深度饱和导通状态；适当选择 R9 和 R10 和 R11 的阻值及 V20 的电流放大倍数，可在 V19 导通时利用 R9 和 R10 的分压作用，使 V20 的基极电位为 $-0.5V$，此电位低于 V20 发射电位而使其截止，因此后一级时限回路不动作。

当供电线路发生短路故障时，电位器 RP1 的输出电压高于比较电压，因而 M 点呈现负电位，V19 因基极电位低于发射极电位而截止。这时由于 R7、R9 和 R10 的分压，使 V20 的基极电位为 7V，高于其发射极电位，从而由 R7 和 R9 供给 V20 基极电流，使之饱和导通（相当于启动继电器触点闭合），导致后一级时限回路动作。

当供电线路的故障消除后，由于电位器 RP1 的输出电压低于比较电压，触发器又迅速翻转（相当于继电器触点切换），V19 导通，V20 截止，保护装置"返回"。

由上述分析可知，保护装置的动作电流取决于电位器 RP1 的输出电压，动作电流就靠改变 RP1 的阻值来调节，因此 RP1 就称为电流定值电位器。

(3) 时限回路

这里采用的是电容放电式时限回路。

当供电线路正常运行时，三极管 V20 处于截止状态。由于电容 C3 的隔直流作用，三极管 V21 由 RP2、R13 和 V15 获得基极电流而饱和导通，C3 经 R12、V15 和 V21 充电，F 点电位为 $+16V$，G 点电位接近于 0V（实际为 V15 和 V21 的正向电压降值）。

当供电线路发生短路故障时，如上所述，触发器 V19 和 V20 翻转，V20 饱和导通，于是 F 点电位下降到接近于零，下降了差不多 16V。由于电容 C3 两端电压不能突变，因此 G 点电位下降近 16V，即达到 $-16V$，从而使三极管 V21 因基极电位低于发射极电位而立即截止。三极管 V22 本来由于 V20 在截止时，V22 的基极电位高于发射极电位，由 R11、R14 和 R15 取得基极电流而导通，但三极管 V20 导通后，V21 又立即截止，这时 V22 又改由 R14、V17 和 R15 获得基极电流而继续保持饱和导通状态。由于 V20 的导通，电容 C3 即开始经 RP2、R13、V13 和 V20 放电，G 点电逐渐升高。当 G 点电位（即 V21 的基极电位）升到超过 0V 后（实际大于 V21 的 U_{be}），V21 导通。这时 V20、V21 都处于导通状态，而 V22 基极电位（即 R15、R16 的分压）变为 $-0.5V$，低于其发射极电位而立即截止，于是末级三极管 V23 导通（这相当于时间继电器的延时触点闭合），导致后一级出口、信号回路动作。

由上述分析可知，保护装置的动作时间，就是电容 C3 放电时 G 点电位由 $-16V$ 升高到 0V（实际为 $+0.6V$）的时间。因此要调整保护装置的动作时间，可借改变电位器 RP2 的阻值来实现。

(4) 出口信号回路

它由三极管 V22、V23 和微型中间继电器 KM 组成。

上述的时限回路动作后，三极管 V22 截止，而 V23 的基极电位由 R17、R18 和 R19 分压为 +7.7V，高于其发射极电压而饱和导通，使出口执行元件微型中间继电器 KM 动作于跳闸，并发出信号。

关于图 10-47 所示保护电路中其他几个元件的功能简介如下：

V11、V15——保护二极管，其功能是防止反向电压击穿三极管 V19、V21。

V12、V16——温度补偿二极管，也是对 V19、V21 起保护作用。

V13——隔离二极管，用来防止突然加上直流电源时，使保护装置发生误动作。假设没有 V13，而是 F 点与 N 点直接相连，则在突然加上直流电源时，因 V21 导通，使 G 点电位接近 0V（实际为 V15 和 V21 的正向电压降值），而电容 C3 两端电压不能突变，所以 F 点和 N 点的电位也都接近 0V，从而使 V22 无法取得基极电流而短时截止。这就会造成 V23 误导通，使出口继电器误动作，这当然是不允许的。

V14、V17——隔离二极管，构成"与门"电路，为 V22 提供两条交错获得基极电流的通路。

V18——保护二极管，防止出口继电器 KM 线圈的自感电动势击穿三极管 V23。

C2——抗干扰电容。

=== 思考题 ===

1. 对继电保护装置有哪些基本要求？什么叫选择性动作？什么叫灵敏性和灵敏系数？

2. 电磁式电流继电器、时间继电器、信号继电器和中间继电器在继电保护中各起什么作用？各用什么文字符号和图形符号？

3. 什么叫过电流继电器的动作电流、返回电流和返回系数？

=== 习 题 ===

1. 说明定时限过电流保护装置和反时限过电流保护装置的组成特点、整定方法？

2. 在中性点不接地系统中，发生单相接地短路故障时通常采用哪些保护措施？

3. 什么叫低电压闭锁的过电流保护？在什么情况下采用？

4. 带时限的过电流保护的动作时间整定时，时间级差考虑了哪些因素？电流速断保护的动作电流如何整定？

5. 电力变压器通常设有哪些保护？

6. 变压器低压侧单相短路，有几种保护措施？最常用的单相接地保护有哪些方法？

7. 低压断路器过流脱扣器的电流如何整定？

第11章

工厂变电所二次回路和自动装置

本章预期学习结果

　　了解交流操作电源控制回路、信号回路，掌握直流操作电源控制回路、信号回路，掌握高压系统中断路器控制回路、继电保护回路工作原理，掌握中央信号系统、直流系统绝缘监视，掌握二次系统的安装接线图，掌握自动重合闸装置工作原理，掌握变电站综合自动化系统微机保护和微机监控系统。

11.1　二次回路概述

　　二次回路是指用来控制、指示、监测和保护一次电路运行的电路。二次回路又称二次系统。按功能二次回路可分为断路器控制回路、信号回路、保护回路、监测回路和自动化回路，为保证二次回路的用电，还有相应的操作电源回路等。供电系统的二次回路功能示意图如图 11-1 所示。

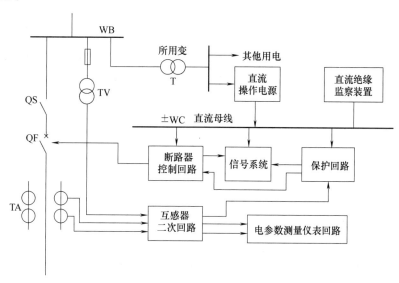

图 11-1　二次回路功能示意图

在图 11-1 中，断路器控制回路的主要功能是对断路器进行通、断操作，当线路发生短路故障时，电流互感器二次回路有较大的电流，相应继电保护的电流继电器动作，保护回路作出相应的动作，一方面保护回路中的出口（中间）继电器接通断路器控制回路中的跳闸回路，使断路器跳闸，断路器的辅助触点启动信号系统回路发出音响和灯光信号；另一方面保护回路中相应的故障动作回路的信号继电器向信号回路发出信号，如光字牌、信号掉牌等。

操作电源主要是向二次回路提供所需的电源。电压、电流互感器还向监测、电能计量回路提供主回路的电流和电压参数。

就二次回路图而言，主要有二次回路原理图、二次回路原理展开图、二次回路安装接线图。二次回路原理图用来表示继电保护、断路器控制、监测等回路的工作原理，在原理图中继电器和其触点画在一起，由于导线交叉太多，故它的应用受到一定的限制。广泛应用的还是原理展开图。本章所介绍的断路器控制回路、信号回路等均采用原理展开图。二次回路安装接线图是在原理图或其展开图的基础上绘制的，为安装、维护时提供导线连接位置。

原理图或原理展开图通常是按功能电路如控制回路、保护回路、信号回路来绘制的，而安装接线图是以设备（如开关柜、仪表盘等中的设备）为对象绘制的。

11.2　操作电源

二次回路的操作电源主要有直流和交流两大类。直流操作电源主要有蓄电池和硅整流直流操作电源两种。对采用交流操作的断路器应采用交流操作电源，对应的所有二次回路如保护回路继电器、信号回路设备、控制设备等均采用交流形式。

11.2.1　直流操作电源

(1) 蓄电池组供电的直流操作电源

在一些大中型变电所中，可采用蓄电池组作直流操作电源。蓄电池主要有铅酸蓄电池和镉镍蓄电池两种。

① 铅酸蓄电池。铅酸蓄电池是由二氧化铅（PbO_2）的正极板、铅的负极板和密度为 $1.2 \sim 1.3 g/cm^3$ 的稀硫酸电解液组成的。

单个铅酸蓄电池的额定端电压为 2V，充电后可达 2.7V，放电后可降到 1.95V，为满足 220V 的操作电压要求，需要 $230/1.95 \approx 118$ 个，考虑到充电后端电压升高，为保证直流系统的正常电压，长期接入操作电源母线的蓄电池个数为 $230/2.7 \approx 86$ 个，而 $118 - 86 = 32$ 个蓄电池用于调节电压，接于专门的调节开关上。

蓄电池使用一段时间后，电压下降，需用专门的充电装置来进行充电，由于铅酸蓄电池具有一定危险性和污染性，投资大，需要专门的蓄电池室放置，因此，在工厂变配电所中现已不予采用。

② 镉镍蓄电池。镉镍蓄电池由正极板、负极板、电解液组成。正极板为氢氧化镍 $[Ni(OH)_3]$ 或三氧化镍（Ni_2O_3），负极板为镉（Cd），电解液为氢氧化钾（KOH）或氢氧化钠（NaOH）等碱溶液。

单个镉镍蓄电池的端电压额定值为 1.2V，充电后可达 1.75V，其充电可采用浮充电及强充电硅整流设备进行充电。镉镍蓄电池的特点是不受供配电系统影响、工作可靠、腐蚀性小、大电流放电性能好、比功率大、强度高、寿命长。在工厂变配电所（大中型）中应用普遍。

（2）硅整流直流操作电源

硅整流直流电源在工厂变配电所应用较广，按断路器的操动机构的要求有电容储能（电磁操动）和电动机储能（弹簧操动）等类型。本节将重点介绍硅整流电容储能直流操作电源。图 11-2 为硅整流电容储能直流系统原理图。

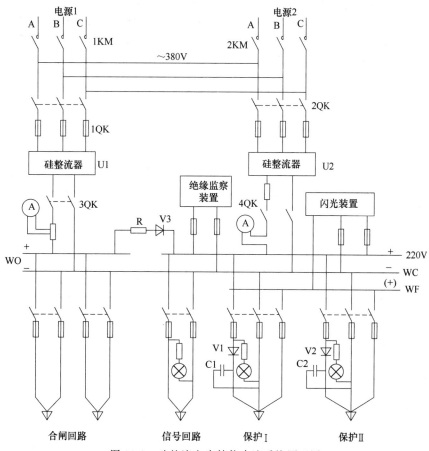

图 11-2 硅整流电容储能直流系统原理图

硅整流的电源来自所用变低压母线，一般设一路电源进线，但为了保证直流操作电源的可靠性，可以采用两路电源和两台硅整流装置。硅整流 U1 主要用作断路器合闸电源，并可向控制、保护、信号等回路供电，其容量较大。硅整流 U2 仅向操作母线供电，容量较小。两组硅整流之间用电阻 R 和二极管 V3 隔开，V3 起到逆止阀的作用，它只允许从合闸母线向控制母线供电而不能反向供电，以防在断路器合闸或合闸母线侧发生短路时，引起控制母线的电压严重降低，影响控制和保护回路供电的可靠性。电阻 R 用于限制在控制母线侧发生短路时流过硅整流 U1 的电流，起保护 V3 的作用。在硅整流 U1 和 U2 前，也可以用整流变压器（图中未画）实现电压调节。整流电路一般采用三相桥式整流电路。

在直流母线上还接有绝缘监察装置和闪光装置，绝缘监察装置采用电桥结构，用以监测正负母线或直流回路对地绝缘电阻，当某一母线对地绝缘电阻降低时，电桥不平衡，检测继电器中有足够的电流流过，继电器动作发出信号。闪光装置主要提供灯光闪光电源，其工作原理如图 11-3 所示，在正常工作时（＋）WF 悬空，当系统或二次回路发生故障时，相应继电器 K1 动作（其线圈在其他回路中），K1 常闭触点打开，K2 常开触点闭合，使信号灯 HL 接于闪光母线上，WF 的电压较低，HL 变暗，闪光装置电容充电，充到一定值后，继电器 K 动作，其常开触点闭合，使闪光母线的电压与正母线相同，HL 变亮，常闭触点 K 打开，电容放电，使 K 电压降低，降低到一定值后，K "失电"动作，常开触点 K 打开，闪光母线电压变低，闪光装置的电容又开始充电，重复上述过程。信号指示灯就发出闪光信号。直流操作电源的母线上，引出若干条线路，分别向各回路供电，如合闸回路、信号回路、保护回路等。在保护供电回路中，C1、C2 为储能电容器组，电容器所储存的电能仅在事故情况下，用作继电保护回路和跳闸回路的操作电源。逆止元件 V1、V2 主要作用是在事故情况下，交流电源电压降低引起操作母线电压降低时，禁止向操作母线供电，而只向保护回路放电。

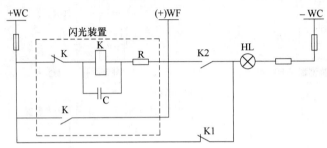

图 11-3　闪光装置工作原理示意图

在变电所中，控制、保护、信号系统设备都安装在各自的控制柜中，为了方便使用操作电源，一般在屏顶设置（并排放置）操作电源小母线。屏顶小母线的电源由直流母线上的各回路提供。

11.2.2　交流操作电源

交流操作电源的优点是：接线简单、投资低廉、维修方便。缺点是：交流继电器性能没有直流继电器完善，不能构成复杂的保护。因此，交流操作电源在小型工厂变配电所中应用较广，而对保护要求较高的大、中型变配电所宜采用直流操作电源。

交流操作电源可由两种途径获得：一是取自所用电变压器；二是当保护、控制、信号回路的容量不大时，可取自电流互感器、电压互感器的二次侧。

当交流操作电源取自电流、电压互感器时，通常在电压互感器二次侧安装 100/220V 的隔离变压器，可以取得控制回路和信号回路的交流操作电源。但用于保护的操作电源不能取自电压互感器，只能取自电流互感器，才能利用短路电流本身进行保护，并使断路器跳闸从而切除故障。

(1) 继电保护的交流操作方式

过电流保护的交流操作方式有三种：直接动作式、去分流跳闸的操作方式、速饱和变流器式。在交流操作方式下，采用 GL 型感应式电流继电器。

① 直接动作式。如图 11-4 所示，直接利用断路器手动操作机构内的过流脱扣器（跳闸线圈）YR 作为过电流继电器（启动元件），可接成两相一继电器式或两相两继电器式接线。由于正常运行时，流过 YR 的电流较小，YR 不会动作。当线路发生短路时，流过 YR 的电流很大，超过 YR 的动作值，YR 动作，使断路器跳闸。这种操作方式虽然简单，但灵敏度不高，实际上较少应用。

② 去分流跳闸的操作方式。如图 11-5 所示，电流继电器的常闭触点将跳闸线圈短路，正常运行时，跳闸线圈 YR 中无电流流过。当线路发生故障时，KA 动作，其常闭触点打开，使 YR 的短路分流支路去掉，使电流互感器二次电流全部流过 YR，使断路器跳闸。这就是去分流跳闸操作方式。这种操作方式的接线简单，由于使用了电流继电器作启动元件，提高了保护的灵敏度，在工厂供配电系统中应用广泛。

③ 速饱和变流器式。如图 11-6 所示，在电流互感器二次回路中，接一个（中间）电流互感器 TA3（速饱和）而 YR 接于 TA3 的二次回路中。当正常运行时，KA 不动作，其常开触点断开，TA3 二次回路中无电流。当线路发生短路故障时，KA 动作，常开触点闭合，YR 通电，由 TA3 提供跳闸电流使断路器跳闸。使用速饱和变流器的目的是：限制短路时流过 YR 的电流，一般限制在 7～12A 以内；减

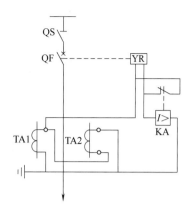

图 11-4　直接动作式过电流保护回路

QF—断路器；TA1、TA2—电流互感器；YR—断路器的跳闸线圈（即过电流继电器 KA）

小电流互感器 TA1 和 TA2 的二次负荷阻抗。这种接线方式复杂，使用电器增多（如 TA3），保护灵敏度有所下降（TA3 串联在电流互感器二次回路中）。

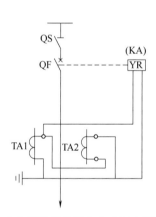

图 11-5　去分流跳闸的操作方式过电流保护回路
KA—电流继电器（GL 型）

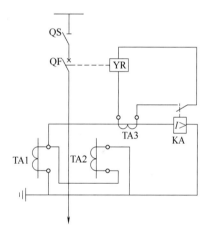

图 11-6　速饱和变流器式过电流保护回路
TA3—速饱和变流器（互感器）

（2）控制回路、信号回路的交流操作电源

过电流保护的交流操作电源，通常取自电流互感器，而控制回路、信号回路的操作电源可取自电压互感器或所用电变压器，经控制变压器，将电压变成 220V 或直接使用所用电系统的某相。交流操作系统中，按各回路的功能不同，也设置相应的操作电源母线，如控制母线、闪光母线、事故信号和预告信号小母线等。各回路的电路结构与直流操作系统中相应回路的电路结构非常相似，原理也基本相同，差别在于交流操作系统均使用交流电器元件，直流操作系统均采用直流电器元件。

① 交流操作系统的闪光装置。交流操作系统的闪光装置有两种，一种由中间继电器和电磁式时间继电器组成，另一种由闪光继电器构成。图 11-7 为由闪光继电器构成的闪光装置原理接线图，其动作原理与直流闪光装置原理相似。

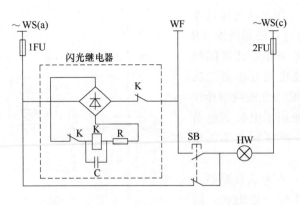

图 11-7 交流系统闪光继电器原理接线图
~WS（a）、~WS（c）—交流信号小母线；WF—闪光
小母线；SB—试验按钮；HW—白色信号灯

② 交流操作系统中央信号装置。中央信号分事故信号和预告信号。事故信号是用于故障跳闸时的报警信号，预告信号是用于不跳闸故障的报警信号。在中小型工厂供配电系统中，出线回路不多，故通常采用中央复归式不重复动作的中央信号。图 11-8 （a）、图 11-8 （b）为中央复归式不重复动作的事故信号和预告信号接线图。

在图 11-8 （a）中，当断路器因事故跳闸时，接于信号母线 WS（a）和事故音响信号母线 WAS 间的回路（图中未画）接通（相当于 1SB 闭合），电笛

HA1 发出音响，按下事故音响信号解除按钮 2SB 后 1KM 通电，1KM （1-2）断开，音响被解除。1SB 为试验按钮，作音响试验用。

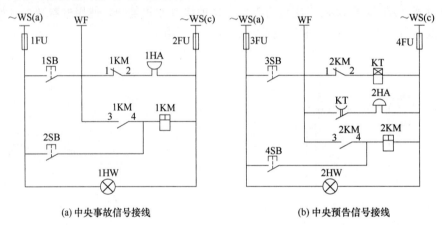

(a)中央事故信号接线　　　　(b)中央预告信号接线

图 11-8　中央复归式不重复动作中央信号原理接线图
1SB、3SB—试验按钮；2SB、4SB—音响解除按钮；1KM、2KM—中间继电器；KT—时间继电器；
1HA—事故信号电笛；2HA—预告信号电铃

在图 11-8 （b）中，3SB 为试验按钮，4SB 为预告音响信号解除按钮，当线路或一次设备出现不正常的运行状态时，接于 WS（a）和预告信号母线 WF 间的回路接通，时间继电器 KT 得电，其常开触点延时闭合，电铃 2HA（其图形形状与电笛图形不同）通电发出音响，按下 4SB，2KM 得电，2KM （1-2）断开，KT 失电，其延时闭合的常开触点瞬时打开，电铃 2HA 断电，音响被解除。

11.2.3　所用变压器

变电所的用电一般应设置专门的变压器供电，简称"所用变"。变电所的用电主要有室外照明、室内照明、生活区用电、事故照明、操作电源用电等，上述用电一般都分别设置供电回路，如图 11-9 （a）所示。

为保证操作电源的用电，所用变压器一般都接在电源的进线处，如图 11-9 （b）所示。即使变电所母线或变压器发生故障，所用变压器仍能取得电源。一般情况下，采用一台所用

变压器即可。但某些重要的变电所，要求有可靠的所用电源，此电源不仅在正常情况下能保证供电给操作电源，而且应考虑在全所停电或所用电源发生故障时，仍能实现对电源进线断路器的操作和事故照明的用电，则一般至少应设有两台互为备用的所用电源。其中一台所用变应接至电源进线处（进线断路器的外侧），另一台则应接至与本变电所无直接联系的备用电源上。在所用低压侧可采用备用电源自动投入装置，以确保所用电的可靠性。值得注意的是，由于两台所用电变压器所接电源中相位的关系，有时是不能并联运行的。

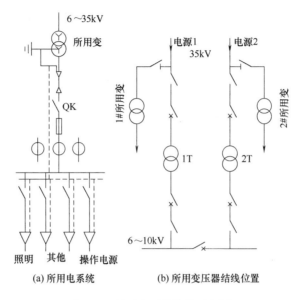

图 11-9　所用变压器接线示意图

11.3　高压断路器控制回路

11.3.1　高压断路控制回路的要求

断路器控制回路是指控制（操作）高压断路器跳、合闸的回路，直接控制对象为断路器的操动（作）机构。操动机构主要有手动操作、电磁操动机构（CD）、弹簧操动机构（CT）、液压操动机构（CY）等。根据操动机构的不同，控制回路也有一些差别，但接线方式基本相似。

断路器控制回路的基本要求如下：

①　能手动和自动合闸与跳闸。

②　能监视控制回路操作电源及跳、合闸回路的完好性；应对二次回路短路或过负荷进行保护。

③　断路器操作机构中的合、跳闸线圈是按短时通电设计的，在合闸或跳闸完成后，应能自动解除命令脉冲，切断合闸或跳闸电源。

④　应具有防止断路器多次合、跳闸的"防跳"措施。

⑤　应具有反映断路器状态的位置信号和手动或自动合、跳闸的显示信号，断路器的事

故跳闸回路，应按"不对应原理"接线。

⑥ 对于采用气压、液压和弹簧操动机构的断路器，应有压力是否正常、弹簧是否拉紧到位的监视和闭锁回路。

11.3.2　手动操作的断路器控制回路

图 11-10 是手动操作的断路器控制回路的原理图。

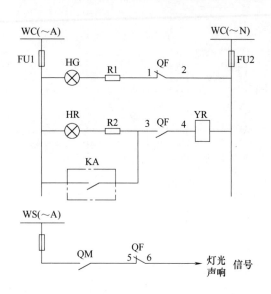

图 11-10　手动操作的断路器控制回路的原理图

合闸时，推上操作机构手柄使断路器合闸。这时断路器的辅助触点 QF（3-4）闭合，红灯 HR 亮，指示断路器已经合闸。由于有限流电阻 R2，跳闸线圈 YR 虽有电流通过，但电流很小，不会动作。红灯 HR 亮，还表明跳闸线圈 YR 回路及控制回路的熔断器 FU1、FU2 是完好的，即红灯 HR 同时起着监视跳闸回路完好性的作用。

跳闸时，扳下操作机构手柄使断路器跳闸。断路器的辅助触点 QF（3-4）断开，切断跳闸回路，同时辅助触点 QF（1-2）闭合，绿灯 HG 亮，指示断路器已经跳闸。绿灯 HG 亮，还表明控制回路的熔断器 FU1、FU2 是完好的，即绿灯 HG 同时起着监视控制回路完好性的作用。

在断路器正常操作跳、合闸时，由于操作机构辅助触点 QM 与断路器辅助触点 QF（5-6）都是同时切换的，总是一开一合，所以事故信号回路总是不通的，因而不会错误地发出事故信号。

当一次电路发生短路故障时，继电保护装置 KA 动作，其出口继电器触点闭合，接通跳闸线圈 YR 的回路，使断路器跳闸。随后 QF（3-4）断开，使红灯 HR 灭，并切断 YR 的跳闸电源。与此同时，QF（1-2）闭合，使绿灯 HG 亮。这时操作机构的操作手柄虽然仍在合闸位置，但其黄色指示牌掉落，表示断路器自动跳闸。同时事故信号回路接通，发出音响和灯光信号。事故信号回路是按"不对应原理"接线的——由于操作机构仍在合闸位置，其辅助触点 QM 闭合，而断路器已经事故跳闸，其辅助触点 QF（5-6）也返回闭合，因此事故信号回路接通。当值班员得知事故跳闸信号后，可将操作手柄扳下至跳闸位置，这时黄色指示牌随之返回，事故信号也随之消除。

控制回路中分别与指示灯 HR 和 HG 串联的电阻 R1 和 R2，主要用来防止指示灯灯座短路造成控制回路短路或断路器误跳闸。

11.3.3　电磁操动机构的断路器控制回路

（1）控制开关

控制开关是断路器控制和信号回路的主要控制元件，由运行人员操作使断路器合、跳闸，在工厂变电所中常用的是 LW2 型系列自动复位控制开关。

① LW2 型控制开关的结构。LW2 型控制开关结构如图 11-11 所示。

控制开关的手柄和安装面板，安装在控制屏前面，与手柄固定连接的转轴上有数节

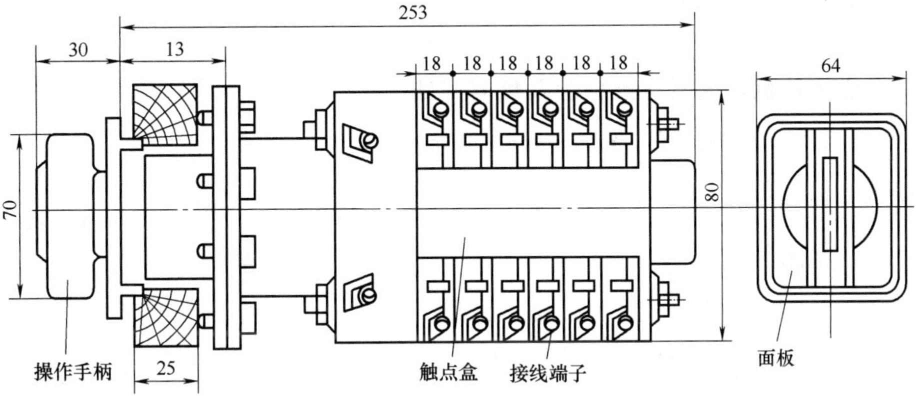

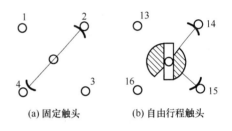

图 11-11　LW2 型控制开关外形结构

（层）触点盒，安装于屏后。触点盒的节数（每节内部触点形式不同）和形式可以根据控制回路的要求进行组合。每个触点盒内有四个定触点和一个旋转式动触点，定触点分布在盒的四角，盒外有供接线用的四个引出线端子，动触点处于盒的中心。动触点有两种基本类型，一种是触点片固定在轴上，随轴一起转动，如图 11-12（a）所示，另一种是触点片与轴有一定角度的自由行程，如图 11-12（b）所示，当手柄转动角度在其自由行程内时，可保持在原来位置上不动，自由行程有 45°、90°、135°三种。

图 11-12　固定与自由行程触头示意图
(a) 固定触头　　(b) 自由行程触头

② LW2 型控制开关触点图表。表 11-1 给出了 LW2-Z-la·4·6a·40·20·20/F8 型控制开关的触点图表。

表 11-1　LW2-Z-1a·4·6a·40·20·20/F8 型控制开关的触点图表

手柄和触点盒形式	F8	1a		4		6a						40			20		20
触点号		1-3	2-4	5-8	6-7	9-10	9-12	10-11	13-14	14-15	13-16	17-19	17-18	18-20	21-23	21-22	22-24
位置 跳闸后 (TD)	←	•		-	-	-		-	•	-		•	-		-		•
位置 预备合闸 (PC)	↑		•													•	
位置 合闸 (C)	↗			•	-											•	
位置 合闸后 (CD)	↑			-	•		•		•			•			•		-
位置 预备跳闸 (PT)	←									•			•				-
位置 跳闸 (T)	↙				•		•								•		•

注："•"表示接通，"-"表示断开。

控制开关有六个位置，其中"跳闸后"和"合闸后"为固定位置，其他为操作时的过渡位置。有时用字母表示 6 种位置,"C"表示合闸,"T"表示跳闸,"P"表示"预备","D"表示"后"。

(2) 电磁操动机构的断路器控制及信号回路

图 11-13 为电磁操动机构的断路器控制回路。

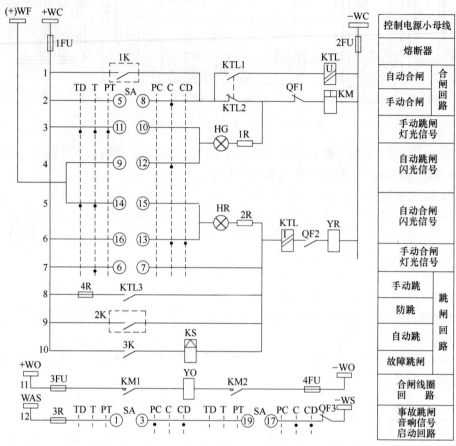

图 11-13　电磁操动机构的断路器控制及信号回路

WC—控制小母线;WF—闪光信号小母线;WO—合闸小母线;WAS—事故音响小母线;

KTL—防跳继电器;HG—绿色信号灯;HR—红色信号灯;KS—信号继电器;

KM—合闸接触器;YO—合闸线圈;YR—跳闸线圈;SA—控制开关

① 断路器的手动操作过程。

a. 合闸过程。设断路器处于跳闸状态,此时控制开关 SA 处于"跳闸后"(TD)位置,其触点 10-11 通,QF1 通,HG 绿灯亮,表明断路器是断开状态,在此通路中,因电阻 1R 存在,合闸接触线圈 KM 不足以使其触点闭合。

将控制开关 SA 顺时针旋转 90°,此位置是"预备合闸"位置(PC),9-10 通,将信号灯接闪光母线(+)WF 上,绿灯 HG 闪光,表明控制开关的位置与"合闸后"位置相同,但断路器仍处于跳闸后状态,这是利用"不对应原理"接线,同时提醒运行人员核对操作对象是否有误,如无误后,再将 SA 置于"合闸"(C)位置(继续顺时针旋转 45°)。在此位置上,5-8 通,使合闸接触器 KM 接通于＋WC 和－WC 之间,KM 动作,其触点 KM1 和 KM2 闭合使合闸线圈 YO 通电,断路器合闸。断路器合闸后,QF1 断开使绿灯熄灭,QF2

闭合，由于 13-14 通，所以红灯闪光。当松开 SA 后，在弹簧作用下，自动回到"合闸后"位置，13-16 通，使红灯发出平光，表明断路器已合闸，同时 9-10 通，为故障跳闸做好使绿灯闪光准备（此时 QF1 断开）。

b. 跳闸过程。将控制开关 SA 逆时针旋转 90°置于"预备跳闸"（PT）位置，13-16 断开，而 13-14 接通闪光母线，使红灯 HR 发出闪光，表明 SA 的位置与跳闸后的位置相同，但断路器仍处于合闸状态。将 SA 继续旋转 45°而置于"跳闸"（T）位置，6-7 通，使跳闸线圈 YR 接通，此回路中的（KTL 线圈为电流线圈）YR 通电跳闸，QF1 合上，QF2 断开，红灯熄灭。当松开 SA 后，SA 自动回到"跳闸后"位置，10-11 通，绿灯发出平光，表明断路器已经跳开。

② 断路器的自动控制。断路器的自动控制通过自动装置的继电器触点，如图 11-13 中 1K 和 2K（分别与 5-8 和 6-7 并联）的闭合分别实现合、跳闸控制。自动控制完成后，灯信号 HR 或 HG 将出现闪光，表示断路器自动合闸或跳闸，运行人员将 SA 放在相应的位置上即可。

当断路器因故障跳闸时，保护出口继电器 3K 闭合，SA 的 6-7 触点被短接，YR 通电，断路器跳闸，HG 发出闪光。与 3K 串联的 KS 为信号继电器电流型线圈，电阻很小。KS 通电后将发出信号，表明断路器因故障跳闸。同时由于 QF3 闭合（12 支路）而 SA 是置"合

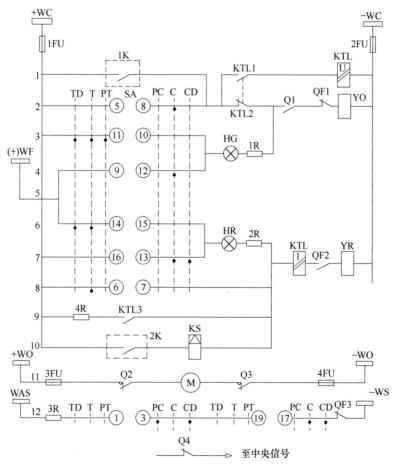

图 11-14　直流操作电源的弹簧操动机构的断路器控制及信号回路

M—储能电动机；Q1~Q4—弹簧操动机构辅助触点

闸后"（CD）位置，1-3、17-19 通，事故音响小母线 WAS 与信号回路中负电源接通（成为负电源）发出事故音响信号，如电笛或蜂鸣器发出音响。

③ 断路器的"防跳"。如果没有 KTL 防跳继电器，在合闸后，若控制开关 SA 的触点 5-8 或自动装置触点 1K 被卡死，而此时又遇到一次系统永久性故障，继电保护使断路器跳闸，QF1 闭合，合闸回路又被接通，出现多次"跳闸-合闸"现象，如果断路器发生多次跳跃现象，会使其毁坏，造成事故扩大，所以在控制回路中增设了防跳继电器 KTL。

防跳继电器 KTL 有两个线圈，一个是电流启动线圈，串联于跳闸回路，另一个是电压自保持线圈，经自身的常开触点并联于合闸回路中，其常闭触点则串入合闸回路中。当用控制开关 SA 合闸（5-8 通）或自动装置触点 1K 合闸时，如合在短路故障上，防跳继电器 KTL 的电流线圈启动，KTL1 常开触点闭合（自锁），KTL2 常闭触点断开，其 KTL 电压线圈也动作，自保持。断路器跳开后，QF1 闭合，即使触点 5-8 或 1K 卡死，因 KTL2 常闭已断开，所以断路器不会合闸。当触点 5-8 或 1K 断开后，防跳继电器 KTL 电压线圈释放，常闭触点才闭合。这样就防止了跳跃现象。

11.3.4 弹簧操动机构的断路器控制回路

弹簧操动机构有使用交流操作电源和直流操作电源两种。使用直流操作电源的弹簧操动控制回路如图 11-14 所示；使用交流操作电源的弹簧操动机构控制回路如图 11-15 所示。

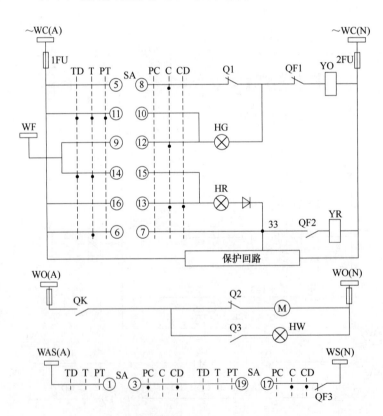

图 11-15　交流操作弹簧操动机构的断路器控制回路

M—储能电动机（交流）；WO（A）—交流操作母线（A 相）；

WO（N）—交流操作母线（N 线）；HW—白色信号灯

图 11-14 中，M 为储能电动机，Q1~Q4 为操动机构的辅助触点，其余设备与图 11-13 相同。

由于弹簧操作机构储能耗用功率小，所以合闸电流小，在断路器控制回路中，合闸回路可用控制开关直接接通合闸线圈 YO。

当弹簧操动机构的弹簧未拉紧时，辅助触点 Q1 断开，不能合闸，Q2 和 Q3 闭合，使电动机接通电源储能，使弹簧拉紧，Q1 闭合，而 Q2 和 Q3 断开，电动机停止储能。断路器是利用弹簧存储的能量进行合闸的，合闸后，弹簧释放，电动机接通又能储能，为下次动作（合闸）做准备。

图 11-15 为交流操作弹簧操动机构的断路器控制回路，它的工作原理与直流操作弹簧操动机构的断路器控制回路原理相似。

11.4　中央信号回路

在工厂供配电系统中，每一路供电线路或母线、变压器等都配置继电保护装置，或监测装置，在保护装置或监测装置动作后都要发出相应的信号提醒或提示运行人员，这些信号（主要是中央信号）都是通过同一个信号系统发出的。这个信号系统称为中央信号系统，装设在控制室内。

信号的类型有以下几种：

(1) 事故信号

断路器发生事故跳闸时，启动蜂鸣器（或电笛）发出较强的音响，以引起运行人员注意，同时断路器的位置指示灯发出闪光及事故型光字牌点亮，指示故障的位置和类型。

(2) 预告信号

当电气设备发生故障（不引起断路器跳闸）或出现不正常运行状态时，启动警铃发出音响信号，同时标有故障性质的光字牌点亮，例如对变压器过负荷、控制回路断线等发出预告信号。

(3) 位置信号

位置信号包括断路器位置（如灯光指示或操动机构分合闸位置指示器）和隔离开关位置信号等。

(4) 指挥信号和联系信号

用于主控制室向其他控制室发出操作命令和控制室之间的联系。通常，我们把事故信号和预告信号称为中央信号。

11.4.1　对中央信号回路的要求

① 中央事故信号装置应保证在任一个断路器事故跳闸时，能立即（不延时）发出音响信号和灯光信号或其他指示信号。

② 中央事故音响信号与预告音响信号应有区别。一般事故音响信号为电笛或蜂鸣器，预告音响信号用电铃。

③ 中央预告信号装置应保证在任一个电路发生故障时，能按要求（瞬时或延时）准确

发出信号，并能显示故障性质和地点。

④ 中央信号装置在发出音响信号后，应能手动或自动复归（解除）音响，而灯光信号及其他指示信号应保持到消除故障为止。

⑤ 接线应简单、可靠，对信号回路的完好性应能监视。

⑥ 对事故信号、预告信号及其光字牌应能进行是否完好的试验。

⑦ 企业变配电所的中央信号一般采用能重复动作的信号装置；当变配电所主接线比较简单或一般企业配电所可采用不能重复动作的中央信号装置。

11.4.2 中央事故信号回路

中央事故信号按操作电源分有交流和直流操作电源两类。按事故音响信号的动作特征分有不能重复动作和能重复动作两种，这两种原理接线分别如图 11-16 和图 11-17 所示。

(1) 中央复归不重复动作的事故信号回路

图 11-16 中，1QF 和 2QF 分别代表两台断路器的常闭辅助触点，在正常工作时，断路器合上，控制开关的 1-3 和 19-17 触点是接通的，但 1QF 和 2QF 常闭辅助触点是断开的，若某台断路器（设 1QF）因事故跳闸，则 1QF 闭合，回路＋WS→HB→KM 常闭触点→SA 的 1-3 及 17-19→1QF→－WS 接通，蜂鸣器 HB 发出音响。按 2SB 复归按钮，KM 线圈通电，KM 常闭断开，蜂鸣器 HB 断电，由于 KM 常开触点闭合，松开 2SB 后，继电器 KM 已自锁，KM 常闭触点断开。若此时 2QF 也发生了事故跳闸，蜂鸣器将不会发出音响，这就叫作"不能重复动作"。

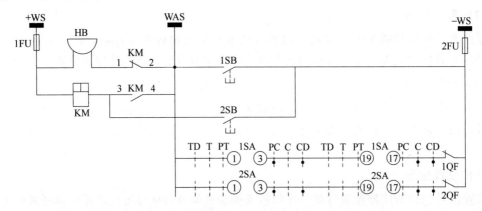

图 11-16 不能重复动作的中央复归式事故信号回路

WS—信号小母线；WAS—事故音响信号小母线；1SA、2SA—控制开关；
1SB—试验按钮；2SB—音响解除按钮；KM—中间继电器；HB—蜂鸣器

(2) 中央复归重复动作的事故信号回路

图 11-17 是重复动作的中央复归式事故音响信号回路，该信号装置采用信号冲击继电器又叫信号脉冲继电器 KI，型号有 2C-23 型〔或按电流积分原理工作的 BC-4（S）型，这里不介绍〕。当 1QF、2QF 断路器合上时，其辅助触点 1QF、2QF（在图 11-16 中）均断开，各对应回路的 1-3、19-17 均接通，当断路器 1QF 事故跳闸后，辅助触点 1QF 闭合，冲击继电器 8-16 间的脉冲变流器一次绕组电流突增，在其二次侧绕组中产生感应电动势使干簧继电器 KR 动作。KR 的常开触点（1-9）闭合，使中间继电器 KM 动作，其常开触点（7-15）闭合自锁，另一对常开触点 KM（5-13）闭合，使蜂鸣器 HB 通电发出音响，同时时间继电

器 KT 动作，其常闭触点延时断开，KM 失电，使音响解除。此时当另一台断路器 2QF 又因事故跳闸时，同样会使 HB 发出音响，这就叫作能"重复动作"的音响信号装置，冲击继电器中 C 和 V2 用于抗干扰。TA 二次侧的 V1 起旁路作用，当一次电流减少时，二次绕组中感应电流（从左到右）经 V1 旁路而不经过 KR 线圈。

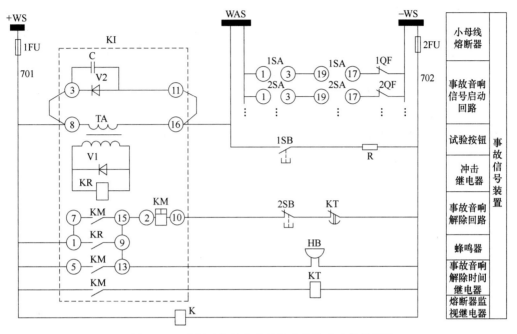

图 11-17　重复动作的中央复归式事故音响信号回路

KI—冲击继电器；KR—干簧继电器；KM—中间继电器；KT—自动解除时间继电器；HB—蜂鸣器

11.4.3　中央预告信号回路

中央预告信号是指在供电系统中，发生故障和不正常工作状态而不需跳闸的情况下发出预告音响信号。常采用电铃发出音响，并利用灯光和光字牌来显示故障的性质和地点。中央预告信号装置有直流和交流操作两种，也有不能重复动作和能重复动作的两种电路结构，其原理接线分别如图 11-18 和图 11-19 所示。

（1）不能重复动作的中央复归式预告音响信号回路

图 11-18 中，KS 为反映系统不正常状态的继电器常开触点，当系统发生不正常工作状态时，如变压器过负荷，经一定延时后，KS 触点闭合，回路＋WS→KS→HL→WFS→KM（1-2）→HA→－WS 接通，电铃 HA 发出音响信号，同时 HL 光字牌亮，表明变压器过负荷。1SB 为试验按钮，2SB 为音响解除按钮。2SB 被按下时，KM 得电动作，KM（1-2）断开，电铃 HA

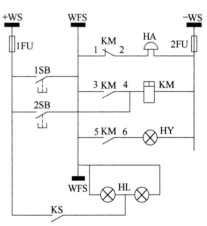

图 11-18　不能重复动作的中央复归式预告音响信号回路图

WFS—预告音响信号小母线；1SB—试验按钮；2SB—音响解除按钮；HA—电铃；KM—中间继电器；HY—黄色信号灯；HL—光字牌指示灯；KS—（跳闸保护回路）信号继电器触点

断电，音响被解除，KM（3-4）闭合自锁，在系统不正常工作状态未消除之前 KS、HL、KM（3-4）、KM 线圈一直是接通的，当另一个设备发生不正常工作状态时，不会发出音响信号，只有相应的光字牌亮。这是"不能重复"动作的中央复归式预告音响信号回路。

（2）能重复动作的中央复归式预告音响信号回路

图 11-19 为能重复动作的中央复归式预告信号回路图，其电路结构与图 11-17 中央复归式能重复动作的事故音响信号回路基本相似。音响信号用电铃发出。图 11-19 中预告信号小母线分为 1WFS 和 2WFS，转换开关 SA 有三个位置，中间为工作位置，左右（±45°）为试验位置，SA 在工作位置时（中间竖直位置）13-14、15-16 通，其他断开，试验位置（左或右旋转 45°）则相反，13-14、15-16 不通，其他通。当系统发生不正常工作状态时，如过负荷动作 1K 闭合，+WS 经 1K、HL1（两灯并联）、SA 的 13-14、KI 到−WS，使冲击继电器 KI 的脉冲变流器一次绕组通电，发出音响信号，同时光字牌 HL1 亮。

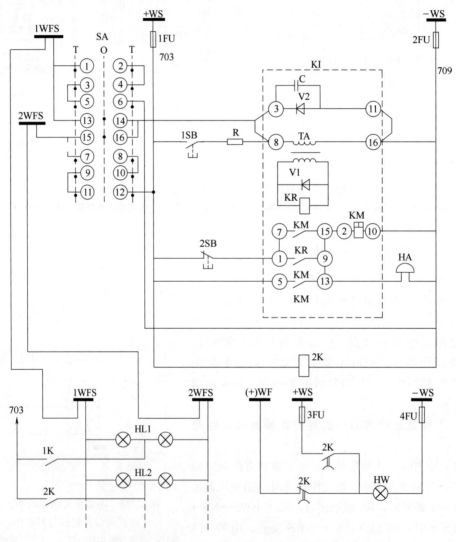

图 11-19　能重复动作的中央复归式预告音响信号回路

SA—转换开关；1WFS、2WFS—预告信号小母线；1SB—试验按钮；2SB—解除按钮；1K—某信号继电器触点；
2K—监察继电器（中间）；KI—冲击继电器；HL1、HL2—光字牌灯光信号；HW—白色信号灯为了检查光字牌中灯泡是否亮，而又不引起音响信号动作，将预告音响信号小母线分为1WFS和2WFS，SA在试验位置时，试验回路为＋WS→12-11→9-10→8-7→2WFS→HL光字牌（两灯串联）→1WFS→1-2→4-3→5-6→－WS，所有光字牌亮，如有不亮则更换灯泡。

11.5 测量和绝缘监测监视回路

11.5.1 测量仪表配置

在电力系统和工厂供配电系统中，进行电气测量的目的有三个，一是计费测量，主要是计量用电单位的用电量，如有功电度表、无功电度表；二是对供电系统中运行状态、技术经济分析所进行的测量，如电压、电流、有功、无功、有功电能、无功电能测量等，这些参数通常都需要定时记录；三是对交、直流系统的安全状况如绝缘电阻、三相电压是否平衡等进行监测。由于目的的不同，对测量仪表的要求也不一样。计量仪表要求准确度要高，其他测量仪表的准确度要求要低一些。

(1) 变配电装置中测量仪表的配置

① 在工厂供配电系统每一条电源进线上，必须装设计费用的有功电度表和无功电度表及反映电流大小的电流表。通常采用标准计量柜，计量柜内有专用电流、电压互感器。

② 在变配电所的每一段母线上（3～10kV），必须装设电压表4只，其中一只测量线电压，其他三只测量相电压。中性点非直接接地的系统中，各段母线上还应装设绝缘监视装置，绝缘监视装置所用的电压互感器与避雷器放在一个柜内（简称PT柜）。

③ 35kV或6～10kV变压器应在高压侧或低压侧装设电流表、有功功率表、无功功率表、有功电度表和无功电度表各一只，6～10kV/0.4kV的配电变压器，应在高压侧或低压侧装设一只电流表和一只有功电度表，如为单独经济核算的单位，变压器还应装设一只无功电度表。

④ 3～10kV配电线路，应装设电流表、有功电度表、无功电度表各一只，如不是单独经济核算单位时，无功电度表可不装设。当线路负荷大于5000kV·A及以上时，还应装设一只有功功率表。

⑤ 低压动力线路上应装一只电流表。照明和动力混合供电的线路上照明负荷占总负荷15％～20％以上时，应在每相上装一只电流表。如需电能计量，一般应装设一只三相四线有功电度表。

⑥ 并联电容器总回路上，每相应装设一只电流表，并应装设一只无功电度表。

(2) 仪表的准确度要求

① 交流电流、电压表、功率表可选用1.5～2.5级；直流电路中电流、电压表可选用1.5级；频率表0.5级。

② 电度表及互感器准确度配置见表11-2。

③ 仪表的测量范围和电流互感器变流比的选择，宜满足当电力装置回路以额定值运行时，仪表的指示在标度尺的2/3处。对有可能过负荷的电力装置回路，仪表的测量范围宜留有适当的过负荷裕度。对重载启动的电动机和运行中有可能出现短时冲击电流的电力装置回

路，宜采用具有过负荷标度尺的电流表。对有可能双向运行的电力装置回路，应采用具有双向标度尺的仪表。

表 11-2　常用仪表准确度配置

测量要求	互感器准确度	电度表准确度	配置说明
计费计量	0.2 级	0.5 级有功电度表 0.5 级专用电能计量仪表	月平均电量在 10kW·h 及以上
	0.5 级	1.0 级有功电度表 1.0 级专用电能计量仪表 2.0 级无功电度表	①月平均电量在 10kW·h 及以下 ② 315kV·A 以上变压器高压侧计量
计费计量及一般计费	1.0 级	2.0 级有功电度表 3.0 级无功电度表	①315kV·A 以下变压器低压侧计量 ②75kW 及以上电动机电能计量 ③企业内部技术经济考核（不计费）
一般测量	1.0 级	1.5 级和 0.5 级测量仪表	
	3.0 级	2.5 级测量仪表	非重要回路

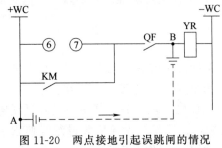

图 11-20　两点接地引起误跳闸的情况
KM—保护出口继电器；
QF—断路器辅助触点；YR—跳闸线圈

11.5.2　直流绝缘监视回路

(1) 两点接地的危害

在直流系统中，正、负母线对地是悬空的，当发生一点接地时，并不会引起任何危害，但必须及时除去，否则当另一点接地时，会引起信号回路、控制回路、继电保护回路和自动装置回路的误动作，如图 11-20 所示，A、B 两点接地会造成误跳闸情况。

(2) 直流绝缘监视装置回路图

图 11-21 为直流绝缘监视装置原理接线图。它是利用电桥原理进行监测的，正负母线对地绝缘电阻作电桥的两个臂，如图 11-21（a）等效电路所示。在图 11-21（b）中 1R＝2R＝3R＝1000Ω，ST 和 1SL 为两个转换开关。整个装置可分为信号部分和测量部分。母线电压表转换开关 ST 有三个位置，不操作时，其手柄在竖直的"母线"位置，接点 9-11、2-1 和 5-8 接通，电压表 2V 可测量正、负母线间电压。

若将 ST 手柄逆时针方向旋转 45°，置于"负对地"位置时，ST 接点 5-8、1-4 接通，则 2V 接到负极与地之间；若将 ST 手柄顺时针旋转 45°（相对竖直位置）时，ST 接点 1-2 和 5-6 接通，2V 接到正极与地之间。若两极绝缘良好，则正极对地和负极对地时 2V 指示 0V，因为电压表 2V 的线圈没有形成回路，如果正极接地，则正极对地电压为 0V，而负极对地指示 220V，反之，当负极接地时，情况与之相似。绝缘监视转换开关 1SL 也有三个位置，即"信号""测量位置 1""测量位置 2"。一般情况下，其手柄置于"信号"位置，1SL 的接点 5-7 和 9-11 接通，使电阻 3R 被短接（ST 应置于"母线"位置，9-11）。接地信号继电器 KSE 在电桥的检流计位置上，当母线绝缘电阻下降，造成电桥不平衡时，继电器 KSE 动作，其常开触点闭合，光字牌亮，同时发出音响信号。

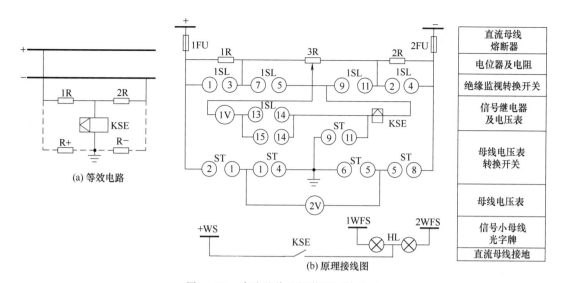

图 11-21　直流绝缘监视装置回路接线

KSE—接地信号继电器；1SL—绝缘监视转换开关；ST—母线电压表转换开关；

R＋、R－—母线绝缘电阻；1R、2R—平衡电阻；3R—电位器

11.6　二次回路安装接线图

11.6.1　二次回路的接线要求

根据 GB 50171—2012《电气装置安装工程盘、柜及二次回路接线施工及验收规范》规定，二次回路接线应符合下列要求：

① 按图施工，接线正确。

② 导线与电气元件间采用螺栓连接、插接、焊接或压接等，均应牢固可靠。

③ 盘、柜内的导线不应有接头，导线芯线应无损伤。

④ 电缆芯线和所配导线的端部均应标明其回路编号，编号应正确、字迹清晰不易脱色。

⑤ 配线应整齐、清晰、美观，导线绝缘应良好，无损伤。

⑥ 每个接线端子的每侧接线宜为 1 根，不得超过 2 根，有更多导线连接时可采用连接端子；对于插接式端子，不同截面的两根导线不得接在同一端子上；对于螺栓连接端子，当接两根导线时，中间应加平垫片。

⑦ 二次回路接地应设专用螺栓。

⑧ 盘、柜内的二次回路配线：电流回路应采用电压不低于 450/750V 的铜芯绝缘导线，其截面不应小于 2.5mm^2；其他回路配线不应小于 1.5mm^2；对电子元件回路、弱电回路采用锡焊连接时，在满足载流量和电压降及有足够机械强度的情况下，可采用不小于 0.5mm^2 截面的绝缘导线。

用于连接门上的电器、控制台板等可动部位的导线还应符合下列要求：

① 应采用多股软导线，敷设长度应留有适当裕度。

② 线束应用外套塑料管（槽）等加强绝缘层。

③ 与电器连接时，端部应绞紧，并应加终端附件，不得松散、断股。

④ 在可动部位两端应用卡子固定。

引入盘、柜内的电缆及其芯线应符合下列要求：

① 引入盘、柜的电缆应排列整齐、编号清晰、避免交叉，并应固定牢固，不得使所接的端子排受到机械应力。

② 铠装电缆在进入盘、柜后，应将钢带切断，切断处的端部应扎紧，并应将钢带接地。

③ 使用于静态保护、控制等逻辑回路的控制电缆，应采用屏蔽电缆，其屏蔽层应按设计要求的接地方式予以接地。

④ 橡胶绝缘的芯线应用外套绝缘管保护。

⑤ 盘、柜内的电缆芯线，应按垂直或水平有规律地配置，不得任意歪斜交叉连接。备用芯线长度应留有适当余量。

⑥ 强、弱电回路不应使用同一电缆，并应分别成束分开排列。

11.6.2　二次回路的接线

这里所讲的二次回路的接线图主要是指二次安装接线图，简称二次接线图。是安装施工和运行维护时的重要参考图纸，是在原理展开图和屏面布置图的基础上绘制的。图中设备的布局与屏上设备布置后视图是一致的。

二次接线图是用来表示屏（成套装置）内或设备中各元器件之间连接关系的一种图形。

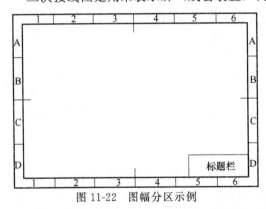

图 11-22　图幅分区示例

(1) 电气图的一般规则

① 图幅分区。图幅分区是为了在读图的过程中，迅速找到图上的内容。在图中，将两对边各自等分加以分区，分区的数目应为偶数。在上下横边上用阿拉伯数字表示编号，并且从左至右顺序编号。每个分区的两个竖边从上到下用大写拉丁字母顺序分区，如图 11-22 所示，分区代号用字母和数字表示，如 B3、C4 等。

② 图线。绘制电气图所用的各种线条统称为图线，图线的宽度有 0.25mm、0.35mm、0.5mm、0.75mm、1.0mm、1.4mm 几种，通常在图上用两种宽度的图线绘图，粗线为细线的两倍，如 0.5mm 和 1.0mm，或 0.35mm 和 0.7mm，也可 0.7mm 和 1.4mm。图线的类型主要有四种，见表 11-3。

表 11-3　图线形式

图线名称	图线形式	一般应用
实线	————	基本线,可见轮廓线,导线
虚线	- - - - -	辅助线,屏蔽线,不可见轮廓线, 不可见导线,计划扩展线
点划线	—·—·—	分界线,结构框线,功能围框线,分组围框线
双点划线	—·—·—·—	辅助围框线

③ 图形布局。

a. 图中各部分间隔均匀。

b. 图线应水平布置或垂直布置，一般不应画成斜线。表示导线或连接线的图线都应是交叉和折弯最少的直线。

④ 图形符号。

a. 图形符号应采用最新国家标准规定的图形符号，并尽可能采用优选形和最简单的形式。

b. 同一电气图中应采用同一形式的符号。

c. 图形符号均是按无电压、无外力作用的正常状态表示。

(2) 二次回路接线图的绘制

二次回路安装接线图主要用于施工安装和维修。在二次回路安装接线图中，设备的相对位置与实际的安装位置相符，不需按比例画出。图中的设备外形应尽量与实际形状相符。若设备内部的接线比较简单（如电流表、电压表等），可不必画出，若设备内部接线复杂（如各种继电器等），则要画出内部接线。按国家规定所有图纸均用 CAD 绘制。

① 项目代号。为了表示屏内设备或某一系统的隶属关系，一般都要用项目代号来表示。项目是指一个实物，如设备或屏或一个系统，项目可大可小，小到电容器、熔断器、继电器，大到一个系统，都可称为项目。

一个完整的项目代号包括四个代号段，见表 11-4。

表 11-4　项目代号的构成

段别	名称	前缀符号	示例
第一段	高层代号	＝	＝s1
第二段	位置代号	＋	＋3
第三段	种类代号	－	－k1
第四段	端子代号	:	:2

a. 高层代号是指系统或设备中较高层次的项目，用前缀"＝"加字母代码和数字表示，如"＝S1"表示较高层次的装置 S。

b. 位置代号。按规定，位置代号以项目的实际位置（如区、室等）编号表示，用前缀"＋"加数字或字母表示，可以有多项组成，如＋3＋A＋5，表示 3 号室内 A 列第 5 号屏。

c. 种类代号。一个电气装置一般由多种类型的电器元件组成，如继电器、熔断器、端板等，为明确识别这些器件（项目）所属种类，设置了种类代号，用前缀"－"加种类代号和数字表示，如"－K1"表示顺序编号为 1 的继电器。常用种类代号见表 11-5。

表 11-5　项目种类字母代号表

项目种类	字母代码(单字母)	项目种类	字母代码(单字母)
开关柜	A	测量设备(仪表)	P
电容器	C	开关器件	Q
保护器件如避雷针、熔断器等	F	电阻	R
		变压器、互感器	T
指示灯	H	电线、电缆、母线	W
继电器、接触器	K	端子、接线栓、插头等	X
电动机	M	电烙铁(线圈)	Y

注：以上所列为本书常用的种类代号，字母代码只列出单字母。

d. 端子代号，用来识别电器、器件连接端子的代号。用前缀":"加端子代号字母和端子数字编号，如"－Q1：2"表示开关（隔离）Q1的第2端子，"X1：2"则表示端子排X1的第二个端子。

② 安装单位和屏内设备。为了区分同一屏中两个以上分别属于不同一次回路的二次设备，设备上必须标以安装单位的编号，安装单位的编号用罗马数字Ⅰ、Ⅱ、Ⅲ等来表示，如图11-23所示。当屏中只有一个安装单位时，直接用数字表示设备编号。

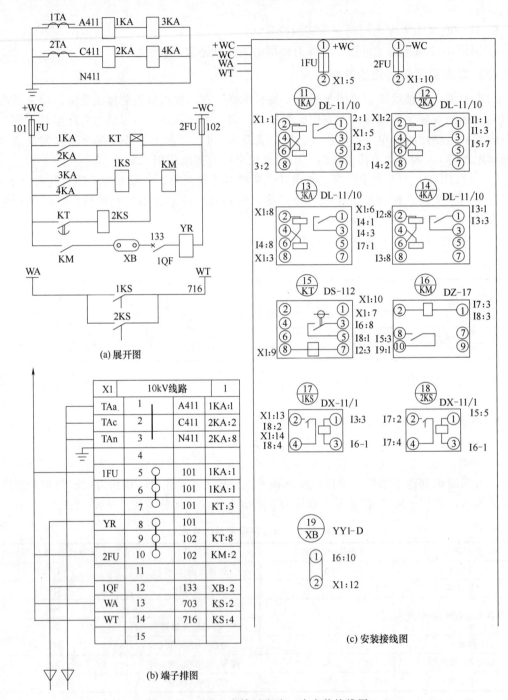

图 11-23　10kV 出线过电流二次安装接线图

1KA、2KA—过电流保护电流继电器；3KA、4KA—速断保护电流继电器

对同一个安装单位内的设备应按从左到右、从上到下的顺序编号，如Ⅰ1、Ⅰ2、Ⅰ3等。当屏中只有一个安装单位时，直接用数字编号如1、2、3等。设备编号应放在圆圈的上半部。设备的种类代号放在圆圈的下半部，对相同型号的设备，如电流继电器有3只时，则可分别以1KA、2KA、3KA表示。

③ 接线端子（排）。在屏内与屏外二次回路设备的连接或屏内不同安装单位设备之间以及屏内与屏顶设备之间的连接都是通过端子排来实现的。若干个接线端子组合在一起构成端子排，端子排通常垂直布置在屏后两侧。

端子按用途有以下几种：

a. 一般端子，适用于屏内、外导线或电缆的连接，如图11-24（a）所示。

b. 连接端子，与一般端子的外形基本一样，不同的是中间有一缺口，通过缺口可以将相邻的连接端子或一般端子用连接片连为一体，提供较多的接点供接线使用，如图11-24（b）所示。

c. 试验端子，用于需要接入试验仪器的电流回路中。通过它来校验电流回路中仪表和继电器的准确度，其外形图和试验接线图如图11-24（c）、图11-24（d）所示。

d. 其他端子，如连接型试验端子、终端端子、标准端子、特殊端子等。

④ 端子排的排列顺序。各种回路在经过端子排转接时，应按下列顺序安排端子的排列顺序：a. 交流电流回路；b. 交流电压回路；c. 信号回路；d. 控制回路；e. 其他回路；f. 转接回路。

⑤ 二次回路接线表示方式。

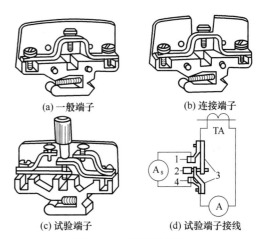

(a) 一般端子　　　(b) 连接端子

(c) 试验端子　　　(d) 试验端子接线

图 11-24　端子外形图

a. 连续线。在图中表示设备之间连接线是用连续的图线画出的，当图形复杂时，图线的交叉点太多，显得很乱；

b. 中断线又叫相对编号法，就是甲、乙两个设备需要连接时，在设备的接线柱上画一个中断线并标明接线的去向，没有标号的接线柱，表示空着不接。相对编号法的表示方式见图11-23。

（3）屏面布置图的绘制

屏面布置图是生产、安装过程的参考依据。屏面布置图中设备的相对位置应与屏上设备的实际位置一致，在屏面布置图中应标定屏面安装设备的中心位置尺寸，屏面布置的原则为以下几点。

① 控制屏屏面布置原则。

a. 控制屏屏面布置应满足监视和操作调节方便、模拟接线清晰的要求。相同的安装单位其屏面布置应一致。

b. 测量仪表应尽量与模拟接线对应，A、B、C相按纵向排列，同类安装单位中功能相同的仪表，一般布置在相对应的位置。

c. 每列控制屏的各屏间，其光字牌的高度应一致，光字牌宜放在屏的上方，要求上部取齐，也可放在中间，要求下部取齐。

d. 操作设备宜与其安装单位的模拟接线相对应。功能相同的操作设备，应布置在相对应的位置上，操作方向全变电所必须一致。

采用灯光监视时，红、绿灯分别布置在控制开关的右上侧和左上侧。屏面设备的间距应满足设备接线及安装的要求。800mm 宽的控制屏上，每行控制开关不得超过 5 个（强电小开关及弱电开关除外）。二次回路端子排布在屏后两侧。

e. 操作设备（中心线）离地面一般不得低于 600mm，经常操作的设备宜布置在离地面800～1500mm 处。

② 继电保护屏屏面布置。

a. 继电保护屏屏面布置应在满足试验、检修、运行、监视方便的条件下，适当紧凑。

b. 相同安装单位的屏面布置宜对应一致，不同安装单位的继电器装在一块屏上时，宜按纵向划分，其布置宜对应一致。

c. 各屏上设备装设高度横向应整齐一致，避免在屏后装设继电器。

d. 调整、检查工作较少的继电器布置在屏的上部，调整、检查工作较多的继电器布置在中部。一般按如下次序由上至下排列：电流、电压、中间、时间继电器等布置在屏的上部，方向、差动、重合闸继电器等布置在屏的中部。

e. 各屏上信号继电器宜集中布置，安装水平高度应一致。信号继电器在屏面上安装中心线离地面不宜低于 600mm。

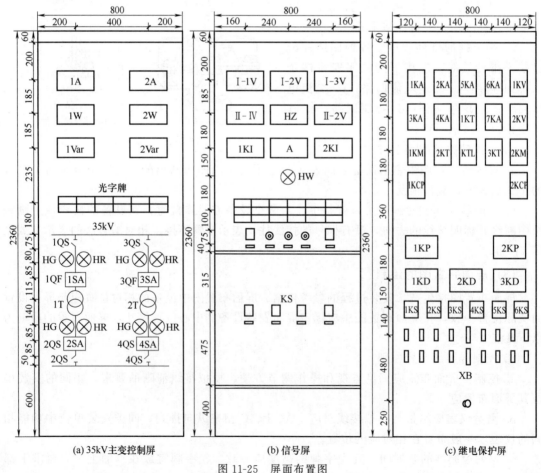

图 11-25　屏面布置图

f. 试验部件与连接片的安装中心线离地面宜不低于 300mm。

　　g. 继电器屏下面离地 250mm 处宜设有孔洞，供试验时穿线用。

　　③ 信号屏屏面布置。

　　a. 信号屏屏面布置应便于值班人员监视。

　　b. 中央事故信号装置与中央预告信号装置，一般集中布置在一块屏上，但信号指示元件及操作设备应尽量划分清楚。

　　c. 信号指示元件（信号灯、光字牌、信号继电器）一般布置在屏正面的上半部，操作设备（控制开关、按钮）则布置在它们的下方。

　　d. 为了保持屏面的整齐美观，一般将中央信号装置的冲击继电器、中间继电器等布置在屏后上部（这些继电器应采用屏前接线式）。中央信号装置的音响器（电笛、电铃）一般装于屏内侧的上方。

　　图 11-25 为 35kV 变电所主变控制屏、信号屏和保护屏屏面设备布置示意图。

11.7　自动重合闸装置（ARD）

　　电力系统的运行经验证明：架空线路上的故障大多数是瞬时性短路，如雷电放电、潮湿闪络、鸟类或树枝的跨接等。这些故障虽然引起断路器跳闸，但短路故障后，如雷闪过后、鸟或树枝烧毁后，故障点的绝缘一般能自行恢复。此时若断路器再合闸，便可立即恢复供电，从而提高了供电的可靠性。自动重合闸装置就是利用这一特点，运行资料表明重合闸成功率在 60%～90%。自动重合闸装置主要用于架空线路，在电缆线路（电缆为架空线混合的线路除外）中一般不用 ARD，因为电缆线路中的大部分跳闸多因电缆、电缆头或中间接头绝缘破坏所致，这些故障一般不是短暂的。

　　自动重合闸装置按其不同特性有不同的分类方法。按动作方法可分为机械式和电气式，机械式 ARD 适用于弹簧操动机构的断路器，电气式 ARD 适用于电磁操动机构的断路器；按重合次数来分可分为一次重合闸、二次或三次重合闸，工厂变电所一般采用一次重合闸。

11.7.1　对自动重合闸的要求

　　① 手动或遥控操作断开断路器及手动合闸于故障而线路保护动作，断路器跳闸后，自动重合闸不应动作。

　　② 除上述情况外，当断路器因继电保护动作或其他原因而跳闸时，自动重合闸装置均应动作。

　　③ 自动重合次数应符合预先规定，即使 ARD 装置中任一元件发生故障或接点黏接时，也应保证不多次重合。

　　④ 应优先采用由控制开关位置与断路器位置不对应的原则来启动重合闸。同时也允许由保护装置来启动，但此时必须采取措施来保证自动重合闸能可靠动作。

　　⑤ 自动重合闸在完成动作以后，一般应能自动复归，准备好下一次再动作。有值班人员的 10kV 以下线路也可采用手动复归。

　　⑥ 自动重合闸应有可能在重合闸以前或重合闸以后加速继电器保护的动作。

11.7.2 电气一次自动重合闸装置

图 11-26 为自动重合闸原理图，重合闸继电器采用 DH-2 型，1SA 为断路器控制开关，图中所画为合闸后的位置，2SA 为自动重合闸装置选择开关，用于投入和解除 ARD。

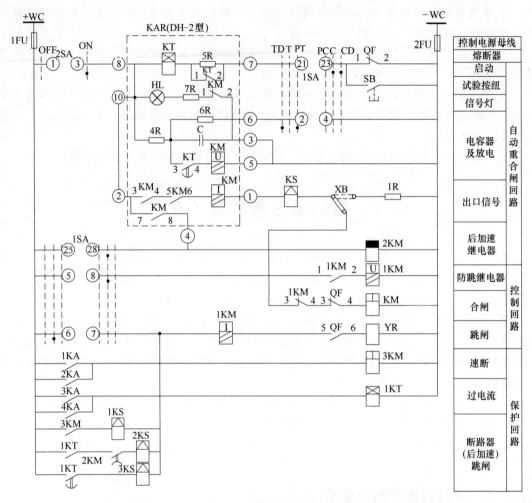

图 11-26　自动重合闸原理接线图

2SA—选择开关；1SA—断路器控制开关；KAR—重合闸继电器；KM—合闸继电器；
YR—跳闸线圈；QF—断路器辅助触点；1KM—防跳继电器（DZB-115 型中间继电器）；
2KM—后加速继电器（D6145 型中间继电器）；KS—DX-11 型信号继电器

(1) 故障跳闸后的自动重合闸过程

线路正常运行时，1SA 和 2SA 是在合上的位置，图中除 1-3、21-23 接通之外，其余接点均是不接通的，ARD 投入工作，QF（1-2）是断开的。重合闸继电器 KAR 中电容器 C 经 4R 充电，其通电回路是＋WC→2SA→4R→C→—WC，同时指示灯 HL 亮，表示母线电压正常，电容器已在充电状态。

当线路发生故障时，由继电保护（速断或过电流）动作，使跳闸回路通电跳闸，1KM 电流线圈启动，1KM（1-2）闭合，但因 5-8 不通，1KM 的电压线圈不能自保持，跳闸后，1KM 电流电压线圈断电。

由于 QF（1-2）闭合，KAR 中的 KT 通电动作，KT（1-2）断开，使 5R 串入 KT 回路，以限制 KT 线圈中的电流，仍使 KT 保持动作状态，KT（3-4）经延时后闭合，电容器 C 对 KM（U）线圈放电，使 KM 动作，KM（1-2）断开使 HL 熄灭，表示 KAR 动作。KM（3-4）、KM（5-6）、KM（7-8）闭合，合闸接触器 KM 经＋WC→2SA→KM（3-4）、KM（5-6）→KM 电流线圈→KS→XB→1KM（3-4）→QF（3-4）接通，使断路器重新合闸。同时后加速继电器 2KM 也因 KM（7-8）闭合而启动，2KM 闭合。若故障为瞬时性的，此时故障应已消失，继电器保护不会再动作，则重合闸合闸成功。QF（1-2）断开，KAR 内继电器均返回，但后加速继电器 2KM 触点延时打开；若故障为永久性的，则继电保护动作（速断或至少过电流动作），1KT 常开闭合，经 1KT 的延时打开触点，跳闸回路接通跳闸，QF（1-2）闭合，KT 重新动作。

由于电容器还来不及充足电，KM 不能动作，即使时间很长，因电容器 C 与 KM 线圈已经并联，电容 C 将不会充电至电源电压值。所以，自动重合闸只重合一次。

(2) 手动跳闸时，重合闸不应重合

因为人为操作断路器跳闸是运行的需要，无须重合闸，利用 1SA 的 21-23 和 2-4 来实现。操作控制开关跳闸时，在"预备跳"和"跳闸后"2-4 接通，使电容器与 6R 并联，充电不到电源电压不能重合闸。此外在跳闸操作的过程中，1SA 的 21-23 均不通（1SA 选用表 11-1 的型号）相当于把 ARD 解除。

(3) 防跳功能

当 ARD 重合于永久性故障时，断路器将再一次跳闸，若 KAR 中 KM 的触点被粘住时，1KM 的电流线圈因跳闸而被启动，1KM（1-2）闭合并能自锁，1KM 电压线圈通电保持，1KM（3-4）断开，切断合闸回路，防止跳跃现象。

11.8 备用电源自动投入装置（APD）

在对供电可靠性要求较高的工厂变配电所中，通常采用两路及以上的电源进线，或互为备用，或一为主电源，另一为备用电源。当主电源线路中发生故障而断电时，需要把备用电源自动投入运行以确保供电可靠，通常采用备用电源自动投入装置（简称 APD）。

11.8.1 对备用电源自动投入装置的要求

备用电源自动投入装置应满足以下要求：
① 工作电源不论何种原因消失（故障或误操作）时，APD 应动作。
② 应保证在工作电源断开后，备用电源电压正常时，才投入备用电源。
③ 备用电源自动投入装置只允许动作一次。
④ 电压互感器二次回路断线时，APD 不应误动作。
⑤ 采用 APD 的情况下，应检验备用电源过负荷情况和电动机自启动情况。如过负荷严重或不能保证电动机自启动，应在 APD 动作前自动减负荷。

11.8.2 备用电源自动投入装置

由于变电所电源进线及主接线的不同，对所采用的 APD 要求和接线也有所不同。如

APD有采用直流操作电源的，也有采用交流操作电源的。电源进线运行方式有主电源（工作电源）和备用电源方式，也有互为备用电源方式。

（1）主电源与备用电源方式的 APD 接线

图 11-27 为采用直流操作电源的备用电源自动投入装置原理接线图。

当主（工作）电源进线因故障断电时，失压保护动作，使 1QF 跳闸，其辅助常闭触点 1QF（1-2）闭合，由于 KT 触点延时打开，故在其打开前，合闸接触器 KM 得电，2QF 的

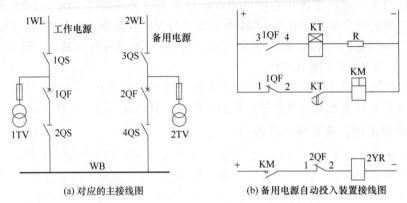

(a) 对应的主接线图　　　　　　　　(b) 备用电源自动投入装置接线图

图 11-27　备用电源自动投入装置原理接线图

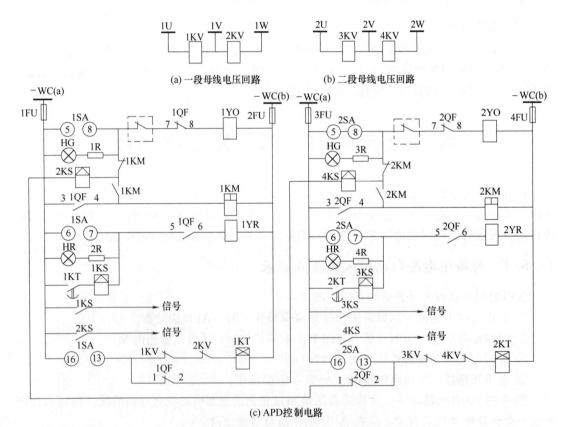

(a) 一段母线电压回路　　　　　　　(b) 二段母线电压回路

(c) APD控制电路

图 11-28　双电源互为备用的 APD 原理接线

1KV～4KV—电压继电器；1U、1V、1W、2U、2V、2W—分别为两路电源电压、互感器二次电压母线；
1SA、2SA—控制开关；1YO、2YO—合闸线圈；1KS～4KS—信号继电器；1KM、2KM—中间继电器；
1KT、2KT—时间继电器；1QF、2QF—断路器辅助触点

合闸线圈通电合闸，2QF 两侧面的隔离开关预先合，备用电源被投入。应当注意，这个接线比较简单，有些未画，如母线 WB 短路引起 1QF 跳闸，也会引起备用电源自投入，这是不允许的。所以只有电源进线上方发生故障，而 1QF 以下部分没有发生故障时，才能投入备用电源，只要是 1QF 以下线路发生故障，引起 1QF 跳闸时，应加入备用电源闭锁装置，禁止 APD 投入。

(2) 双电源互为备用的 APD 接线

当双电源进线互为备用时，要求任一主工作电源消失时，另一路备用电源的自动投入装置动作，双电源进线的两个 APD 接线是相似的。如图 11-28 所示，该图的断路器采用交流操作的 CT7 型弹簧操动机构，其主电路一次接线如图 11-28（a）所示。

当 1WL 工作时，2WL 为备用。1QF 在合闸位置，1SA 的 5-8、6-7 不通，16-13 通。1QF 的辅助触点中常闭断开，常开闭合。2QF 在跳闸位置，2SA 的 5-8、6-7、13-16 均断开。当 1WL 电源侧因故障而断电时，电压继电器 1KV、2KV 常闭触点闭合，1KT 动作，其延时闭合触点延时闭合，使 1QF 的跳闸线圈 1YR 通电跳闸。1QF（1-2）闭合，则 2QF 的合闸线圈 2YO 经 1SA（16-13）→QF（1-2）→4KS→2KM 常闭触点→2QF（7-8）→WC（b）通电，将 2QF 合上，从而使备用电源 2WL 自动投入，变配电所恢复供电。

同样当 2WL 为主电源时，发生上述现象后，1WL 也能自动投入。在合闸电路中，虚框内的触点为对方断路器保护回路的出口继电器触点，用于闭锁 APD，当 1QF 因故障跳闸时，2WL 线路中的 APD 合闸回路便被断开，从而保证变配电所内部故障跳闸时，APD 不被投入。

11.9 变电站综合自动化

11.9.1 概述

变电站是电力系统的重要组成部分，随着现代计算机技术、现代通信和网络技术的发展及其在电力系统中的广泛应用，变电站综合自动化装置的发展，特别是变电站无人值班技术的发展，已经进入以计算机网络为核心，采用分层、分布式控制方式，集控制、保护、测量、信号、远动为一体的综合自动化阶段。

(1) 电力系统计算机网络的有关概念

电力系统计算机网络就是把网内各调度所、厂、站中的具有独立功能的大型、中型、微型计算机（工作站），利用通道或通信线路连接起来的计算机群。电力系统中的计算机网络是局域网，范围可以是一个或几个供电局，也可以是一个地区。工作站是连接在计算机网络中的个人计算机，这些个人计算机根据具体业务的要求，可以完成不同的工作职能，对综合自动化系统而言，工作站可以是保护管理站、远动监控工作站、工程师工作站等。保护管理工作站完成线路、变压器、电力电容器等设备的继电保护任务；远动监控工作站完成线路、变压器等设备的远动和监控任务；工程师工作站是可从网络中调用各种运行信息，分析网络的运行状态，并可根据工作要求，修改各种运行参数，下达各种遥控命令等。

电力系统网络采用分层控制结构，相应的数据网也采用分层结构形式。如由网调、省调、地调、厂站等形成一个多层次的数据网络，以实现各级调度的实时数据采集、处理、转发的任务。

(2) 变电站综合自动化系统的功能

变电站综合自动化系统主要有微机监控和微机保护两大功能。

① 变电站微机监控系统主要功能。

a. 数据采集和处理。定时采集全站模拟量和数字量信号，经滤波，检出事故、故障、状态变位信号和模拟量参数变化，实时更新数据库，为监控系统提供运行状态的数据。

b. 控制操作。通过键盘执行对站内断路器、隔离开关、电容器及主变分接头的控制、线路的停送电操作等各项顺序操作。

c. 自动电压、无功调节。

d. 人机接口。能为运行人员提供人机交互界面，调用各种数据报表及运行状态图、参数图等。

e. 事件报警。在系统发生事件或运行设备工作异常时，进行音响、语言报警，推出事件画面，画面上相应的画块闪光报警，并给出事件的性质、异常参数，也可以推出相应的事件处理指导。

f. 技术统计与制表打印。根据运行要求进行电流、电压、功率、电度量、温度量的整点抄表、累计。

g. 与调度对时、通信。

h. 故障录波、测距。能把故障线路的电流、电压的参数和波形进行记录，也可计算出测量点与故障点的阻抗、电阻、距离和故障性质。

i. 开列操作票。可根据具体站点主接线，提供典型的操作票。

j. 系统自诊断。具有在线自诊断功能，可以诊断出通信通道、计算机外围设备、I/O模块、前置机电源等故障。

② 变电站微机测控与保护系统的功能。在变电站综合自动化系统中，微机测控与保护可采用独立的模块单元，也可采用测控与保护为一体的综合单元。测控单元用于测量电流、电压、功率、频率等参数，保护单元主要对线路、变压器等设备进行保护，具有故障录波及定位功能，能给出故障参数，能与主单元进行数据通信。

11.9.2 变电所的微机保护

我国供配电系统的继电保护装置，主要由机电型继电器构成。机电型继电保护属于模拟式保护，多年来已经具有丰富的运行和维护经验，基本上能满足系统的要求。但随着电力系统的发展，对继电保护的要求也越来越高，现有的模拟式继电保护将难以满足要求，微机控制的继电保护应运而生。

微机控制的继电保护充分利用计算机的存储记忆、逻辑判断和数值运算等信息处理功能，克服模拟式继电保护的不足，可以获得更好的工作特性和更高的技术指标。

(1) 微机继电保护的构成

微机继电保护装置主要由硬件系统和软件系统两部分构成。

① 硬件系统。典型微机继电保护装置的硬件系统框图如图 11-29 所示。它包括输入信号、数据信号系统、微机主机、键盘、打印机、输出信号等。

a. 输入信号。输入信号由继电保护算法的要求决定。通常输入信号有电压互感器二次电压、电流互感器二次电流、数据采集系统自检用标准直流电压及有关开关量等。

b. 数据采集系统。数据采集系统包括辅助变换器、低通滤波器、采样保持器、多路开关、模/数转换器等。

c. 微型计算机。微型计算机是整个继电保护装置的主机部分，主要包括 CPU、RAM、EPROM、时钟、控制器及各种接口等。

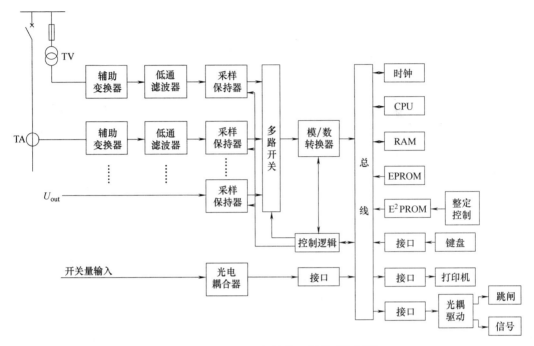

图 11-29　微机继电保护装置硬件系统框图

d. 输出信号。输出信号主要有微机接口输出的跳闸信号和报警信号。这些信号必须经驱动电路才能使有关设备执行。为了防止执行电路对微机干扰，采用光电耦合器进行隔离。输出信号经光电耦合器，再放大驱动小型继电器，该继电器接点作为微机保护的输出。

② 软件系统。微机继电保护装置的软件系统一般包括调试监控程序、运行监控程序、中断继电保护功能程序三部分。其原理程序框图见图 11-30。

调试监控程序对微机保护系统进行检查、校核和设定；运行监控程序对系统进行初始化，对 EPROM、RAM、数据采集系统进行静态自检和动态自检；中断保护程序完成整个继电保护功能。微机以中断方式在每个采样周期执行继电保护程序一次。

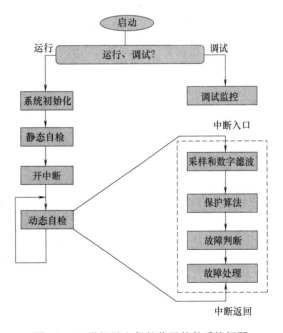

图 11-30　微机继电保护装置软件系统框图

（2）微机保护的有关程序

① 自检程序。静态自检是微机在系统初始化后，对系统 ROM、RAM、数据采集系统等各部分进行一次全面的检查，确保系统良好，才允许数据采集系统工作。在静态自检过程中其他程序一律不执行。若自检发现系统某部分不正常，则打印自检故障信息，程序转向调试监控程序，以等待运行人员检查。

动态自检是在执行继电保护程序的间隙重复进行的，即主程序一直在动态自检中循环，每隔一个采样周期中断一次。动态自检的方式和静态自检相同，但处理方式不同。若连续三次自检不正常，整个系统软件重投，程序从头开始执行。若连续三次重投后检查依然不能通过，则打印自检故障信息，各出口信号被屏蔽，程序转向调试监控程序以待查。

② 继电保护程序。继电保护程序主要由采样及数字滤波、保护算法、故障判断和故障处理四部分组成。采样及数字滤波是对输入通道的信号进行采样，模数转换，并存入内存，进行数字滤波。保护算法是由采样和数字滤波后的数据，计算有关参数的幅值、相位角等。故障判断是根据保护判据，判断故障发生、故障类型、故障相别等。故障处理是根据故障判断结果，发出报警信号和跳闸命令，启动打印机，打印有关故障信息和参数。

（3）微机保护系统的运行

当微机保护系统复位或加电源后，首先根据面板上的"调试运行"开关位置判断目前系统处于运行还是调试状态。系统处于调试状态时，程序转向调试监控程序。此时运行人员可通过键盘、显示器、打印机对有关的内存、外设进行检查、校核和设定。系统处于运行状态时，程序执行运行监控程序，进行系统初始化，静态自检，然后打开中断，不断重复进行动态自检，若两种自检检查出故障，则转向有关程序处理。中断打开后，每当采样周期一到，定时器发出采样脉冲，向 CPU 申请中断，CPU 响应后，执行继电保护程序。

11.9.3 变电所的微机监控系统

我国大多数工厂变电所，一般都采用人工方法对变电所的运行情况进行监控。例如运行人员定时抄报各种运行数据、定时巡视检查电气设备的运行情况等。随着生产的不断发展，工厂变电所进出线路数和变电所容量随之增大，用电量不断增加，需要监控的数据不断增多，对变电所科学管理的要求也在提高。

微机技术的飞速发展，使得一些大型变电所开始采用微机技术对变电所进行实时监控，用以替代现行的人工监控方式，实现运行调度自动化和微机化。变电所微机监控，对减轻运行人员的劳动强度和工作量，提高供电可靠性和自动化程度，进而提高管理水平，都具有非常重要的意义。

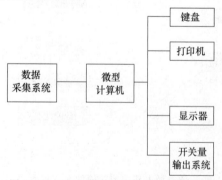

图 11-31　变电所微机监控系统结构框图

（1）微机监控系统结构

根据工厂变电所运行监控要求，微机监控系统主要由数据采集系统、微机主机、键盘、打印机、显示器和开关量输出系统等组成。微机监控系统结构框图如图 11-31 所示，系统硬件框图如图 11-32 所示。

① 数据采集系统。数据采集系统的作用是对变电所的模拟量和开关量采样。它主要由采样信号源、辅助变换器、低通滤波器、多路开关、采样保持器、A/D 转换器、光电耦合器、输入/输出接口等部分

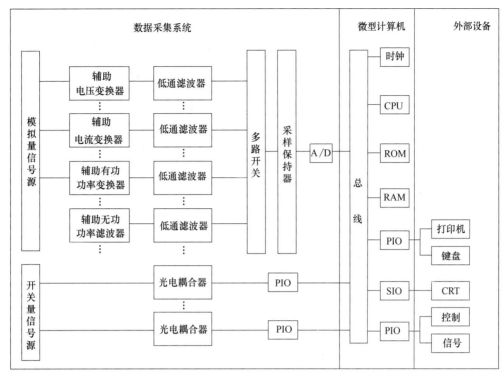

图 11-32　变电所微机监控系统硬件框图

组成。

模拟量（频率、电压、电流、有功功率、无功功率、电度量等），经各自的辅助变换器，变成 0～5V 的直流或交流电压，经定时采样，A/D 转换成数字量送入微机。开关量（主要是断路器、隔离开关、继电保护装置的状态）经光电耦合、I/O 接口电路将其成组（每 8 个开关量编成一组，为一个字节）送入微机。由于工厂变电所开关电器操作次数较少，故障概率较低，所以开关量采用变位中断采样。

a. 采样信号源。采样信号包括模拟量和开关量。模拟量和开关量的数量取决于变电所的变压器台数和进出线的路数。模拟量信号有主变和进出线的有功功率 P、无功功率 Q、电流 I；并联电容器的无功功率 Q、电流 I；母线电压 U；电源频率 f 等。模拟量取自电压互感器和电流互感器的二次侧，开关量取自断路器和隔离开关辅助开关接点及继电保护装置出口继电器的接点。

b. 辅助变换器。辅助变换器有电压、电流、有功功率、无功功率、电度量等辅助变换器。辅助变换器有两个作用：一是将数据采集系统与变电所的强电隔离；二是将电压、电流、功率、电度量等信号变换成 A/D 转换器要求的 0～5V 直流或交流信号。

c. 低通滤波器。低通滤波器的作用是滤去辅助变换器输出信号中的高频成分。

d. 多路开关。多路开关（电子型）的切换受微机控制，其作用是将各模拟量通道分时接通于采样/保持器。

e. 采样/保持器。采样/保持器（S/H）保证在 A/D 转换中保持输入模拟量恒定不变。采样/保持器的采样和保持也受微机发出的信号控制。

f. A/D 变换器。A/D 变换器的作用是将离散点上的模拟信号变换成微机所需要的数字信号。一般使用 8 位或 12 位 A/D 变换器即可满足测量精度要求。

g. 光电耦合器。开关量的输入端采用光电耦合器进行光电隔离和整形变换，排除现场杂散信号对微机的干扰。

开关量输入通道如图 11-33 所示。当一次系统的断路器断开时，其常开辅助触头 QF 随之断开，光电耦合器的二极管截止，光电耦合器输出高电位，经反相器输出低电位（"0"）；当断路器闭合时，其辅助常开触头 QF 随之闭合，光电耦合器的二极管导通，并输出低电位，经反相器输出高电位（"1"）。这样，把开关量的状态（通、断）变为数字量（"1""0"）送入微机。

② 微型计算机。工厂变电所微机监控系统采用的微型计算机，一般包括微机主机和外部设备。其中外部设备应包括键盘、CRT 显示器、软盘驱动器、打印机及扩展接口等。

根据监控系统运行需要，一般采用两台打印机，一台用于制表打印，即打印正常运行日报表、最大负荷、最小负荷、负荷率、负荷曲线和电度量等；另一台用于运行记录打印及其他打印。CRT 显示器主要实时显示变电所电气主接线、断路器和隔离开关的实际位置状态、系统运行参数、电力潮流等，便于运行人员集中监视和运行分析，并可随时观察了解变电所的运行方式和运行状况。

③ 开关量输出系统。开关量输出包括信号输出和控制输出。开关量输出通道如图 11-34 所示。

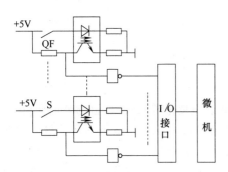

图 11-33 开关量输入通道原理图

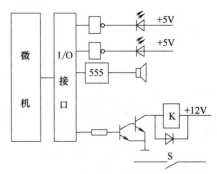

图 11-34 开关量输出通道原理图

a. 信号输出。当变电所发生不正常运行状态或故障时，微机监控系统输出信号，使发光二极管发光。喇叭发出音响报警。

b. 控制输出。当变电所需要进行倒闸操作、无功功率自动补偿或电压自动调节时，微机监控系统输出信号，经驱动器驱动使继电器吸合，其常开触点闭合，启动开关操作、电容器投切或变压器有载分接开关切换。

(2) 微机监控系统的应用软件

变电所微机监控系统的应用软件是在硬件系统提供的支持下，为完成微机监控系统的各种功能而设计和编制的。

变电所微机监控系统是一个实时监控系统。它不仅要监测正常运行时变电所的主要运行参数和开关操作的情况，而且要监测不正常运行状态和故障时的有关参数和开关状态信息，进行判断和分析，输出执行命令，去调节某些参数或控制某些对象，使偏离规定值的参数重新恢复到规定值范围内。因此，为了满足实时监控的要求，必须考虑执行程序的快速性。

微机监控系统的应用软件一般由主程序和中断功能程序组成。中断功能程序包括时钟中断程序、开关量中断程序、键盘程序等。

① 主程序。主程序原理框图如图 11-35 所示。系统加电或复位后，进行初始化→执行

自检程序→采集开关数据→CRT 显示。

变电所正常运行时，主程序以循环方式进行模拟量采集→数字滤波→数据处理→越限判断→无功功率自动补偿控制→电压自动调节→CRT 显示。在上述循环过程中，如果越限，进行越限处理或报警；如果负荷超过供电部门规定的最大需求量时，发出报警信号，按顺序自动切除部分次要负荷，直到小于规定值；如果定时打印时间到，进行定时打印；如果自检时间到，则进行自检；如果有中断申请，中断响应后转入中断服务程序，中断处理完毕后，自动返回断点或主程序。

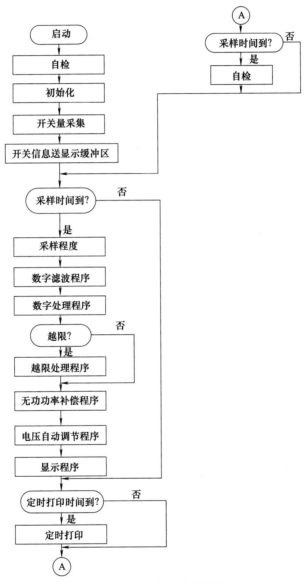

图 11-35　主程序原理框图

a. 初始化程序。初始化程序包括可编程接口初始化、定时器初始化、中断初始化、工作单元初始化、CRT 初始化、设置堆栈指针、设置正常采样和故障采样周期等。

b. 自检程序。为了保证监控系统可靠工作，必须设置自检程序。它包括 RAM 自检、ROM 自检、数据采集系统自检、开关量输入输出系统自检等。上述自检又分为开机自检和定时自检。

RAM 自检对 RAM 区每一地址写入全零"00H"和全 1"FFH",检查 RAM 是否完好。RAM 自检程序原理框图如图 11-36 所示。ROM 自检将一组给定数据进行计算、判断和处理,然后分别将计算、判断和处理结果与标准值比较,检查其完好性。

数据采集系统自检对标准直流 5V 电压进行采样,A/D 转换,再将其值与标准值比较,若偏差小于规定范围,表明数据采集系统正常,反之不正常。

开关量输入输出系统自检,是利用继电器和开关的常开辅助接点,检查其完好性。

c. 采样程序。采样即进行数据采集,一般每隔一定时间对所有模拟量巡回采集一次。采样程序原理框图如图 11-37 所示。

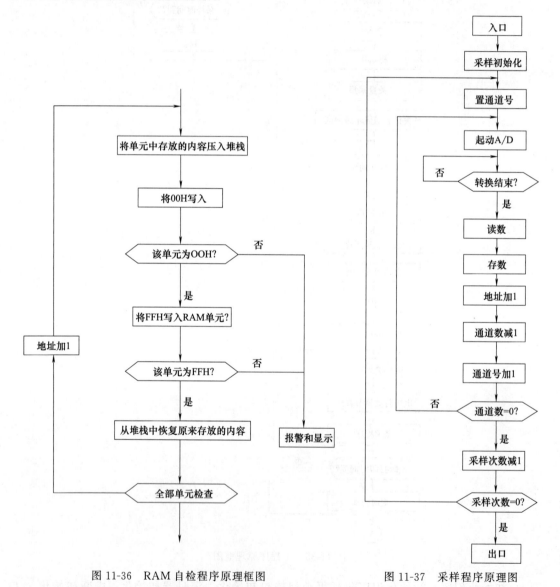

图 11-36　RAM 自检程序原理框图　　　图 11-37　采样程序原理图

采样初始化包括置采样循环次数、置通道号、置存放采样首地址等。正常采样时,采用直流高速顺序采样,即每采完一个通道的参数,就顺序采集下一个通道的参数。为了滤掉电磁杂波对采样系统的干扰,还要进行数字滤波,并根据数字滤波要求的采样次数,如此循环数遍，完成一次巡回采集，并把采样值存放在采样首址开始的存储区内，供数字滤波。数字滤波后的数据仍是二进制数，再经过标度变换，二-十进制转换，成为用工程量单位表示的十进制数，以供显示和打印。

为了追记打印和故障信息打印，需保存一段时间的数据，可设置一个数据存储区，不断定时刷新。

d. 无功功率自动补偿控制程序。无功功率自动补偿程序原理框图如图 11-38 所示。

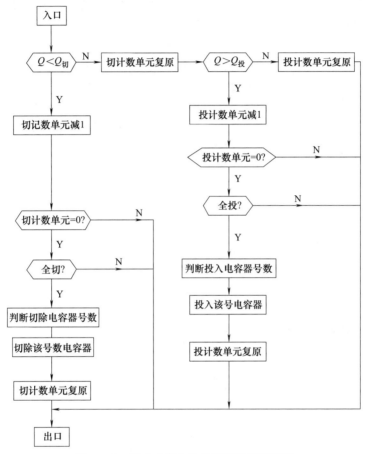

图 11-38　无功功率自动补偿程序原理框图

首先判断从电网吸取的无功功率是否在规定值之内。如果无功功率 $Q < Q_切$，通过切计数单元减 1 延时，延时时间到（切计数单元为零），再判断电容器是否已全部切除。若否，再进一步判断应切除电容器组的号数，并输出信号，将该组电容器切除，并将切计数单元复原，为切除下一组电容器作好延时准备。如果无功功率 $Q > Q_投$，执行过程和切除电容器相似。

若满足要求，则返回。

② 时钟中断程序。图 11-39 为时钟中断程序原理框图。它包括时钟程序、采样时间子程序、定时打印时间子程序、自检时间子程序。时钟程序自动形成年、月、日和时、分、秒时钟；采样时间只供采样判断用；定时打印时间只供定时打印用；自检时间只供自检判断用。在开关量输入通道中，变电所每个被监控元件都具有 4 个或 4 个以上开关量输入信号（过电流保护、电流速断保护、断路器、隔离开关等），根据这些开关量的逻辑关系，以及它

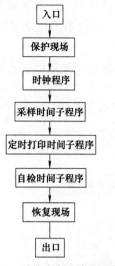

图 11-39 时钟中断程序原理框图

们与上下级开关量的逻辑关系，可以判断出过电流保护动作，或电流速断动作、拒动，或越级跳闸、断路器操作，或隔离开关操作等情况。

图 11-40 为开关量中断程序原理框图。

开关量变位，发出中断申请，中断响应后转入开关量中断程序。首先读入开关量信息，判断是继电器动作，还是断路器或隔离开关动作。然后，更新开关信息，作为下次判断的依据。

a. 如果继电保护动作，则记录故障发生的年、月、日和时、分、秒、微秒，判断继电保护动作性质及动作元件号数，进行事故采样。由于故障时三相不对称，而且变化快，需对两相进行采样，该采样时间很短，一般不超过0.01～0.05s。然后进行故障打印，打印继电保护动作时间、性质及动作前后一段时间内的参数。

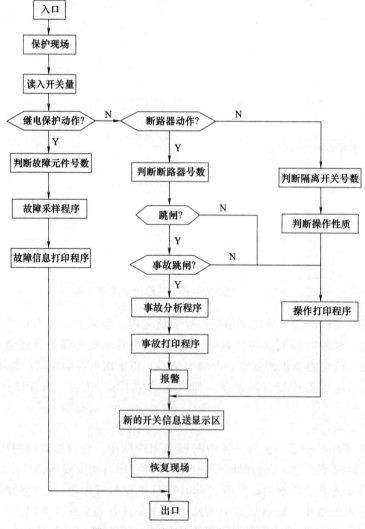

图 11-40　开关量中断程序原理框图

b. 如果断路器动作，则先判断断路器号数，进而判断是合闸、分闸，还是事故跳闸。若是合闸或分闸，进行操作打印，打印操作时间、断路器号数、操作性质（合闸或分闸）。若事故跳闸，进行事故分析、事故打印和报警，打印事故跳闸时间、断路器号数、跳闸性质。

c. 如果隔离开关动作，则判断隔离开关号数和操作性质，进行操作打印，打印操作时间、隔离开关号数、操作性质。不论断路器还是隔离开关动作，都将新的开关信息送显示缓冲区，自动更新和实时显示主接线画面。

11.9.4 变电站综合自动化系统实例

一般变电站综合自动化系统设备配置分两个层次，即变电站层和间隔层。变电站层又叫站级主站层或站级工作站，可以由多个工作站组成，负责管理整个变电站自动化系统，是变电站自动化系统的核心层。间隔层是指设备的继电保护、测控装置层，由若干个间隔单元组成，一条线路或一台变压器的保护、测控装置就是一个间隔单元，各单元基本上是相互独立、互不干扰的。

变电站综合自动化系统结构形式可分为集中式和分散式两种，集中式布置是传统的结构形式，它是把所有二次设备按遥测、遥信、遥控、电力调度、保护功能划分成不同的子系统集中组屏，安装在主控室内。因此，各被保护设备的保护测量交流回路、控制直流回路都需要用电缆送至主控室，这种结构形式虽有利于观察信号、方便调试，但耗费了大量的二次电缆。分散式布置是以间隔为单元划分的，每一个间隔的测量、信号、控制、保护综合在一个或两个（保护与控制分开）单元上，分散安装在对应的开关柜（间隔）上，高压和主变部分则集中组屏并安装在控制室内。现在的变电站综合自动化系统通常采用分散式布置。

现以南瑞中德公司研制生产的 NSC2000 系列变电站综合自动化系统为例，简要进行介绍。

(1) 硬件配置

NSC2000 系列变电站综合自动化系统其硬件配置，如图 11-41 所示。

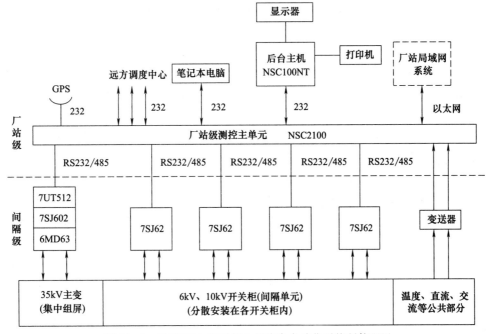

图 11-41　NSC2000 系列变电站综合自动化系统硬件配置

① 后台主机是变电站综合自动化系统主机，通过它能完成监控系统的各种任务，其监控系统的基本运行平台是基于 MSWindows 的多窗口、多任务操作（NSC100）或 NT 网络操作系统（NSC100NT），能为用户提供友好的操作界面。基本配置为：奔腾微机一台，内存 32MB 以上，主频 300MHz 以上，硬盘 3.2GB 以上；19（21）彩显一台，分辨率 1024×768；打印机一台。

② 厂站级测控主单元 NSC2100。测控主单元 NSC2100 是 NSC 测控系统的主要部分，其功能和性能对整个 NSC 的水平起到关键的作用。NSC2100 测控主单元由进口工控模块、机箱、电源等一整套硬件组成，包括 Pentium Ⅱ CPU 主处理模块、通信模块、网络模块。主处理模块主要进行信息交换和处理，通信模块除了提供传统的 RS232/422/485 接口外，还具备以太网（EtherNET）和现场总线（CAN）的接口能力。

NSC2100 测控主单元的主要功能是管理间隔级 NFM/NLM（馈线测控单元/线路测控单元）输入输出单元或交流采样子系统，遥测（NSC-YC）、遥控/遥信子系统（NSC-YK/YX）以及微机保护单元（7S/7U），同时还要完成以下任务：

a. 与远方调度中心以不同规约交换数据；

b. 与当地后台监控系统主机（MMI）交换数据；

c. 同间隔级的遥控、遥测、遥信及保护单元通信；

d. 具有 1ms 的事件分辨率并能同 NLM/NFM 同步时钟。主单元可与 GPS（全球定位系统）统一时钟。

③ 35kV 主变测控及保护单元。可根据主变的容量选择相应的测控及保护单元，这里给出三个常用单元（配置）：

a. 7UT512 保护单元，是电机和变压器差动保护单元，具有差动保护、热过负荷保护、后备过电流保护、负荷监视、事件和故障记录等功能；

b. 7SJ602 数字式过流及过负荷保护，用于馈线保护、重合闸（可选）、故障录波、远方通信等多种功能；

c. 6MD63 间隔级测控输入、输出单元，用于测量线路的电流、电压参数，并可向主测控单元传送数据。

④ 6kV、10kV 出线保护单元。7SJ62 测控保护综合单元是集测量、控制及保护功能于一体的一个物理单元，可测量与计算线路的相电压、线电压、相电流、线电流、有功、无功、功率因数、频率、视在负荷、有功及无功电度，具有多种保护功能。

⑤ 温度、直流及交流公共部分。主变温度、直流系统电压、所用变压器电压、电流等参数经变送器送至公共信号测量及信号单元（NFM-1A），采样输出至主测控单元。

(2) 软件系统

由于自动化系统的硬件采用独立的模件结构，并且各模件具有其独立的软件程序，例如各保护单元就是一个具有特定功能的微机系统，能独立完成规定的保护功能，并能与主单元进行通信。因此，硬件和软件采用结构模块化设计，使各子程序互不干扰，提高了系统的可靠性。

后台主机操作系统 NSC100NT 是基于 WindowsNT 平台的操作系统，操作人员通过点击窗口功能按钮，即可实现制表打印、故障信息分析、数据查询、开列操作票、断路器及隔离开关操作等分析处理与操作功能。

主单元与各保护单元之间按 IEC 870-5-103 规约进行通信，其程序流程图如图 11-42 所示。

NSC 控制系统向保护设备常发出的命令有初始化，对时，总查询，一、二类数据查询（一般查询），开关控制等。总查询是初始化后对站内所有设备控制信息的查询，一般查询是系统运行时的实时查询。一般查询时，控制系统要对各间隔级测控、保护单元进行逐一询问，被查询到的单元将所测信息发送给主单元，主单元接收这些信息并作出相应的处理，然后对下一个单元进行查询。一类数据是指开关变位记录、故障记录等，其他为二类数据。当主单元查询到有一类数据时，则转入一类数据查询子程序，处理完后再查询下一个间隔单元。系统在运行过程中要经常对时，以保证整个系统（或计算机网络）时间的统一，当对时时间到时，执行对时程序。

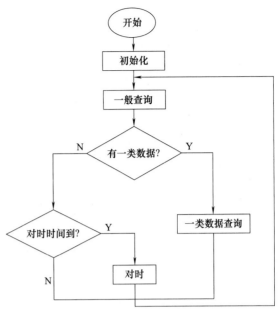

图 11-42　主单元与各保护单元通信程序流程图

思考题

1. 工厂变配电所二次回路按功能有哪几部分？各部分的作用是什么？
2. 操作电源有哪几种？直流操作电源又有哪几种？各有何特点？
3. 交流操作电源有哪些特点？可通过哪些途径获得电源？
4. 断路器控制开关有哪六个操作位置？简述断路器手动合闸、跳闸操作过程。
5. 断路器控制回路应满足哪些要求？

习　题

1. 试述断路器控制回路中的防跳回路的工作原理。
2. 什么叫中央信号？
3. 直流系统两点接地有何危害？
4. 接线端子按用途分为几种？
5. 端子排一般安装在控制屏的什么位置？各回路在端子排中接线时应按什么顺序排列？
6. 控制屏屏面布置的原则是什么？
7. 继电保护屏屏面布置的原则是什么？
8. 信号屏屏面布置的原则是什么？
9. 简述自动重合闸装置工作原理。
10. 变电站综合自动化系统有哪些主要功能？
11. 变电所微机监控系统硬件主要由哪几部分构成？

参 考 文 献

[1] 能源部西北电力设计院. 电力工程电气设计手册：1、2册［M］. 北京：中国电力出版社，1999.

[2] 熊信银，朱永利. 发电厂电气部分. 第4版［M］. 北京：中国电力出版社，2009.

[3] 刘宝贵，杨志辉，马仕海. 发电厂变电所电气部分：第二版［M］. 北京：中国电力出版社，2012.

[4] 刘介才. 工厂供配电. 第6版［M］. 北京：机械工业出版社，2015.

[5] 张莹. 工厂供配电技术. 第4版［M］. 北京：电子工业出版社，2015.

[6] 同向前. 供电技术. 第5版［M］. 北京：机械工业出版社，2017.

[7] 戴绍基. 工厂供电技术. 第2版［M］. 北京：机械工业出版社，2013.

[8] 李友文. 工厂供电. 第3版［M］. 北京：化学工业出版社，2020.

[9] 黄纯华，刘维仲. 工厂供电［M］. 天津：天津大学出版社，2000.

[10] 江文，许慧中. 供配电技术［M］. 北京：机械工业出版社，2005.

[11] 周文俊. 电气设备使用手册：上、下册［M］. 北京：中国水利水电出版社，2001.

[12] 李建基. 高压断路器及其应用［M］. 北京：中国电力出版社，2004.

[13] 中华人民共和国水利电力部. 高压配电装置设计技术规程. 北京：水利电力出版社，1985.

[14] 国家经济贸易委员会. 火力发电厂设计技术规程. 北京：中国电力出版社，2000.

[15] 黄益庄. 变电站综合自动化技术［M］. 北京：中国电力出版社，2000.

[16] 方富淇. 配网自动化［M］. 北京：中国电力出版社，2000.

[17] 居荣. 供配电技术［M］. 北京：化学工业出版社，2007.

[18] 李俊秀. 工厂供配电技术［M］. 北京：化学工业出版社，2020.

[19] 何柏娜. 工厂供配电技术［M］. 北京：机械工业出版社，2017.

[20] 王育波. 工厂供配电技术项目教程［M］. 北京：机械工业出版社，2017.

[21] 马桂荣，王全亮. 工厂供配电技术［M］. 北京：北京理工大学出版社，2010.

[22] 刘燕. 供配电技术［M］. 北京：机械工业出版社，2015.